新版 天体観望ガイドブック

宇宙をみせて

天文教育普及研究会 編
水野孝雄・縣 秀彦 監修

まえがき

　この本は自分で星空を楽しむだけでなく、その感動を多くの人と分かち合いたいという人のためのガイドブックです。初めて天体観望会を開こうとする人にはそのノウハウを、経験のある人にはさらに充実した観望会となるようにさまざまな情報やアイデアの提供を心がけました。

　この本の初版は20年前に出され、そのコンセプトは新版でも変わっていません。しかし、その間にフィルム写真はデジタル画像に替わり、プロジェクターもパソコン対応のものとなり、天体観望に便利な機器やパソコン・ソフトなどが出回るようになりました。また、天体観望会の指導者も各地で養成され、徐々に増えてきました。特に観望会にとって画期的な出来事として、ガリレオ・ガリレイが初めて望遠鏡を夜空に向け、宇宙への扉を開いてから400年目に当たる2009年の世界天文年がありました。日本ではちょうど皆既日食も重なりました。このときに行われた天文イベントの中では天体観望会が最も多かったのですが、その半数以上を天文同好会／愛好者が開催しました。しかし、観望会の開催依頼数はもっと多かったのですが、対応しきれなかったのが実情でした。さらに、2012年には日本で金環日食が見られ、ますます観望会への関心が高まってきたようです。そのような観望会の開催要望に応えようとする人をこの新版本が後押しできれば幸いです。

　新版では、天体観望会のための新しいハードとソフトへの対応だけでなく、宇宙の年齢や銀河系での太陽位置や恒星進化の分岐となる質量などについての新しい知見をその研究分野の第一人者の確認を得て取り入れました。また、曇天・雨天になった観望会当日におけるメニューの一層の充実を図りました。さらに、観望会の形式として駅前や街角で行うものも紹介しています。これは、通りすがりに気軽に天体を観望できるので、星空に関心を持つ機会を広げ、他の観望会にも参加してみようという気にするかもしれません。

　もちろん、各種の教育機関での観望会実践例は多く掲載しています。特に小・中学校では2011年度から全面的に実施されている新しい学習指導要領（"脱ゆとり教育"）において、「観察・実験や自然体験、科学的な体験を一層充実する方向で改善」が図られています。天体観望会の開催は学校教育において一層望まれています。この本の「観望天体ごとの進め方」には、天体の観察テーマも載っていますので、児童・生徒にとって自然における科学的な体験にふさわしい自由研究課題が見つかるかもしれません。

　初めての観望会は、まず家族や友人を相手に行うのがいいでしょう。ベテランでも観望会の前にはチェックのために家族や隣人などに観望してもらいます。

　この本の第2刷発行から17年も経っているにもかかわらず、改訂して新版を出すことを快く許していただいた恒星社厚生閣の代表取締役・片岡一成氏に感謝いたします。また、執筆者が多く編集に大変なご苦労をおかけした同社の編集担当・高田由紀子氏にお礼申し上げます。

　　　　　　　　　　　　　　　　　　　　　　　　　　　　　　　　　　水野　孝雄
　　　　　　　　　　　　　　　　　　　　　　　　　　　　　　　　　　縣　　秀彦

目次

- iii まえがき
- vii この本の使い方

第1部　観望会を開こう

- 002　第1章　天体観望会とは ………………………………（水野孝雄・杉山　健）
- 004　第2章　観望会を始めるにあたって ………………（宮下　敦・及川賢一・水野孝雄）
- 012　第3章　初めて観望会を開く人のために
- 012　　3.1　学校にて ………………………………………………（縣　秀彦）
- 014　　3.2　生涯学習施設にて …………………………………（鷹　宏道）
- 016　　3.3　宿泊観望会 ……………………………………………（松尾　厚）
- 018　第4章　いろいろな観望会
- 018　　4.1　小学校における星の学習会 ………………………（田崎　亨）
- 020　　4.2　天体の動きを実際の星空で（中学校）……………（杉山　健）
- 022　　4.3　夕方に行う観望会（私立中・高一貫校での例）……（宮下　敦）
- 024　　4.4　大学における天文施設一般公開 …………………（水野孝雄）
- 026　　4.5　公立天文台で行った天体観望会 …………………（遠藤武彦）
- 028　　4.6　半田空の科学館の観望会 …………………………（林　美秀）
- 030　　4.7　西はりま天文台における天体観望会 ……………（伊藤洋一・黒田武彦）
- 032　　4.8　大規模観望会と広域ブラックアウト ………………（大島　修）
- 034　　4.9　同好会での「星をみる会」……………………………（高橋典嗣）
- 038　　4.10　"街角"観望会 ………………………………………（内藤誠一郎）
- 040　　4.11　我が家の気まぐれスターウォッチング ……………（岩上洋子）

第2部　観望会の進め方

- 044　第5章　観望天体ごとの進め方
- 044　　5.1　星と星座　【概説】……………………………………（縣　秀彦）
- 046　　　1　星の位置の表し方 ……………………………………（杉山　健）
- 048　　　2　星座を作ろう …………………………………………（宮下　敦）
- 050　　　3　星座探しゲーム1 ── 黄道12星座と太陽の通り道について（縣　秀彦）
- 052　　　4　星座探しゲーム2 ── 季節ごとの主な星座の位置を覚えよう（鷹　宏道）
- 054　　　5　星座探訪 ……………………………………………（小林正照・松尾　厚）
- 056　　5.2　月　【概説】………………………………………………（杉山　健）
- 058　　　1　月のクレーター ………………………………………（杉山　健）
- 060　　　2　ウサギのもちつき ……………………………………（杉山　健）
- 062　　　3　月も歩く ………………………………………………（宮下　敦）

064		4 月の明と暗	（水野孝雄）
066		5 潮の満ち干	（及川賢一）
068	5.3	惑星 【概説】	（松尾　厚）
072		1 一番星を見つけよう——日の入りから宵の星空へ	（鳫　宏道）
074		2 青空に金星を見つけよう	（松尾　厚）
076		3 惑う星 火星	（川井和彦・松尾　厚）
078		4 木星のなぞにせまろう	（藤原　誠）
080		5 土星の環	（大島　修）
082		6 その他の惑星（水星と天王星・海王星）	（松尾　厚）
084	5.4	太陽 【概説】	（鳫　宏道）
088		1 太陽のすがお	（戸田博之）
090		2 太陽の大きさを測ろう	（菅原　賢）
092		3 太陽と遊ぼう	（菅原　賢）
094		4 太陽の自転と活動を発見	（大島　修）
096	5.5	日食と月食 【概説】	（間辺雄二）
098		1 新月の動き	（間辺雄二）
100		2 地球の影	（間辺雄二）
102		3 日食や月食を安全に楽しむために	（間辺雄二）
104	5.6	流星・人工衛星 【概説】	（三島和久・鳫　宏道）
106		1 流星をたくさん見よう	（鳫　宏道・伊木和男）
110		2 人工衛星がみえる!?	（三島和久）
112	5.7	彗星 【概説】	（縣　秀彦）
114		1 きみもコメットハンター	（縣　秀彦）
115		2 尾はどっち？	（縣　秀彦）
116		3 彗星を追っかけよう	（縣　秀彦）
118	5.8	星の明るさと色 【概説】	（間辺雄二）
120		1 1等星の色	（間辺雄二）
122		2 二重星を見よう	（大島　修）
124		3 変光星アルゴルを観察しよう	（三島和久）
126	5.9	さまざまな天体 【概説】	（大島　修）
128		1 星雲・星団めぐり	（大島　修）
130		2 星の一生をたどる	（菅原　賢）
132		3 天体導入ゲーム——あの天体の名は？	（鳫　宏道）

134	5.10 銀河系と銀河 【概説】	（水野孝雄）
136	1　天の川のほとり	（縣　秀彦・間辺雄二）
138	2　星と星のあいだ	（宮下　敦）
140	3　宇宙の広がりを感じよう	（間辺雄二・藤原　誠）

142　第6章　困難な天体観望への対策

142	6.1 星空環境 【概説】	（水野孝雄）
144	1　もっとたくさんの星が見られるように——環境問題との関連で	（水野孝雄）
146	2　あなたの地域でライトダウン	（跡部浩一・高橋真理子）
148	3　都心での天体観望会	（高梨直紘）
150	6.2 雨天・曇天時の対策 【概説】	（渡邊文雄）
152	1　室内で望遠鏡をのぞいてみよう	（水野孝雄）
154	2　望遠鏡を動かしてみよう	（渡邊文雄）
156	3　宇宙の広がりを知る——遠くを見れば，昔が見える	（水野孝雄）
158	4　Mitaka を使って宇宙旅行	（縣　秀彦・間辺雄二）
160	5　楽しい天文ゲーム	（菅原　賢）
162	6.3 宇宙にふれる【概説】	（縣　秀彦）
164	1　「ユニバーサル天体望遠鏡」による観望 　　　　——すべての望遠鏡をバリアフリーに	（新井　寿）
166	2　ＢＳアンテナで太陽電波を聞く	（渡邊文雄）
168	3　ガイガーカウンターで宇宙線を聞く	（渡邊文雄）

第3部　資料

172　第7章　観望会で役立つ資料

172	7.1 参考書，データブック	（及川賢一 ほか）
176	7.2 パソコンソフト，Webサイト	（松尾　厚）
178	7.3 天体望遠鏡メーカーリスト	（鳫　宏道）
180	7.4 関連施設（プラネタリウム，公開天文台，宿泊施設）	（戸田博之）
185	7.5 依頼文書・案内文書	（松尾　厚）
188	7.6 観望の好期	（及川賢一・間辺雄二・大島　修）
190	7.7 天体観望会Q＆A（困ったときに見るページ）	（縣　秀彦・間辺雄二）

192　索引

この本の使い方

この本の第2部では，具体的な観望会の進め方を見開きで掲載しています．これら各項の右ページに，おおよその目安として，観望の実施に際しての所要時間・環境・時間帯・必要な機材・参加者数をインデックスで表示してあります．観望会の情況にあった内容の選定に活用してください．

①所要時間　　短時間でも可能（およそ30分以内）

②環　　境　　明るい市街地でも可能

③時 間 帯
- 昼間
- 薄明時
- 薄明終了後

④機　　材
- 肉眼で
- 双眼鏡
- 望遠鏡

⑤参加者数　　大人数でも可能
指導者1人につきおおよそ50名以上

 コラム一覧

017	デジタルツールを使いこなそう	（戸田）	091	倍率や望遠鏡による2つの星の見え方を比べよう	（大島）
021	博物館を利用しよう	（松尾）	097	食現象あれこれ	（間辺）
027	大きい望遠鏡でも曇ったら見えないの？	（水野）	099	青空はなぜ青い，夕日や夕焼けはなぜ赤い	（水野）
037	月にとっては，まぶしい地球の照り返し	（水野）	109	FM放送と流れ星・どんな関係があるの？	（渡邊）
049	古星図を使おう!?	（松尾）	119	緑色の星	（間辺）
059	三日月とは!?	（水野）	121	星空案内人資格認定制度「星のソムリエ」	（縣）
061	アニメに出てくる月	（水野）	131	冬の満月は高い	（水野）
073	恐怖の大王	（及川）	137	一番近い星まで歩こう	（藤原）
083	準惑星になった冥王星	（松尾）	141	国立天文台を利用しよう	（縣）
089	Sun Shine Boy	（間辺）			

執筆者紹介

縣　　秀彦	(あがた・ひでひこ)	長野県出身．国立天文台天文情報センター准教授．
跡部　浩一	(あとべ・こういち)	山梨県出身．甲府市立相川小学校教諭．
新井　　寿	(あらい・ひさし)	群馬県出身．県立ぐんま天文台観測普及研究係指導主事．
伊木　和男	(いき・かずお)	愛知県出身．愛知県立名古屋西高等学校教諭．
伊藤　洋一	(いとう・よういち)	東京都出身．兵庫県立大学自然・環境科学研究所天文科学センター教授(センター長)．
岩上　洋子	(いわがみ・ひろこ)	神奈川県出身．移動式プラネタリウム解説員．
遠藤　武彦	(えんどう・たけひこ)	宮城県出身．仙台市公立中学校教員．
及川　賢一	(おいかわ・けんいち)	宮城県出身．日野市立三沢中学校教諭．
大島　　修	(おおしま・おさむ)	群馬県出身．群馬県太田市立尾島中学校教頭．
川井　和彦	(かわい・かずひこ)	東京都出身．理化学研究所広報室主幹．
鴈　　宏道	(がん・ひろみち)	東京都出身．平塚市博物館学芸員．
黒田　武彦	(くろだ・たけひこ)	兵庫県出身．元兵庫県立西はりま天文台公園園長．
小林　正照	(こばやし・まさてる)	愛媛県出身．山口県天文協会．
菅原　　賢	(すがわら・けん)	東京都出身．厚木市子ども科学館員．
杉山　　健	(すぎやま・たけし)	東京都出身．東京都公立中学校教員．
高梨　直紘	(たかなし・なおひろ)	広島県出身．東京大学特任助教．
高橋　典嗣	(たかはし・のりつぐ)	神奈川県出身．日本スペースガード協会理事長．
高橋真理子	(たかはし・まりこ)	埼玉県出身．山梨県立科学館天文アドバイザー．
田崎　　亨	(たざき・とおる) 故人	福島県出身．元福島県いわき市立錦小学校教諭．
戸田　博之	(とだ・ひろゆき)	岡山県出身．国立天文台岡山天体物理観測所研究支援員．
内藤誠一郎	(ないとう・せいいちろう)	東京都出身．国立天文台天文情報センター広報普及員．
林　　美秀	(はやし・よしひで)	愛知県出身．元半田空の科学館学芸員．
藤原　　誠	(ふじわら・まこと)	兵庫県出身．兵庫県宍粟市立土方小学校長，(元兵庫県立西はりま天文台公園指導主事)．
松尾　　厚	(まつお・あつし)	山口県出身．山口県立山口博物館学芸員．
間辺　雄二	(まなべ・ゆうじ)	神奈川県出身．光技術者(製造業勤務)．
三島　和久	(みしま・かずひさ)	神奈川県出身．倉敷科学センター学芸員．
水野　孝雄	(みずの・たかお)	北海道出身．東京学芸大学名誉教授．
宮下　　敦	(みやした・あつし)	群馬県出身．私立成蹊中学高等学校教諭．
渡邊　文雄	(わたなべ・ふみお)	長野県出身．財団法人上田市地域振興事業団(上田創造館)．

第1部

観望会を開こう

この本を手に取ってみた人の多くは，夜空にきらめく星ぼしの美しさに魅せられたり，日食や彗星を見て，その不思議さに驚いた経験のある人でしょう．今度はその感動を多くの人々と分かち合ってみませんか？ 第1部では，初めて観望会を開こうとする人へ，そのノウハウをさまざまな実践例とともに紹介します．

【第1章】
天体観望会とは

【第2章】
観望を始めるにあたって

【第3章】
はじめて観望会を開く人のために

【第4章】
いろいろな観望会

CHAPTER 1

天体観望会とは

夜空に数え切れないほどの星ぼしを見て，その美しさに感動し，また日食や流れ星などを見て，その不思議さに驚いた経験は多くの人がもっていることでしょう．その美しさや驚きを他の人にも味わってほしい，伝えたいと考え，他人に天体を見せる場を設ければ，それは天体観望会です．星空さえあれば望遠鏡がなくても観望会になります．その規模や対象はいろいろで，家族や仲間に見せるものから，学校や生涯学習施設で行うもの，また同好会などが地域で行うものまであるでしょう．まずは気軽に，星を見ることのよさを味わってもらいましょう．

星空の美しさ，星を見ることのロマン

　星を見ることのよさとは何でしょうか．黒いバックにキラキラ輝く星ぼし．よく見ると少し青みのあるものや赤みのあるもの，暗い空での満天に輝く星ぼしは得がたい芸術作品のようです．その作品は時々刻々変化し，また季節によっても違ったものを見せてくれます．その作品はあるときは山に置かれ，そよ風の吹く木立ちとともにあり，またあるときは草いきれのするところや，潮騒のするところにあります．自然の中にあり，自然の一部となって変化している星空は芸術作品以上かもしれません．プラネタリウムにもないものです．

　その星ぼしのあるものは地球の兄弟であり，また太陽の仲間もたくさんあります．それらの星の中には地球と同じように"人間"の住める惑星を伴っているものもあるでしょう．今，受け止めている光は，そのような星ぼしから何千年も，何万年も前に出たものです．いわば今の瞬間に受け取った生の光で，プラネタリウムの星の光とは異なるところです．天文学では，生物学などとは違って実物を手にとることはできませんが（隕石を除いて），本物の光を受けることがそれに相当するでしょう．自然のなかで本物の天体を観望することのよさは，以上に述べたような点にあるのではないでしょうか．

天体観望会で何を得てもらうか

　観望会では，生物などと同様に私たちをとりまく事物としての星ぼしに興味・関心をもってもらうことが第一です．まわりの自然環境とともに天体について認識してもらうことです．そこで今まで気がつかなかった美しさを発見し，不思議なことに驚きを感じてもらえれば観望会は成功です．

　つぎに，そのような美しい天体がどのように形成され，どのような構造をしているのか，あるいはそのような不思議な現象がどのようにして起こるのか，ということに自ら興味をもてるようになればさらによいでしょう．その際よく観察し，考えるきっかけを与え，あれこれ考えること（推理・推論）のおもしろさが味わえるようであれば，観望会の味つけは十分です．

宇宙への誘いとしての天体観望会

　私たちは，生まれて幼いときはまず身のまわりを認識し，歩けるようになり，遠くに行

けるようになって町を知ります．学校の理科でまわりの現象や生物などについて学び，また社会で広く日本を知り，世界の国々を学びます．このような自分のまわりを知るということをつきつめると，地球物理学・地質学などから天文学の領域に入ります．地球や太陽系はどのようになっているか，それらを含む銀河系，そして宇宙はどうなっているかという宇宙の構造を調べることになります．これらを知ることが天文学の歴史となっており，私たちの世界観・宇宙観の形成に大きく関わってきました．

私たちの知りたいもう一つのこととして，自分のルーツがあります．自分がどのように生まれ，存在するのかということです．親のこと，先祖のこと，そして人類のルーツを遡れば，地球上での生命誕生を探ることになります．この探求も考古学・生物学などから天文学の領域に入ります．そして地球・太陽・銀河系などの形成を調べることになります．宇宙の誕生・進化を探り，地球の形成，生命の誕生を知れば人類の小ささ，しかし貴重な存在を理解するでしょう．また，宇宙の構造・進化を，長い年月をかけつつも解明してきた人類の偉大さもわかります．これらのことは人間がいかにすべきか，自分はいかに生きるべきかという人生観に大いに関わります．

自分のまわりを知り，自分のルーツを知ること，一言でいえば「自分はなぜここに存在するか」ということを研究するのが天文学であり，それを学び，そして教え，広めることが天文教育・普及の活動といえるでしょう．その活動の重要な役割を担うものとして天体観望会があります．

星ぼしを見てもらう中で宇宙の広がり・歴史を感じとってもらえるような観望会にしたいものです．そして，宇宙の中に誕生した貴重な星の一つに私たちが住んでいること，私たちの身体を構成している炭素や酸素などは星の内部で融合されたものであり，また水素は宇宙のビッグバン後すぐにつくられたもので，いわば私たちは星の子であり，宇宙の子であることを伝えたいものです．

天文学への興味を喚起し，天文学を学ぼうという志につながることを望外の喜びとして，天文学の必要性を理解する人が一人でも増えれば天体観望会開催の意義はあったといえるでしょう．

天体の観望と観察と観測

この本において観望と観察を区別して使う場合には，観望は空を眺め，天体や天文現象を見ることに用い，観察は天体や天文現象がなぜそのようになっているかを考察するために詳しく注意深く見ることに用いることにします．

天体の構造や現象の機構を理解するためには機器を用いて観察し測定する（観測する）ことを必要とします．観察会のつぎの段階として観測会が用意されるのが望ましいのですが，この本にはその範囲まで含みませんでした．すなわち，本書では観測を中心としたテーマ，特に長期にわたる継続観測を必要とするものは扱わないことにします．

CHAPTER 2
観望会を始めるにあたって

大人数で星見を楽しむためには，1人で見るときよりも気を配ることが多くなります．この章では，そんな「観望会で気をつけたいこと」を取り上げます．

2.1 日時

観望会の日程は，流星群や日食・月食のようなスケジュールが決まっている天文現象をのぞいては，月齢・日の入り時刻・惑星の位置・天候のクセなどを参考に決めます．

月を観望対象に入れるのなら，クレーターのようすがわかりやすい上弦（月齢8）の前後がよいでしょう．星雲など淡く暗い天体を主体に見るときには月明りがじゃまなので，前半夜の観望ならば下弦（月齢22）〜新月の時期を選びます．

夏は空が暗くなるのが遅いので（20時〜21時），行事終了時刻が思いのほか遅くなります．冬は暗くなるのが早いので（17時〜18時），「生徒の集まりやすさ」の点からいえば学校で観望会を開くのにはよい時期かもしれません．一般向けの観望会では，開始時刻をあまり早くに設定してしまうと，参加者が集合できないので注意しましょう．

2.2 場所

（1）空の広さと暗さ

視界をさえぎるものがまったくなく天の川がはっきり見えるような暗い空．そんな場所で観望会を開ける人がいたら，まったくうらやましい限りです．

同好会が独自で企画し開催する観望会では，比較的自由に場所の選定ができます．キャンプや登山などで，山や海岸など光害から離れ自然に親しめる環境で行うことも可能でしょう．最近は望遠鏡を備えた施設が増え，観望会も継続して行われるようになってきました．そうした施設を利用して観望会を企画することも可能です．また，それらの施設の中には宿泊可能な所もあります．

さて，観望会は空の暗い場所でないと開くことができないのでしょうか．決してそうではありません．街中には街中なりの観望会があります．淡い星雲などは無理だとしても，

【表1】季節別の天候のクセ（関東地方の例）

季 節	春	夏	秋	冬
天 候	3〜4月は晴天率30%程度．5月は周期的にかわる．	6月中旬〜7月中旬は悪い．梅雨明け以降はよい．	9月末〜10月初旬は悪い．それ以降は周期的に変わる．	冬型が続くと晴天．年間を通して最も晴天率が高い時期．
透明度	3〜4月は悪い．5月はよい．	悪い日が多い．夏型が強いときは大変よい．	よい．	冬型の気圧配置のときはよい．
気流（シーイング）	一般によい．	よい．	高気圧におおわれたときはよい．	冬型のときは最悪．
肉眼で楽しめる対象	西空の冬の星座．北斗七星・しし・おとめ・うしかい座など	南から北にかかる夏の天の川．さそり・いて・わし・こと・はくちょう座など	北天にかかる天の川．夏の大三角．ペガスス・アンドロメダ・カシオペヤ・ペルセウス・おひつじ座など	オリオン・おうし・ふたご・おおいぬ・こいぬ・ぎょしゃ座など

少しでも暗い星まで見えるように工夫しましょう．その日に見る天体が決まっていれば，その天体の見える方角の視界を確保し，ネオンサインや街灯の光が直接当たらないように建物の影に入れば，かなり見やすくなるはずです（6.1.3参照）．

(2) 寒さ・風・雨の対策

夕方は気温の変化が大きく，薄着でいるとすぐに体が冷えてしまいます．参加者には，「普段よりも1枚多く着込む」ように知らせておきましょう．風が吹くと体感気温が下がるばかりでなく，望遠鏡がゆれて星が見にくくなります．風がじゃまになるようなときは，建物の風下側にまわってうまく風を避けたほうが，落ち着いて星見を楽しめるでしょう．建物が近くにあれば，突然の雨にも対応しやすくなります．

2.3 望遠鏡

(1) 光学系のちがい

望遠鏡の鏡筒には，対物レンズで光を集める「屈折式」と，凹面鏡で光を集める「反射式」があります．屈折式は，像のコントラストがよく，また太陽投影板やビデオカメラなどの取り付けがしやすいなど取り扱いの面でも楽です．反射式は，色収差がないシャープな像が特徴で，また大口径機が多いために暗い天体を見るのに向いています．

(2) 大口径ほどよく見える

望遠鏡の性能を決めるのは「口径」（対物レンズ・主鏡の直径）です．口径が大きいほど「集光力」（たくさんの光を集める力）があります．また「分解能」（細かい部分を見る力）も口径が大きいものほどよくなります（P91コラム参照）．望遠鏡は接眼レンズを変えることによって倍率を自由に選べます．ただし，どこまで倍率を上げられるかは，集光力と分解能によって決まります．小口径機で無理に倍率を上げて見ても，ぼけぼけのしまりのない暗い像しか見られません．少しでも多くの天体を，そして細かい所まで見たいときは大口径の望遠鏡を使いましょう．

(3) 身軽な経緯台，じっくり型の赤道儀

観望中の望遠鏡の操作といっても，鏡筒部分で動かすのはせいぜい接眼レンズの交換とピント合わせくらいで，操作のほとんどは架台関係に集中します．架台の強度・操作性が悪いと鏡筒の性能が生かしきれません．特に，惑星観察など高倍率が必要なとき，肉眼では見えない暗い天体を探すときに架台の性能が発揮されます．

さて架台の種類には，水平方向と上下方向に動かして鏡筒の向きを変える「経緯台」と，極軸の回転だけで鏡筒を天体の日周運動に合わせて動かせる「赤道儀」があります．スケッチや写真撮影など，1つの天体を長時間追い続けるときや，1台の望遠鏡を何人もの人が交代でのぞく場合は日周運動に合わせて追尾する駆動装置（モータードライブ）を備えた赤道儀が必要です．しかし赤道儀は経緯台にくらべて大きく重く，セッティングや天体の導入の仕方に慣れるまで時間もかかるので，入門用には経緯台がよく使用されます．参加者が各自で望遠鏡を操作し「見る」ことに徹してもらうのなら，経緯台でも十分事足ります．

CHAPTER 2

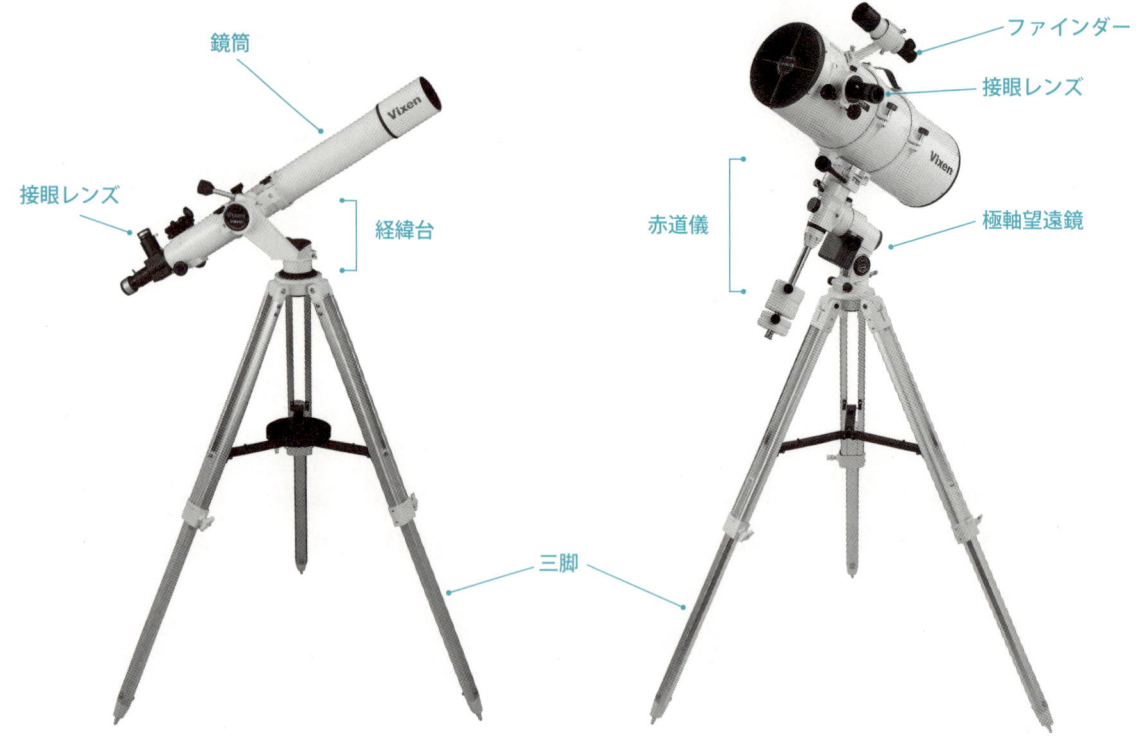

【図1】屈折望遠鏡＋経緯台
（提供：株式会社 ビクセン）

【図2】反射望遠鏡＋赤道儀
（提供：株式会社 ビクセン）

（4）接眼レンズで差をつける

　接眼レンズ（アイピース）といえば「低倍率用はエルフレ型かケルナー型，中高倍率用にはオルソスコピック型」を使用するのが一般的です．大口径やEDレンズなど高性能な光学系の鏡筒を使用しても，光の出口にあたる接眼レンズがよくないと，その望遠鏡がもつ本当の力を引き出すことができません．いまある望遠鏡の見え味に不満があるときは，まず接眼レンズを疑ってください．「接眼レンズを換えたら，信じられないくらいよく見えるようになった」という話もよくあります．最近は接眼レンズに対する関心が高まり，新設計の高性能接眼レンズが各種発売されています．また，これらの高級品は「視界が広く」「眼鏡使用者でものぞきやすい」ように設計されています．

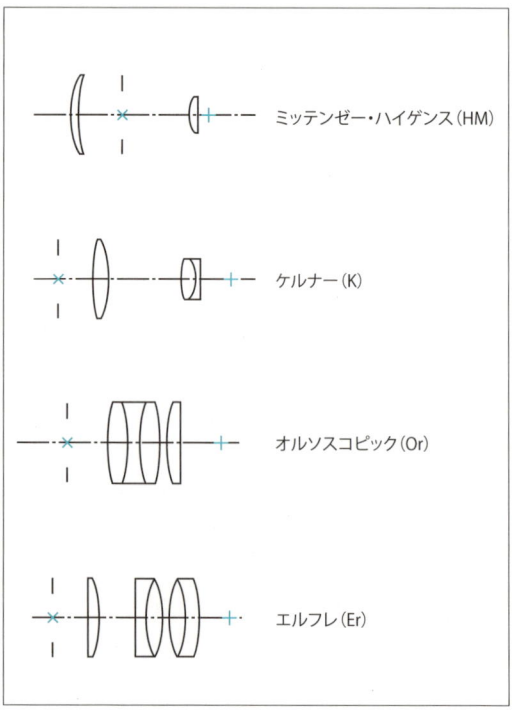

【図3】接眼レンズの種類（×：焦点，＋：アイポイント）

(5) 選び方

指導者用には，太陽投影板などアクセサリーの取り付けがしやすい屈折式をモータードライブ付きの赤道儀に載せたものが1セットあるとよいでしょう．

参加者用の望遠鏡の条件は，「見る人にとって見やすい高さを保てる」「鏡筒が短くとりまわしが楽にできる」「接眼レンズはのぞきやすいものを使う」「暗い場所でも操作しやすい」といったところです．

口径が大きいにこしたことはないのですが，大きく重くなった分だけ運搬・組み立てが大変になります．一人で運搬・組み立てのできる範囲内で選びましょう．

(6) 大型1台に小型数台

大砲のように大きな望遠鏡は，人を集める目玉にもなりますが，それだけで全参加者に見てもらうのは無理なので，脇を固める小型の望遠鏡が数台必要です．

指導者が操作する大型望遠鏡を何分も並んだあとに10秒ほどのぞき込む．それも1つのスタイルになっていますが，そればかりでは参加者もすぐにあきてしまいます．たとえ小さな望遠鏡でも，「自分で操作して見る」のは受け身でいたときには味わえないおもしろさがあります．短焦点の屈折望遠鏡に広視界でのぞきやすい接眼レンズを付けて経緯台に載せ，参加者に自由に操作してもらう．そんな観望会はいかがでしょうか．

2.4 双眼鏡

(1) 望遠鏡にない魅力

「星は望遠鏡で見るもの」という先入観があるのか，観望会で双眼鏡が注目されることは少ないようです．しかし双眼鏡には，「正立像が得られるので天体の導入がしやすい」「両目でのぞけるので長時間でも目がつかれにくい」「携帯性がよく，ちょっとした旅行にも気軽に持っていける」という，望遠鏡にはない魅力があります．

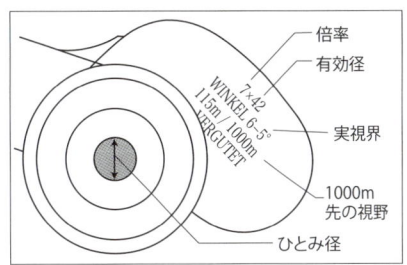

【図4】双眼鏡の表示の例（のぞく側から見た図）

【図5】双眼鏡＋三脚
じっくりと星見を楽しむ場合は三脚使用がよい．
（提供：株式会社 ケンコー・トキナー）

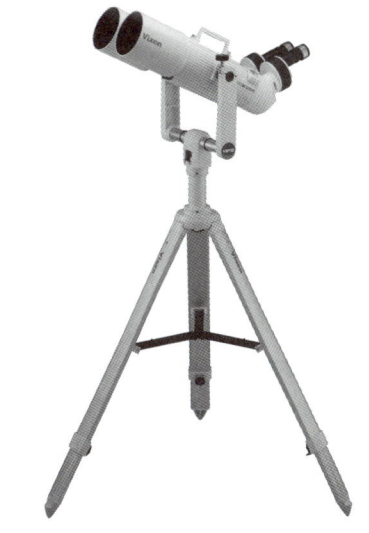

【図6】対空双眼鏡
接眼部が傾斜しているので，天頂付近を見るときも楽な姿勢でのぞける．（提供：株式会社 ビクセン）

(2) 選び方

双眼鏡は倍率が固定されているので，購入時は望遠鏡以上に悩んでしまいます．ポイントを「携帯性」か「光学性能」のどちらか一方にしぼってください．携帯性重視なら，口径30〜50mm・倍率7〜8倍くらいの製品がよいでしょう．これより小さい製品は暗く天体用には向いていません．光学性能重視ならば，口径70mm以上・倍率10倍以上の製品を丈夫な三脚とセットにしてください．

2.5　その他の道具

観望会には望遠鏡以外にも，あればいろいろと役に立つ道具があります．代表的なものは以下のとおりです．

[懐中電灯] 大型の「サーチライト式懐中電灯」は，人の誘導だけでなく星座を指し示す指示棒代わりに使えます．ただし，他の団体・個人が楽しんでいる場所では，むやみにライトを空に向けるのはマナー違反です．小型の懐中電灯は，テキストを見るときなど手元を照らすのに向いています．頭や胸ポケットにつけられる製品なら，両手が自由に使えて作業するときに便利です．小型の懐中電灯は，電球をマジックで赤く塗ったり赤セロファンをかぶせたりして，暗闇に慣れた目を刺激しないよう工夫しましょう．

[説明用の資料・星図・星座早見盤] 星座早見盤は，任意の日時の天体の方位・高度を調べるのに便利な道具です．ただし，星座早見盤に描かれている星座は形が大きくゆがんでいるので，実際の空と見くらべて星座を覚えるのには向いていません．そのような目的には，別に資料を作成したほうがよいでしょう．

また，そのとき見る天体を紹介した資料を用意するとよいでしょう．資料作成の元ネタ探しには，「7.1 参考書，データブック」で紹介されている天体暦・星図・神話集などを活用してください．

[画板と鉛筆] 今見ている天体の概要を貼り出したり，スケッチなどの作業用に使います．

[踏み台] 望遠鏡には必ず必要．高さを変えられるものが便利です．

[メガホン] 指導者の頭数だけあるとよいでしょう．屋外では声が通りにくく，大人数のときは説明が聞こえないという人も出てきます．

[方位磁石] 北極星が見えないときは，頼りになります．

[レンズクリーナー] 小さな子どもが接眼レンズなどに指紋をつけてしまったときなどに用います．

【図7】観望会に役立つ小物

2.6 参加者の構成と対応

(1) 幼児または家族で

「小さな子どもに天体観望なんて」という人もいるかもしれませんが，言葉がでるようになってくると「おひさま」「おつきさま」「おほしさま」などは，身近な対象となります．2歳くらいでも，月をさして「あっ！おつきさまがいる」などということができるようになります．幼稚園などで夜の行事（盆踊りなど）があったら，双眼鏡や望遠鏡を持ち込んでみるのもよいでしょう．子どもは望遠鏡が大好きです．

観望会などという大袈裟なことではなくても，夜道を歩いているだけで自然とふれあうことができるのです．「まんまるなおつきさまだね」とか「おひさまがいなくなったら，くらくなったね」など，子どもは自然の変化に意外に敏感です．「おつきさまにはもようがついているね，なにがみえるかな」とか「おひさまがずいぶんあかくなったね」など．自然の変化に興味を振り向けるような問いかけをしていけば，自然の観察に導いていくことができるでしょう．大人のほうで，子どものことばに対する感受性を持っていることが必要です．

(2) 小学生に

小学生の特徴は，目でみたもの，耳で聞いたものを素直に取り入れます．同じものを見ても，感じ方や発想するものが千差万別です．同じ説明をしても，同じ読物を読んでも解釈の仕方が一人一人違います．ある意図で語りかけても，話し手の考えとおりには伝わらないことを前提にしておかなければなりません．逆に，一人一人の子どもの発想をどのように取り上げて，それをどのようにして体系的なイメージに組み上げていくかといったことが大切な問題となります．「このように論理的に説明したのだから，どんな子どもでもわかってもらえるはずだ」というのではなく，ひとりひとりの子どもの心の動きを忠実にみつめ，考え方のよいところや探求する気持ちを大切に伸ばしてあげる配慮が必要です．

太陽の動きや月の満ち欠けなどは，視点をいろいろな場所に立体的に移動すること，加えてそれが動くことの難しさから，たいへん扱いにくいものとなっています．天体の運行についてある程度正確に扱う場合には，天体の大きさと距離について正しい縮尺での関係をイメージできるようにした上で，立体的な模型を用いて話してあげることが必要となるでしょう．

(3) 中学生に

中学校教育は，体験的な自然観察と，解析的な数理科学の橋渡しをしています．中学1年生では小学生的な頭の柔らかさを失っていませんし，中学3年生では高校生的な論理

【表2】学校での天文分野の扱い

学　校	項目（学年）：扱い
小学校	太陽と地面のようす (小3)：日陰の位置と太陽の動き 月と星 (小4)：月の形と動き，星の明るさ・色・動き 月と太陽 (小6)：月の形と太陽，月の表面のようす
中学校	地球と宇宙 (中3)：天体の動きと地球の自転・公転，太陽系，恒星，銀河系
高　校	宇宙や地球の科学 (科学と人間生活)：太陽系，暦，天動説，地動説 宇宙における地球 (地学基礎)：宇宙の構成，太陽と恒星，地球の特徴 宇宙の構造 (地学)：太陽系，恒星，銀河系，銀河，宇宙の構造

力や解析力を次第に身につけてきていますから，対象となる年次によってテーマを選ぶ工夫ができます．中3くらいになると社会的な問題についても興味を持つ生徒が出てきますから，論理構成の複雑なテーマでもついてくるでしょう．

天文の分野は，時期的には中3の2学期に取り上げられることが多いようです．

(4) 高校生に

高校生では，一応大人と同じように接することができる年代ですが，未成年ですから終夜観測などには一定の制限があります．科学に関して非常に詳しい知識を持っている生徒がいる反面，星占いや宇宙人などを適当に信じて遊ぶような傾向も持っています．また，あるテーマと方向性を示してあげれば，自主的に活動することもできるようになります．

地学では天文分野について全般的な扱いができるように設定されていますが，教科書採択率が平均数％で，地域によっては全く開講されていないところもあります．また，開講されていても教員の専門分野の偏りで天文分野を扱っていないケースも多いのが実態ですから，学校での天文の系統的な学習はなされていないと考えたほうがよいようです．

(5) 一般の人に

一般向けに観望会を開く場合には，全く基礎知識のない人から，アマチュアとしてかなりのレベルの人までを想定したものとなるでしょう．会の規模も数人単位の場合から金環日食などを数千人規模で観望するような会までさまざまです．あらかじめ参加者の構成がわかっているときには，初めての人にも，ある程度のレベルの人にも答えられるように複数のものを準備することもあります．観望会のねらいによっては，年齢などの制限をつけたほうがよいこともあるでしょう．

プラネタリウムで開催する場合には，テーマと投影プログラムとの関連をつけることが多いようです．

2.7 指導者

指導者は，観望者が安全に，確実に天体を見られるように心がけます．

スタッフに余裕があるならば，望遠鏡を操作して天体の見方を指導する人と，望遠鏡に並んで待つ観望者に対応する人を配置できることが望まれます．

子どもが元気になりすぎるときの対応

観望会でしばしば難儀する子どもの問題行動は，ときにトラブルに発展することがあります．

❶ 騒ぐ，大声を出す ⇒ 近所から苦情がくる場合がある．

❷ 走り回る
　→子ども自身や他の子どもに怪我をさせる恐れがある．
　→駐車場脇や広場など，近くで車やバイク，自転車などの通行がある場所では接触事故の恐れがある．

❸ ふざける
　→望遠鏡を勝手に触ったり，他の子どもの星見のじゃまになったりする．

❹ 屋上のフェンスや塀などによじ登ったり，フェンスから身体を乗り出したりして，下をのぞき込もうとする．
　→転落する可能性がある．

このような場合は，
❶ 基本的には，毅然とした態度で注意を促す．
❷ きちんと整列させて望遠鏡をのぞく順番を待たせる．
❸ 望遠鏡をのぞき終わっても，元に並んでいたように順番どおり整列させる．

などの対応が必要です．しかし，子どもの問題行動が目立つときは「子どもが飽きているとき」とも言えます．指導者の声が小さくて十分届いていない，そもそも指導者のお話自体に魅力がないなど，時には自分側の問題として向かい合ってみることも必要かもしれません．

望遠鏡をのぞいてもらうときには

【用意するもの】

・赤色光源
・天頂プリズム（またはフリップミラーシステム）
・脚立

　観望の事前説明では当日の星空・天体案内だけでなく、望遠鏡などの周りでは走らないことなどの安全についての説明を十分に行います．一般には望遠鏡の「のぞき口」（接眼レンズ部分）は子どもに合わせて低めに設定されていることでしょう．

　しっかり立っていられない方（小さな子ども，お年寄り，身体障がい者など）には100～130cmくらいの脚立を用意し，踏み台や手すりとして使ってもらいます．

　のぞくときの姿勢として，望遠鏡に正対できるようにヒザを少し曲げ，両手をそれぞれのヒザに置いてもらいます．上半身の上下が容易にでき，姿勢が安定します．また，両手をヒザに置いているので望遠鏡をつかもうとしません．※

　望遠鏡をのぞいてもらうときに，どこをどのようにのぞいたらいいのかわからない人には次のように指導します．

月や明るい惑星の観望

①片目をつぶるか片目を手でふさぎます．
②目とレンズが十分に離れたところからレンズの中の光（明るい天体）を見つめながら，目を近づけてもらいます．
③視野の中に天体が見えるはずです．

明るくない天体で見えづらいとき

　天体を見る前には街灯などの明るい光を見ないようにして，暗さに目を慣らしておきます．
①直視してもまぶしくない赤色光源（懐中電灯やLED）で鏡筒先から照らします．
②離れたところから接眼レンズの中の赤い光を見つめながら，目を近づけてもらいます．
③視野全体が赤くなっているはずなので，それを確認したら赤色光源を消します．
④ほとんどの人が天体を見ることができます．

天頂プリズムまたはフリップミラーの活用

　望遠鏡の姿勢によっては接眼部がのぞきづらい位置に来ることがあります．そのようなときには光路を直角に曲げられる天頂プリズムを活用しましょう．また，接眼部が2つ（1つは天頂プリズムのように光路を直角に曲げる）あり，フリップミラーで光路を切り替えることができる「フリップミラーシステム」は便利です．一方に拡大用接眼レンズを入れ，他方にはそれより長い焦点距離の低倍率用接眼レンズを入れておけば，拡大用ではどうしても上手に見られないときは，ミラーを切り替えて低倍率用レンズで見てもらうことができます．

※注　芳野雅彦（天体観望会開催支援WG）他が実践しているやり方です．

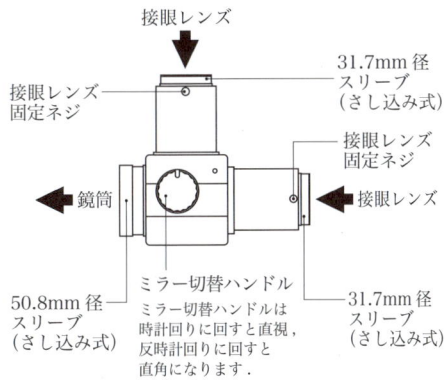

【図8】フリップミラーシステム
（提供：株式会社 ビクセン　形状や差込サイズなどはビクセンオリジナルです）

CHAPTER 3
★★★☆☆

初めて観望会を開く人のために

それでは，さっそく観望会を開いてみましょう．はじめて観望会を企画するとき，どんな準備をしたらよいのか？　また，運営上，気をつける点はどんなことか？　この章では，観望会の企画と運営について，学校の場合・生涯学習施設の場合・宿泊観望会の場合の3つのケースに分けて述べることにします．

3.1　学校にて

(1) まず, やってみよう

はじめて観望会を開催しようとしているみなさんにとっては，夜間自分1人で児童・生徒を掌握できるかどうかという不安が大きいと思います．本格的な観望会を行う練習として，最初は生徒の下校時間に合わせて，校門の前に望遠鏡を1台置き，月や金星を見せてみましょう．または，関心の高い科学クラブの生徒など，希望者のみ集めて行ってみましょう．すると観望会の指導が思ったほど難しくはないことに気づかれるでしょう．内容や方法にもよりますが，1人で1クラス分の参加者くらいはなんとか指導できるものです．

(2) 仲間を集めよう

より行き届いた指導ができるように，また，指導できる人を増やしていくためにも，次のような指導グループを組織しましょう．

[教職員の仲間を増やすために]

簡単な職場観望会を開きましょう．たとえば，教職員の親睦の場を利用して，「七夕星を見る会」「お月見の宴」などはどうでしょう．職場で興味をもつ人が増えれば，校内で観望会が開きやすくなります．観望会の開催に賛同する人が得られたら，組織づくりは，小学校では学年会で，中学・高校では教科部会などで提案します．観望会の提案を個人ではなくグループでできれば，起案が通りやすくなります．また，小学校ではPTA主催の会として開く方法もあります．最初は，自分しか望遠鏡が使えなくてもかまいません．たとえば，企画係・募集係・機材係・進行係・登下校指導係などを決めると，主体的に動いてくれるでしょう．そのなかでしだいに機材の使い方も覚えてもらいましょう．

[天文クラブの生徒の協力]

天文のクラブ活動を活発にしましょう．一般の生徒向けの観望会では，部員の勧誘も兼ねて実施すると喜んで協力してくれます．人に教えることによって部員のレベルや意識も向上するので一石二鳥です．また，OBの組織を養成しておくと卒業後も手伝いを依頼することができます．

[地域のプラネタリウム館や天文同好会へ指導を依頼する場合]

上に述べたように校内の教職員や生徒で指導グループを組織することが望ましいのですが，機材などの理由で開催できない場合は，外部団体に依頼します．観望会を行っている天文関連施設(7.4参照)や星のソムリエ(P121コラム参照)に問い合わせてみましょう．公共施設の場合はまだまだ少数ですが，出張指導や機材の貸し出しをしてくれるところもあります．天文同好会や個人を紹介された場合は，相手の都合もあり，あくまでもボランティア活動ですから，それなりの心配りが必要です．外部団体への

依頼は公文書で送りましょう．また，よく事前の打ち合せを行い，決して外部にまかせっきりの観望会にすることのないようにしましょう．

(3) 場所の選び方

安全性や生活指導面を考えると学校内の校庭や屋上が無難です．照明があたらず，視野の広いところを選びましょう．生徒が飛び越えられる高さのフェンスしかない屋上では絶対やらないようにします．また，明るいうちによく下見をして，障害物や危険物（大きな石，段差，屋上に張ったロープやアンテナ）などは取り除いたり，近づけないよう囲ったりしておきます．また，土のグランドでほこりが舞う場合は，水をまくことも必要となります．

(4) 日程の決め方

観望会の目的・内容に応じて日程や所要時間を決めます．中学・高校で下校時刻くらいまでにあっさり実施する場合には，日没の早い冬季が最適です．定期考査と重ならない11月か，冬休み明けの1月がチャンスです．予定した日に晴れるとは限らないのでできるだけ予備日を取ります．事情が許せば，1週間くらいを観望会ウィークとしておきます．

宿泊観察をする場合，学校に泊まれるというのは，なんとなく非日常を感じるらしく，結構希望者が増えます．宿泊観察の困難な学校では，学校行事として行われている移動教室や林間学校，修学旅行などの機会を大いに利用しましょう．

(5) 参加者の募集

日程が決まったら，保護者からの許可と教職員の了解をとっておくことが必要です．宿泊の場合や遅い時刻までかかるときは，特に慎重に進めましょう．保護者あての通知を出して，参加申し込み書にサインと認印をもらう事例が多いようです（7.5参照）．通知は教職員や警備担当者にも配布し，協力をお願いしておくとよいでしょう．

また，帰宅時が遅くなる場合は，集団で帰るようにします．特に女子生徒は，予定時刻になったら親に迎えにきてもらうなど，安心して参加できるような配慮をしましょう．小・中学校では，往復の送迎は家庭で責任を持ってもらうことが必要です．小学校で夜間に集合させる場合は，親にも参加，協力を呼びかけると喜ばれます．

(6) 事前指導

観望会の事前指導は，観察の内容を中心に注意事項も含めて十分行っておきましょう．夜間は冷え込むので，防寒対策は特に重要です．なるべく，集合解散時刻・観察の内容・諸注意などをプリントにして配るようにします．

(7) 内容を充実させるために

観望会の後，アンケートや感想を書かせたり，レポートを提出させたりすると次に開くときの参考になります．指導者側が思ってもみなかったことに感動したり，疑問を感じていることもよくあります．複数で指導した場合は反省会を必ず行い，反省事項や関係資料を整理しておきましょう．

3.2 生涯学習施設にて

生涯学習施設の場合，公開天文台，プラネタリウム館など専任の職員が配置されている天文教育施設と，公民館など一般の施設では運営方法がかなり異なります．天文教育施設ではまがりなりにもそれぞれの施設で経験を積み重ねていけますし，この本の5章が直接参考になると思います．ここでは専任の指導者がいない施設で観望会を計画する場合について述べます．

(1) 講師の決定

直接の指導者がいない施設で観望会を計画する場合には，最初に講師の選任・依頼をすることになります．講師は学校の先生や天文教育施設の専門職員，地域の天文同好会のメンバーなどから選ぶことが多いと思いますが，近隣の公共天文教育施設に問い合わせれば，適当な人を紹介してもらえるでしょう．

(2) 日時とテーマの決定

講師と相談して決定することになりますが，季節・時刻によって観望天体は限られてきますから，特定の天体をテーマとするのであれば日時に制約を受けます．また，年によっては非常に目を引く天体現象が観察できる場合もあります．あわせて講師に相談するとよいでしょう．「星を見る会」は夏季に実施する施設が多いようですが，7月は空が暗くなるのが遅く（午後8時～9時），行事の開始時刻も遅くなります．空もかすんでいることが多く，夏季に開催するデメリットも多いものです．

(3) 実施場所の決定

開催施設の屋上や前庭で実施することになると思いますが，どこがよいかは，山や建物など障害物の方向，照明の影響などいろいろな要素で決まるので，一度講師に下見をしてもらって決定するとよいでしょう．講師も具体的な実施場所がわかっていないと，どんな天体を見ることができるか計画が立てられず不安なものです．その施設ではあまりに条件が悪い場合には，講師に近くの適当な場所を選定してもらうことになります．

市街地で空が明るい場所でも，月や惑星は十分に観望できます．このため参加者が集まりやすい市街地の施設での開催もたいへん有効です．

(4) 事前準備

[機材] その施設に望遠鏡などの機材がなければ，公共天文教育施設，学校などから借用の手配をしておきます．理科教育振興法にもとづき，ほとんどの小・中学校は望遠鏡を備えています．ただし中には小さな部品がなくなっていたり，古くなってすぐには使えない望遠鏡もあるので，事前に講師に見てもらえば安心です．

[配布資料] 他の講座と同じように講師が原稿を作成したものを，必要部数準備することに

【図9】日食観望会

【図10】七夕イベント

なります.

[消灯] 空が暗いほどたくさんの星を見ることができます．講師と相談して必要な場合には，実施場所周辺の消灯の協力を関係者に依頼しておきます．敷地内の電灯（特に水銀灯）はできる限り消灯します．

(5) 参加者募集

[募集方法] 公民館などで実施している他の生涯学習講座と同様の扱いで構いませんが，天体観望会はいわば実習講座になりますから，定員については講師1人について望遠鏡1台，その望遠鏡1台について参加者5～10人といったところが理想でしょう．実施施設の職員が補助員としてついても，講師1人に望遠鏡2台，望遠鏡1台に20人が限界でしょう．このため募集定員を多くする場合には，複数の講師が必要となります．

[募集対象] 星を見る会というと子どもを対象と考えがちですが，若い人や年輩者にもぜひ一度星を見たいという人は想像以上に多いのです．このためよく使われる「子ども天体教室」，「親子で星を見る会」といった講座名は，一般の参加者が気後れして参加しづらいというデメリットもあります．

[保険] 他の生涯学習講座とあわせて一括で加入していれば，他には特に必要ないでしょう．

[その他] 懐中電灯（足元を照らす）やペンライト（テキストを見る）の持参，冬季は防寒の注意をうながすことも必要でしょう．小中学生には保護者送迎の注意も必要です．

(6) 会の進行

講師を参加者に紹介した後は講師に一任することになりますが，実習活動であるため，担当の職員も指導の補助にあたる必要があるでしょう．また講師だけでは目が届かないので，参加者が暗い中でころんだりしてけがをしないように気を配ることも必要になります．

(7) 曇天対策

生涯学習施設などで観望会を実施する場合は，その日が曇天や雨天の場合でもイベントを実施する用意をしておく必要があります．多くはその日の星空や観察予定の星座や観察対象の天体を詳しく解説したり，天文学的な解説をすることになります．

その際必要な機材は，ビデオプロジェクターとパソコン，投影用のスクリーンです．使用するソフトはパワーポイント，星座や宇宙の話をする際には，アストロアーツのステラナビゲータのようなパソコンプラネタリウムソフトウェアや，国立天文台のMitakaのような天文ソフトウェアが有効です．Mitakaは，3Dメガネが使えれば（偏光でも赤青式でも可）宇宙を立体視できるので，大変好評です(6.2.4参照)．

(8) 年間計画

公民館などでは年に1,2回実施というところがほとんどですが，中には望遠鏡設備がないにもかかわらず，年間10回以上実施しているところもあります．このような施設では，講師と相談して適切な日時を設定すれば，天体を網羅的に観望することができます．

(9) 評価

継続して続ける場合に必要なことは参加者の満足度と企画側の意図とのズレが小さくなるように持っていくことです．参加者に「今日見たもの」「感想」などを書いてもらい参考にしたり，観望会終了後にスタッフの反省会を必ず短時間でも行います．

いずれにせよ直接の指導者がいない施設では，他の講座と同様に，行事の趣旨に見合った適切な講師を選任することが一番のポイントになります．

3.3 宿泊観望会

各種の機関，団体によっては宿泊観望会を計画するところもあると思います．宿泊を伴う観望会では，実施者はそのエネルギーの大部分を生活指導に注いでいるのが実態でしょう．時間が十分にあるからといって，がっちりとした講座を計画するよりも，ゆったりと自然に親しめるような講座としたほうがよいようです．また動植物などの宿泊観察会では夜の時間の使い方に困る場合があります．これらの観察会に天体観望会が積極的に入り込んでいくことも考えられます．

【図11】室内実習（日時計工作）

(1) 実施場所の決定

各地にある国公立の「青少年自然の家」などを利用するとよいでしょう．最近は天体観望設備を整えた施設がたいへん多くなっています．また，宿泊施設を備えた公開天文台も全国にいくつもあります（7.4参照）．

(2) テーマの決定

天文だけでなく，植物や昆虫，野鳥などに詳しい講師も揃え，自然全般をテーマとした会とすれば，指導者にも余裕が生じます．2泊3日程度で動植物・地質・天文を含む「自然観察会」とすれば，自然を総合的に知る上でも有効です．

(3) 指導者

宿泊観望会では生活指導の担当を含めて多数の指導者が必要になります．特に社会教育機関や同好会などが企画する観望会では，観望会開催のときに初めて参加者どうしが知り合うという不特定多数の集団になるので，多すぎると思われるほどの指導者が必要です．参加者が児童・生徒の場合には，50人程度の参加者でも責任者を含めて5～6人の指導者が必要となります．トイレの使用や入浴の指導までを考えれば，指導者も男女が必要です．生活指導や行事の進行を円滑にするためにも，参加者の学年構成に応じて，小中学校の先生に指導者として加わってもらいましょう．

(4) 事前準備

安全確保のためにも実施場所の下見や実施施設職員との打ち合わせは必須です．生活指導や会の進行について事前に指導者の集まりをもつことも必要です．

(5) 参加者募集

募集方法は，参加者が児童・生徒の場合には，保護者の参加承諾書を提出してもらいます．保険は，損害保険会社の傷害保険［行事参加者傷害保険（レクリエーション保険）など］に加入しておくと安心です．

(6) 配布資料

テキスト以外に，生活上の注意や行事の内容がよくわかる「しおり」のようなものを作成し，保護者にも配布します．

(7) 会の進行

昼間は太陽観察や天文実習・工作を実施することが多いようですが，星の話ばかりではどうしても飽きてしまいます．植物観察，野鳥観察やネイチャートレーリング（自然観察を取り入れたオリエンテーリング）などをプログラムに加え，気分を変えると楽しい講座になります．

(8) 曇天対策

時間が長いだけに曇天対策は大きなポイントになります．ビデオソフトやパソコンソフト（7.2 参照），室内実習，天文工作，ゲーム（6.2.5 参照）などを準備します．この面からも自然に関する総合講座とすれば，曇ったときにはプログラムを組み替えるなど，曇天対策の幅も広がります．

観望会おもしろグッズ

その1　広い視野を持つ双眼鏡で星座を見る「ワイドビノ 28」（広角双眼鏡）

ガリレオ式の双眼鏡で，口径 40mm，倍率 2.3 倍，視野は最大約 28 度，という広角双眼鏡．販売元の笠井トレーディングから，「肉眼以上，双眼鏡未満」というふれこみで出されているものです．広い視野と肉眼で見るより 1, 2 等暗い星を見ることができる集光力で，都会でも星座の視認をしやすくしてくれます．

自作もできます．ビデオやデジカメに使うテレコンバーターレンズでもワイドビノ的な効果が期待されます．同じものを二つ使えば双眼テレコンとなります．倍率は，2 倍程度のものを使うとオリオン座や北斗七星が視野に入り，ちょうどいいです．

その2　LED ビーム懐中電灯

観望会で星を指し示すポインターとして高出力の緑色レーザーを使ったりすることもあるようですが，誤って目に光を入れる危険性を考えると，小さな子どもたちが集まる観望会では使いたくないものです．安全なポインターとして LED の高輝度タイプのものを使った強力なビーム型の懐中電灯が使い物になります．

なかでも照射レンズを調節してフォーカスコントロールがついているタイプは，平行光線に近いビームとなり，かなり遠くまで光がとどきます．逆にワイド側では普通の懐中電灯として機能しますので，機材の片づけなどの際の照明としても有効です．

COLUMN　デジタルツールを使いこなそう

スマートフォンには便利なアプリがたくさん用意されています．いろいろな場面で巧みに使いこなしている人も多いでしょう．たくさんあるアプリの中には天体観望会にも役立つものがあります．星図アプリの多くは GPS 機能や姿勢センサーなどにより，スマートフォンを空に掲げるだけで，その方向の星図を自動で表示してくれる機能があります．観望会で星空を仰ぎ見ながら星座の結び方や星座絵を紹介するときに便利です．自分が撮影した写真やビデオを披露することも簡単です．スマートフォン向けと同様のアプリが用意されているタブレット PC を使うと，画面が大きくなるので説明もよりしやすくなるでしょう．インターネットに接続することができれば WEB コンテンツを利用することもできます．観望の順番待ちをしている人や，曇ってしまって天気の回復を待っているときなどにもこうしたデジタルツールがあると大いに助かります．そして，なにより助かるのが，知らないことを質問されたときにコッソリと調べるカンニングツールとしての機能です．

CHAPTER 4
★★★☆☆

いろいろな観望会

ひとくちに「観望会」といっても，さまざまなやり方があります．学校で，生涯学習施設で，天文同好会で，または家族で，どのように工夫して観望会を開いているのでしょうか？ この章では，観望会の実践報告を11例示します．

4.1 小学校における星の学習会

毎年秋〜冬にかけて，市内の3〜4つの小学校から筆者個人あてに「星の観察会」を頼まれます．学校には派遣講師という制度があり，学校間でそれを通して依頼されることもあります．本来ならその学校の教師が星の学習を直接指導するのが理想ですが，現実はそうもいかないようです．規模に応じて1人で行く場合もあれば，地域の天文同好会に応援を頼む場合もあります．各学校とも対象は4〜6年生が多く，授業カリキュラムに位置づけているようです．

(1) 事前準備

[時期] 夏休み中（梅雨明け後は晴天が続き，夜はたいへんすごしやすい）．11月〜12月上旬（太平洋側は連日のように晴天に恵まれ，それほど寒くない）．

[場所] 校庭（校舎が使えるし駐車場の心配もいらないので，特別な場合を除いて校庭を使用）．公園（地域ごとに実施する場合は近くの公園で行います）．

[主催者・スタッフ] ほとんどが学年PTA主催．その長所として，「安全対策として送り迎えは保護者が責任を持つ」「学年PTAの活動として年間計画に入れることができる」「予算があるので，スタッフに対し謝礼を出すことができる」ということがあげられます．進行，会場係はその学年の教師が受け持ちます．スタッフは市内の天文同好会のメンバー・他校の教師などに依頼します．1回の観望会に3〜10人のスタッフが付きます．同好会の人は仕事の関係で土・日曜のほうが集まりやすいようです．

[対象者・送迎方法] 対象者は同学年の小学生と保護者．送迎方法は，次の2通りです．

　a) 開始時刻まで学校に残る　お腹がへってきたときは，家から持ってきたおにぎりを食べてもらう．そのうちに星が見えてくるようになる．帰りは保護者に迎えにきてもらう．

　b) 行きも帰りも保護者が責任を持つ　この場合，保護者も一緒に星を見てもらう．

(2) 実施内容

[準備物] 星座写真（四季の星座ごとに自分で撮影しておく．写真集をコピーしたものは避ける．先生が自分で撮った写真こそが子どもたちの共感を呼ぶ），液晶プロジェクター，星座図など．

[機材] 望遠鏡はスタッフが各自持参する（28cm反射，20cm反射，10cm屈折などいずれもモーターで追尾する）．1台ごとスタッフが異なる天体を入れて解説する．双眼鏡も用意して三脚に固定し，子どもが自由に使えるようにしておく．

① 体育館や視聴覚教室にて，プロジェクターを使って「宇宙の話」や「今夜見える星座の話」をします（30分）．

② 望遠鏡で星を観望させます．長い列を待っている間は肉眼で星座を観察します（1時間）．

(3) 対象天体

a) 月　三日月から上弦の月がチャンスです．星も月もよく見えます．多少曇って星が見えなくても月はなんとか見えます．この時期の月を選ぶことが，観望会の成功につながります．

b) 金星，木星，土星　惑星もよく見える天体です．

c) 北極星，夏の大三角，カシオペヤ座，北斗七星などの恒星　教科書に出ている星は一度見たいようです．

d) アルビレオ　特に色のちがう二重星は見せたいものです．

e) すばる，アンドロメダ銀河　星団のほうが見やすいようです．

f) 彗星　話題の彗星は喜ばれます．

(4) まずやってみよう

［あなたがその学校の教師なら］

　役員さんは学年PTAの行事を何にしようか困っているのではないでしょうか？　そんなとき，行事は「星の観望会」にしましょう．みんな協力してくれるでしょう．

［望遠鏡もなく指導もできないとき］

　地域の天文同好会に直接依頼するのが一番よいでしょう．わからないときは，近くの文化センターや公民館などで聞いてみましょう．知り合いの教師で指導できる人がいれば，学校を通して「講師派遣」文書で依頼するのがよいでしょう．

［天気が心配なとき］

　「星の話」だけではつまらないと思います．必ず予備日を2日くらい取って，天気のよい日に星を見せたいものです．学級連絡網をおおいに活用して延期の連絡をします．開始予定2時間前が最終判断です．

［謝礼，旅費など］

　私たちの場合は1回あたり全員で5000円程度です．

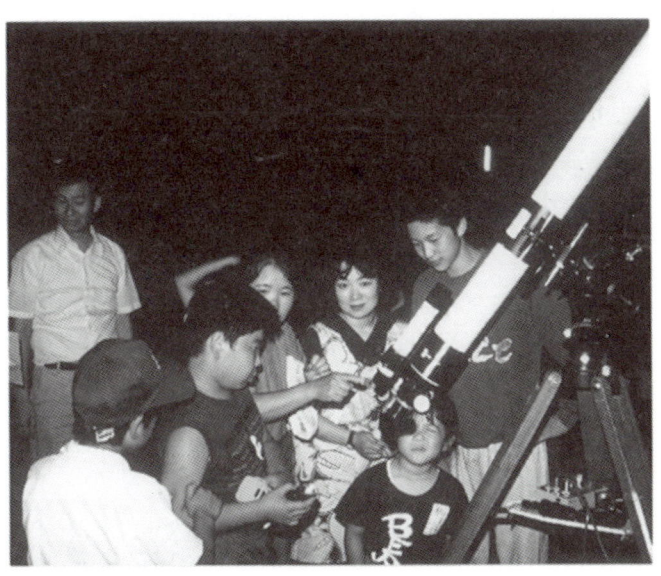

【図12】小学校での観望会

4.2 天体の動きを実際の星空で（中学校）

中学校では，3年生で天体の動きや月，惑星，恒星や銀河などの学習をします．しかし，星が見えない昼間の授業では，抽象的な説明になってしまい，興味を持っていた生徒を星嫌いにしてしまいがちです．

中学校では1人の教員が天文だけでなく理科のいろいろな分野を教えていること，天文を専門的に学んできた教員がほとんどいないことなどから，実際に星を見せることは難しくなっています．天文は専門外の筆者ですが，授業をするにあたって実際の星を見せることの必要性を感じ，観望会を開催した経験のある先輩のアドバイスを受けて観望会を実施することができました．以下に2校で実施した内容をまとめてみました．

(1) 事前準備

[時期・時間] 夏休み中，冬休み前後など，学校の予定を見て決めます．また，ニュースで取り上げられるような出来事（彗星，火星の接近，日・月食）などがあると生徒も興味を持ちやすいので観望会を実施するようにしています．時間は，日没後または部活終了後，1時間半くらい行います．

[場所] 屋上を使います．生徒が動く範囲が限られ，出入りの管理がしやすく，また見通しがよいので便利です．

[スタッフ] 1人でやることが多いため，対象者の人数など規模が限られます．

[対象者] 授業で担当している生徒のうち，希望者を募って実施しています．1回20人くらいにとどめるようにしています．

[機材] A校では，6cm屈折赤道儀，10cm反射赤道儀，モータードライブ，双眼鏡7×50，カメラ．B校では，8cm屈折赤道儀（モータードライブ付き），5cm屈折経緯台，双眼鏡7×50，カメラ．

(2) 展開例（ねらい…天体の動きの理解）

① 日没の位置から方位確認

方位に関して意外とわかっていないようです．方位の言い方なども確認します．太陽の通り道などは，小学校でも学習しているためか結構よくわかっています．

② 1番星探し

競争にすると結構一所懸命探します．早めに始めたときのつなぎにもなります．明るい星が低いところに見つかると，「星って低いところにも見えるのか」と感心したりしています．

③ 星の高度を測る（5.1.1参照）

一番星をもとに高度を測らせます．結果を覚えておかせて，時間をおいて測ると日周運動が実感できます．こぶしを使う方法で測らせますが，喜んでやっています．適当な星がないときは，地上の目標物の間隔などを測らせて練習させます．

④ 星座などの説明

星の名前，位置関係などを説明します．星座の形がわかるほど星が見えれば星座の説明もしますが，空が明るいと星座がわかりにくいので，夏の大三角，春の大曲線，冬の大六角などの説明をします．いったん覚えると生徒同士で喜んで教えあいます．ここで天球についての説明もします．

⑤ 天体の日周運動

星の日周運動は，教科書を使って教室で説明していますが，四角い教室の中ではなかなか理解しにくいようです．実際の空で，サーチライト式懐中電灯で北極付近や東西南北にある星の動きを示すと，ずっと早く理解します．

条件がよければ実際に見えている星の動きを観察します．目標物との位置関係などを観察すると，1時間くらいでもはっきりわかる程度に動きます．1時間の動きを計算させ，こぶしなどを使って（5.1.1参照）観測した値と比較させると，近い値になって納得します（観測させる星はできるだけ天の赤道に近いものを選びます）．

(3) 継続観察
① 星の年周運動
何か月かおいて観望会を実施して観察させます．1日で何度動くことになるかの計算もさせています．

② 月の位置と月齢（5.2参照）
月は日周運動が実感しやすいので位置の変化を観察させます．何回も見ている生徒は，だんだん月齢と見える位置の関係などを理解していきます．

(4) 効果
星さえ見えれば生徒には好評です．1回の観察で多くのことを理解できるとは思えませんが，これから自分で観察してみようか，考えてみようといった動機づけになるでしょう．

天体については興味を持っている生徒は多いのですが，教科書などの図で示されている天体の位置関係などがなかなか理解できずに嫌いになってしまいます．実際の星を見せることは理解の助けになります．

＊展開例では使用していませんが，準備した機材を使って，惑星・星団・二重星などを見せています．

博物館を利用しよう

みなさんは博物館や科学館は展示を見るためだけの施設だと思っていませんか．これらの施設はずいぶん前から教育機能・情報機能の充実をめざして，「レファレンスワーク（簡単にいえば質問に答える仕事）」に力をいれています．専門職員を配置して，電話などでの問い合わせに親切に応じてくれます．込み入った質問の場合には訪問して直接聞くこともできますし，場合によっては自分で直接資料を調べることもできます．新しい施設ではそのための専用の部屋（レファレンスルーム）を設けているところがほとんどです．専門図書については公共図書館よりも充実していることが普通で，天体現象に関する簡単な問い合わせから，かなり専門的な調査まで対応してくれます．近くの（あるいは全国の）天文施設の紹介や，観望会実施の相談などにも快く応じてもらえます．最近は大学の研究室に匹敵する資料や機器を揃え，だれもが利用できる生涯学習・研究機関として活動する施設も増えています．

4.3 夕方に行う観望会 (私立中・高一貫校での例)

授業外で行事を開くのは，なかなか大変です．多くの場合，忙しいスケジュールをぬって勉強をし，計画をたて，人を集めなければなりません．なかなか億劫なことが多いのですが，天体観望会は晴れてさえいれば，あとは工夫次第でできる点で優れた自然観察会といえます．学校で行う場合には，夜間であることが問題点の1つですが，反面，野外へ遠出しなくても学校の施設が使える点がよいところです．筆者の学校では，観望会を開くことで，天文部への入部が倍増するなど，いろいろとよい影響が現れました．こんなものでも観望会になるという例として，帰るのが遅くならずに簡単な方法で行う観望会の内容を紹介しましょう．

(1) きっかけ

筆者の学校は東京の郊外にある中・高一貫の私立学校です．数年前から，生物の教員と地学の教員とで主として中学生を対象に野外自然観察会を行ってきました．試験や行事の合間をぬって春と秋の2回，休日を利用して丸1日野外へ連れ出して，教室ではできない本物の自然にふれることを目的にしています．公立校と違って通学範囲が広いので，日帰りの野外活動の場も制限されてきたため，校内でできる行事として観望会を取り入れてみることにしました．

(2) 準備

[日程] 天候が安定する初冬に実施することにして，日程表をにらみました．「定期テストの合間で，できるだけ日没が早く，保護者が動きやすい週末で」というので3学期始めの1月中旬の金曜日としました．曇天の場合には，天文関係の講演会のみとし，実施当日に観望会の可否を連絡することにしました．

[校内での調整] 下校時刻が定められていて，通学距離の長い生徒がいることを考慮すると，これを超えて居残ることはなかなか難しい面があります．しかし，できるだけ長く見せたいという気持ちもあります．保護者の許可をとることを条件に，夏時間の下校時刻6時ころまで延長してもらうことを，学校責任者(教頭と生活指導部の主任)にお願いしました．これは，二つ返事でOKをもらいました．このあと，朝礼と授業を使って全校にPRし，希望者には，防寒などについての保護者あてのお知らせと参加申込書を配布しました．申し込み期間は3日程度としましたが，希望者は小学生と中学生あわせて数十名程度です．

[観望対象] 日時が決まっているので，月齢などは構っていられません．また，市街地にあるので，条件がよくても肉眼では3等くらいまでしか見えませんから，肉眼での観望は月・惑星・星座などに限られます．明るい星しか見えないのは，初心者にとっては迷いがなくてかえってやりやすいのです．最終的には，天文雑誌などをみて見当をつけました．

[資料] 星座早見盤を，日時を合わせてコピーしたものと当日見せる予定の天体の簡単なリストを作り配布しました．レベルの高い生徒対象に，理科年表の暦表の惑星の部分を抜き書きして，惑星の位置がわかる表とそれを作図したものを準備しました．また，天文学関係者に講師をお願いして，放課後の暗くなるまでの1時間ほどお話をして頂き，曇天時はこの講演会のみ実施としています．

[機材] 理科室の備品としては，屋上に据え付けてある15cm屈折赤道儀と8cm対空双眼鏡が1台ありました．これに高校天文部所有の

屈折望遠鏡2台と反射望遠鏡1台を借りることにし，なんとか台数は揃えました．

[お手伝いの手配]筆者は始めたころは高校天文部の直接の顧問ではなかったのですが，教科の関係もあって筆者の部屋に部員が出入りをしていました．大学に行っているOBに連絡をとり，当日はなんとか高校生の部員も望遠鏡のセッティングを手伝ってくれることになって，人手は足りることになりました．

[リハーサル]特に初めて実施する人には，絶対に必要です．筆者(天文が専門ではない地学教員)もそれまでは，ほとんど望遠鏡に触れたことがないといってもよい状態でした．このため，前もって2回ほどガイドブックと首っ引きで練習しました．特に実施日の前日には，観望予定の天体を見せる順番に導入してみました．これによって当日恥をかくこともなく，自信をもって生徒に話ができます．

(3) 当日の運営

観望希望者には，授業終了後30分を目安に，理科室に集合してもらい，望遠鏡の仕組みと観望対象についての簡単なガイダンスをしました．この間に天文部員に望遠鏡のセッティングをお願いしました．

天文学関係者の方は，国立天文台やJAXAなどの講師派遣制度や，知人からの紹介などでお願いをして，探査機はやぶさや探査機あかつきなどの最新情報などのテーマでお話をして頂きました．講師の方が見つからない場合には，教員が系外惑星探査や彗星など天文学で話題になっている現象についての解説を行います．

時刻を見計らって屋上に上がり，沈んで行く太陽を見ながら，方角や恒星の話を簡単にしました．日没後は一番星探しをして，暗くなるのを待ちます．

一番星が見つかったら，双眼鏡でそれを観望しました．薄明も終るころになってくると東にオリオンが上がってきます．肉眼で星座の形を確かめた後，小口径望遠鏡で恒星の色や明るさを見てもらいました．このあと，全員でドームに移って，天文部OBに金星→オリオン大星雲(M42)→プレアデスなどの順に導入してもらい，一人ずつゆっくり見てから感想を書いてもらい，会を終わりました．

(4) 総括

機材や人材の面で，比較的恵まれた環境のもとではありましたが，それでも終了して生徒が帰るまでは不安でした．生徒の方は，転校をひかえて思い出作りに参加した者もいて，わりと盛り上がりました．生徒が喜んで帰ってくれたので，ほっと一安心です．感想でも，「望遠鏡にさわれておもしろかった」「ぜひもう一度やりましょう」というものがたくさんありました．観望対象の選択や天候の影響が大きいなど主催者側としては受け身の部分もありますが，校外で事故の心配をしながら生徒を連れて歩く危険を考えると，自然観察としてはなかなかよいものであると感じました．この方法で，前任者から数えて25年間以上観望会を実施しており，参加者はのべ1000名を超えています．

4-4　大学における天文施設一般公開

ここでは東京学芸大学における実践例を紹介します．

当大学において，どのような施設・設備で，どのような天文教育・研究が行われているかの一端でも見てもらえるようにと一般公開を実施しています．その際，光害などによる環境の悪化についても知ってもらえればよいと考えています．

中心的設備の望遠鏡で観望してもらい，天体のおもしろさや宇宙の広がりを感じとり，さらに科学的に思考することのおもしろさをいくらかでも味わってもらえるように工夫しています．

一般公開のスタッフは天文学研究室所属の学生が中心で，施設・設備の説明や観望会での運営・解説を経験して，学生自身の切磋琢磨の場ともなっています．

[時期・期間] できるだけ多くの人に来てもらうために，大学祭（11月の連休を含む4日間）の期間内に行っています．その期間内ならば宣伝も容易であり，国有施設一般公開のための手続きを改めて必要としなく，めんどうがありません．

[対象者・参加者数・スタッフ数] 対象は大学祭に来る一般の人です．1日に昼と夜の2回公開観望しますが，晴れれば1日に100名以上の参加があります．1回の観望に10名のスタッフ（受付2名，誘導2名，望遠鏡操作5名，アンケート・クイズ1名）です．

(1) 実施内容

本学のように建物内での実施の場合には，順路を設けると誘導しやすくなります．

[受付] 建物1階の玄関で行います．どのような人が参加しているかの把握のために氏名・所属などを書いてもらいます．また，アンケート用紙（一般公開への感想・要望を書く）とクイズ用紙を渡します．

[誘導] 4階屋上6mドームの観望会場まで，途中の廊下などの展示物を説明しながら誘導します．その際，危険のないよう，また他の研究室の迷惑にならないように配慮しています．

[展示] 展示物を設けると屋上の観望会場に人が集中しないように調整することができます．また，曇天時の対策の一つにもなります．展示物として以下のものがあります．フーコー振子（玄関ホール）で，地球の自転を説明します．太陽系惑星模型とその配置（天文学研究室のある3階廊下）で，地球の小ささ・太陽系の広がりを認識してもらいます．いろいろな天体写真とその解説文（3階廊下の壁）・望遠鏡の説明図や天体写真（屋上）で，観望における解説の補足とします．

[観望] 望遠鏡は，40cmカセグレン反射望遠鏡（6mドーム内）1台・10cm屈折望遠鏡（屋上野外）1台・8cm屈折望遠鏡（屋上野外）3台です．天体は昼の部に，昼でも見られる星（40cm望遠鏡）・太陽のHα像（10cm望遠鏡）・太陽投影像（8cm望遠鏡）を見せ，夜の部に，月・惑星（40cm・10cm望遠鏡）・二重星アルビレオ・h＆χ星団（8cm望遠鏡）を見せます．

(2) ちょっと工夫

[トランシーバーや携帯電話の利用] 建物1階の受付と屋上の観望会場との連絡に使います．

[天文クイズの導入] 楽しみながら展示物や観望天体への関心・注目度を増すのに有効です．

[レプリカグレーティングの活用] 8cm望遠鏡に装着し，明るい星でその色の違いを見ても

らいます．また地上の人工光を使い，スペクトルの話をします．虹と同じ現象であるということに驚く人が多くいます(5.4.3参照)．
[曇天時の対策] 40cm望遠鏡本体を見てもらい，望遠鏡の機構や働きを説明します．8cm望遠鏡で地上物を見て，倒立して見えることを知ってもらいます．また，レプリカグレーティングで人工光のスペクトルの違いを見てもらいます．すでに撮影した天体の画像や既製のビデオなどを投映します．

(3) 天文クイズの実施

クイズの設問は，関連する展示物や天体を入れている望遠鏡のところに掲示します．

設問の内容は，関連するものをよく見ればわかる易しいものですが，驚きを感じさせるものを目指しています．

解答は選択肢から選びます．解答用紙は受付で配られ，観望の最後にアンケートと一緒に提出してもらいます．

採点は，その場で説明しながら行い，でき具合に応じたハンコを押して返します．「やったァ！」のハンコをもらうために，もう1度見直しに行く熱心な子もいます．参加者がスタッフに問いかけやすくなり，評判は上々です．

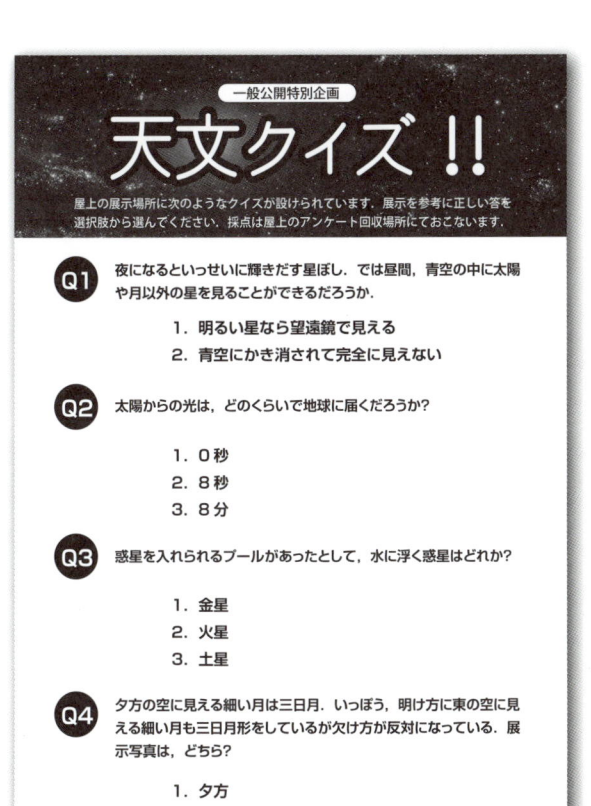

【図13】天文クイズとハンコ

4.5 公立天文台で行った天体観望会

以前勤務していた公立天文台には，プラネタリウム館，観測室，展示室の設備がありました．現在は移転して規模も大きくなり新体制で運営されていますが，過去に行われていた天体観望会の一例を記載させていただきます．

行われていた天体観望会は，昼の望遠鏡説明と太陽面観察，星を見る会，市民天体観望会，小中学校天文教育研修会（教員向け），双眼鏡で星空を楽しむ会，女性のための天体観望会などです．

(1) 昼の望遠鏡説明と太陽面観察

プラネタリウム投映前の15分間，望遠鏡の説明，太陽面の観察，（金星の観望）などを行っていました．望遠鏡の説明のあと，晴れていれば，望遠鏡の接眼レンズの後ろに平面鏡を用意し，角度が変えられるようにして太陽投影像をドームの内側に投影します．この方法だと太陽像を直径1m程度まで大きくすることができ，一度にたくさんの人に見せることが可能となります．太陽の光量が不足するときはドームのスリットをぎりぎりまで細くし，ドーム内をうす暗くするのがこつです．

(2) 星を見る会

毎週金曜日の日没から午後9時まで，晴れていれば星を見る会を行っていました．肉眼で一等星や星座，天の川などの解説をします．望遠鏡での観望対象は月，惑星，一等星，星雲，星団，連星・二重星などでした．

(3) 市民天体観測会

天文台での星を見る会に参加できない市民のために地域で星を見る会を行っていました．市民センター主催で実施するため，募集などは各市民センターに行ってもらいます．募集人数は100人程度です．天文台職員は講師という形での参加となります．20cm反射と10cm屈折をワゴン車に積んで，スタッフ2名で出動し，解説・機器の搬入・組立・撤去を行います．曇天時はスライド・映画投影やおもしろ天文クイズなどを行いました．

実例

17:00	天文台出発
18:00	現地到着
18:00～18:20	食事
18:20～19:00	1名 天文の話，1名 機材搬入，望遠鏡設置
19:00～20:30	天体観測会（雨天時：映画，おもしろ天文クイズ）
20:30～21:00	望遠鏡撤去
22:00	天文台到着

(4) 小中学校天文教育研修会

教員の資質向上のために，小中学校教員対象の天文研修会を行っています．日中は天文に関する研修会を行い，夜間に天体観望会を行っていました．勤務時間の関係で夜間は希望者だけで行っていましたが，望遠鏡の使い方，星座解説の方法など夜間天体観望会の運営を学ぶ貴重な機会になっていました．

(5) 双眼鏡で星空を楽しむ会

星を見る会の変形として，年に1度，双眼鏡で星空を楽しむ会を行っています．双眼鏡を持っている市民は多数いますが，それを星空に向ける人はあまりいないのです．双眼鏡で見る星空の素晴らしさを知ってもらえれ

ば，ということでこの会を開催しています．

[対象] 原則として双眼鏡を持っている人（天文台の7×50も貸し出します）．

実例

```
19:00
 〜      双眼鏡の使い方の説明
19:30

19:30   星空観察会
 〜      月→惑星→1等星（色の違い，表面
21:00   温度などの説明）→星雲星団
```

(6) 女性のための天体観望会

日頃，天体観望の機会がない大人（18歳以上）の女性を対象に，宿泊を伴う観望会（場所：郊外の宿泊施設）を催し，星空を満喫していただいております．"女性のため"のと名づけると申し込み者が急増するのは流行なのでしょうか．

☆おもしろ天文クイズ（3択問題，いくつか紹介します）

【問1】このビーチボール直径30cmが太陽だとすると地球は
（テニスボール，ピンポン玉，直径3mmのビーズ）

【問2】この地球は太陽からどのあたりをまわっているのでしょうか
（3m, 30m, 300m）

【問3】つぎの中で本当にある星座は
（ゴキブリ座，はえ座，あり座）

【問4】つぎの中で星座の名前は
（アクエリアス，ポカリスエット，ゲータレード）

【問5】冥王星の発見者は
（カブトーさん，トンボーさん，チョウさん）

☆うける天体（他の章でたくさん紹介されているのでここではマイナーなのをひとつ）
「それじゃー，ウルトラマンの星オリオン座M78を見てみましょう．どうですウルトラマンはいましたか？」見ても大したことはない，その後カシオペヤ座NGC457をいれる．「あっ，こちらにバルタン星人がいました」本当にそのように見えるのです．これはうけますよ．

☆おもしろ天文クイズの答え 問1．直径3mmのビーズ 問2．30m 問3．はえ座 問4．アクエリアス 問5．トンボーさん

COLUMN 大きい望遠鏡でも曇ったら見えないの？

以前，ちょうど火星の大接近が騒がれていたとき，ある曇った夜に大学の近所のお母さんが子どもの手をひいて天文学研究室を尋ねてきました．そして，「子どもがどうしても火星を見たいというんですよ，ここの大きな望遠鏡で見せてもらえませんか」という．「残念ながら今日は曇っているのでお見せできませんね」と答えると，そのお母さん驚いて，「えっ！あの大きな望遠鏡でも無理なんですか」と．どうやら望遠鏡を使えば雲があろうがなんだろうが，星が見えると思っていたらしいのです．それ以来，観望会では曇ったときにも中止しないで，メニューを揃えています．

4.6 半田空の科学館の観望会

自然の1つである星空を通して，星の美しさ，宇宙の広大さや神秘さ，地球の大切さを年齢に応じて感じ取ってもらうことを目的として開催しています．

(1) 事前準備

[対象者]小学生から大人まで（市内市外の制限はありません）

[人数]1回60名．「往復ハガキで申し込み後，抽選」で行っていましたが，参加者の便宜を図り「電話で先着順」に変更しました．

現在，夏期を除き定員内に納まることが多く，「当日，自由参加」も検討中ですが，配布資料の作成部数や指導者（ボランティア）の必要人員を知る上でも人数の把握が必要となっています．

[日時・場所]「○月の星を見る会＝○○を見よう＝」の名称でほぼ月1回 2日間，午後6時ころより約2時間実施しています．場所は科学館の天体観測所で行います．ただし，8月は「夏休み大観望会」と称し，定員は無制限，望遠鏡約10台を科学館前駐車場に出して行います．その他「昼の星を見る会」や「観測所の一般開放」など随時実施しています．

(2) 方法

① 星を見る会の流れ

〈受付〉 約15分前より
　○参加費徴収
　　大人300円，子ども200円（2013年現在）
　○パンフレット，参加記念品など配布

↓

〈プラネタリウム〉 60分
　○テーマの天体について映像で解説
　○今夜の星空を解説

↓

〈星を見る会〉 60分
　→（A班）
　　・星空解説 5分
　　・5台の望遠鏡で，班ごとテーマの天体他を観望 5分×5回
　→（B班）
　　・プラネタリウムの番組や宇宙に関するビデオを見学 30分

＊観測所には30～40名程度しか入れないので，60名をA・Bの2班に分け30分交替で行います．また1班を望遠鏡の台数分の5グループに分けて観望します．
＊曇天，雨天時は今夜の星空解説の後，プラネタリウムで一般番組やビデオ鑑賞，星空の質問などに答えて終了します．

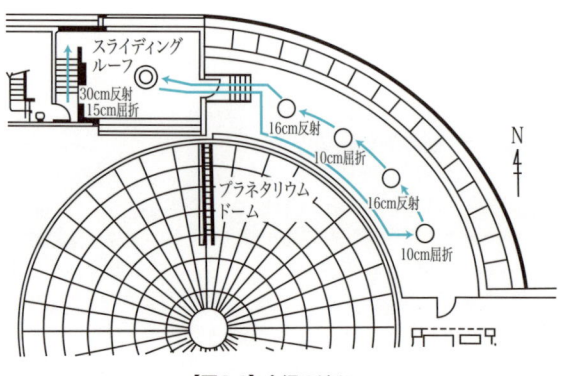

【図14】会場の流れ

【表3】使用機材・対象天体

使用機材	対象天体
肉眼	星座，流星，月，日食，月食
ガリレオ望遠鏡のレプリカ（1.6cm屈折20倍）1台	月，木星
双眼鏡 7×42 3台，7×50 2台，11×70 1台	星雲，星団，彗星など
10cm F8 フローライト屈折 2台	月の全体，星雲，星団，二重星
16cm F6 ニュートン反射 2台	月の全体，星雲，星団，二重星
15cm F12.5 屈折 1台（30cmに同架）	太陽黒点，太陽Hα像 月の拡大，惑星，球状星団
30cm F15 カセグレン反射 1台	

②準備

観望する天体は，事前にふくろうの会役員会で決定します．観測所には上記，5台の望遠鏡が設置されており，機材に合った天体を選びます．

［ふくろうの会：科学館主催の指導者養成講座（講義・実技計18時間）を受講した指導者で組織されています．星を見る会などの指導・協力を目的とした教育ボランティアグループです］

指導者は，各自担当の天体について（距離，明るさ，歴史など）事前に調べておき，説明できるようにしておきます．

プラネタリウムの解説担当者（科学館職員または指導者）は，観望する天体の案内や，星座の捜し方，時の話題などをまとめたパンフレット（B5，4～6頁）を用意しておきます．また，参加記念品として，指導者などが撮影した天体写真（サービス判）もプリントし，ビニール袋に入れておきます．

当日，指導者は参加者がプラネタリウムにいる間に望遠鏡をセッティングします（鏡筒取り付け，ファインダー合わせ，モータードライブの調整など）．

子どもは接眼部にしがみつく場合があるので，望遠鏡に触らないように事前に注意しておきます．接眼部が高く見にくい場合は，踏み台（ビール箱の裏に板を張ったもの）を用意しておきます．

③天体の解説

星空解説はサーチライト式懐中電灯で行い，北極星の見つけ方から始め，方位の確認，季節の星座，今夜見る天体の位置など指し示します．サーチライト式懐中電灯が暗くなると，解説者から光の筋が見えても，横にいる人には全く見えないことがあるので注意が必要です．

望遠鏡1台に指導者1～2名が付き，事前に調べたことを口頭，写真，スケッチ，本などを使って説明します．このとき，天候が不安定で，雲に邪魔され見えないときも退屈させないようにしなくてはいけません．そのため指導者は常に話題を豊富にしておく必要があります．指導者は望遠鏡の扱いだけでなく，曇天時にも素早い対応ができることが大切です．（例：月→アポロ計画，惑星→ボイジャーの惑星探査，M42・M45→星の一生，などの話をします．また神話や星・宇宙に関するクイズなどもよいでしょう．雲が出て天体が見えないときに，沈黙が続かないようにしましょう）．

半田では4等星がようやく見える程度ですが，星が見えにくい原因の1つに光害があることを説明します．しかし「あまり星が見えません」と悲観的にいうのではなく，「都会でもよく見れば，まだいろいろな星が見えます」と希望を持たせるような解説を心がけています．

※以上は，半田空の科学館が開館した1985年11月から2009年3月まで実施してきた事例です．2009年4月以降，指定管理による運営となっており，一部の変更はありますが，ほぼ同様の流れで開催しています．

4.7 西はりま天文台における天体観望会

兵庫県の西はりま天文台は，勤労者のレクレーションや文化活動を促進するための施設として1990年にオープンしました．当初は口径60cmの反射望遠鏡が主力の望遠鏡でしたが，2004年に口径2mの「なゆた望遠鏡」が完成しました．この望遠鏡は，日本で最大の光学赤外線望遠鏡であり，一般の方が星をのぞくことができる「公開望遠鏡」としては世界最大の望遠鏡でもあります．天文関係の普及事業のほとんどは，無料もしくは低料金で提供しており，あらゆる人々に門戸が開放されています．普及事業の中心は天体観望会で，対象や方法別に多種多様な観望会が設定されています．それぞれの天体が，宇宙や銀河系・太陽系内でどのような空間的・時間的位置にあるのかなどを明らかにしつつ，自然を観る確かな眼を養ってもらおうと努力しています．

観望会では最初に，当天文台で製作したカラーパンフレット「四季の星座とその見どころ」を配布し，観望のポイントを説明します．その後，「なゆた望遠鏡」の眼視ポートを使って天体を観望します．参加人数の多いときには，小型望遠鏡類による観望の他，肉眼による星座案内（天然プラネタリウムと呼び，建物屋上のテラスで実施）も行っています．そのようなときには，アルバイト指導員の加勢を得て対処する場合もあります．

(1) 大観望会

年3回，5月のゴールデンウィーク中，8月12日，12月23日に行っています．講演会と観望会からなり，春と冬の観望会には200人程度の，夏の大観望会には多い年で4000人近くの参加者があります．講演では，天文台のスタッフや外部の研究者が，その時々の話題に関してパワーポイントなどを使ってわかりやすく解説します（1時間程度）．夏の大観望会はペルセウス座流星群の極大日（またはその前後）に実施しており，朝まで施設を開放しています．

(2) 宿泊者向け観望会

当天文台には2種類の宿泊施設があります．一つは「家族棟」と呼ばれるロッジです．ここには定員5名の2LDKの部屋が6室あります．主に家族連れや小団体が利用します．もう一つは「グループ棟」という建物で，20畳の部屋が6室あります．こちらは学校関係者などが多く利用します．このように多数の宿泊者があるため，宿泊者向けの観望会は，その量・質ともに当天文台の普及活動の主流をなしています．観望会は午後7時半に始まります．まず建物一階のスタディールームという部屋に集合し，今夜の見どころを天文台スタッフが説明します．その後，なゆた望遠鏡を使って観望を実施します．悪天候時にはその折々の天体の見どころを解説し，望遠鏡を案内説明します．

(3) 一般観望会

宿泊はしないが観望を希望する方々には，毎週土曜日と日曜日に観望会を実施しています．土曜日の観望会は事前の予約が必要です．宿泊者と合わせて合計100名の定員を設けています．日曜日は当日にお越しになるだけで観望会に参加できます．観望開始時刻は宿泊者向け観望会と同じく午後7時半です．悪天候時には望遠鏡の説明などをします．

(4) 昼間の星と太陽の観望会

毎週日曜日や夏休み期間中などには，口径60cmの反射望遠鏡を用いて「昼間の星と太陽の観望会」を行っています．青空をバックにした一等星の姿はなかなか新鮮です．

(5) 自然学校向け観望会

兵庫県では小学校5年生を対象とした4泊5日の自然学校を実施しており，当天文台も受け入れ施設の一つになっています．4夜のうち，一夜程度を天体学習にあてることが多く，学校側の希望に応じて以下の指導内容から一つ程度を実施しています．

①望遠鏡による天体観望
なゆた望遠鏡を中心に，各種望遠鏡を駆使した天体観望．

②肉眼による天体観察
天然プラネタリウム，星や月の観察など．

③室内・室外学習
星座早見盤の製作・使い方実習，望遠鏡の使い方実習など．

(6) 友の会会員向け観望会

当天文台には約1800人の会員を擁する友の会（平成25年の年会費は個人2000円，家族2500円）があり，月刊誌「宇宙now」を発行しています．また，2か月ごと（奇数月の第2土曜日）に例会を実施しています．例会では，講演，観望会，会員の報告会，懇談会などを行っています．さらに，2か月ごと（偶数月）には「友の会観測デー」を設け，観望や写真撮影を思う存分楽しんでもらっています．これらのときには「なゆた望遠鏡」の他に，口径60cmの反射望遠鏡や，サテライトドームと呼ばれるドームに入った26cm反射望遠鏡や18cm反射望遠鏡を使うこともできます．

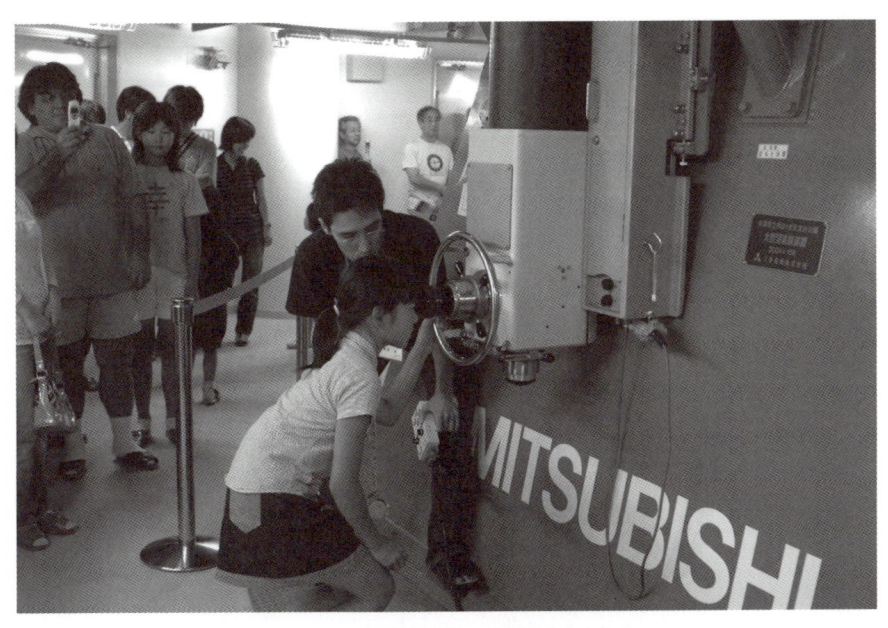

【図15】なゆた望遠鏡を使った観望会のようす
普段はドーム内の照明を落として観望を行っています．

4.8 大規模観望会と広域ブラックアウト

1985, 86年は，全国がハレー彗星ブームにわきたっていました．各地で観察会が開かれている中，近日点を過ぎたハレー彗星を，全国で最初に見ようという計画を白河天文台から聞かされ，大観望会を計画し，広域ブラックアウトを行いました．ここでは，群馬星の会での大規模観望会とブラックアウト運動の事例を紹介します．

【図16】ハレー彗星

(1) 対象及び予想参加者に伴う計画

対象者は一般とし，マスコミへの宣伝も行うため参加者を2000人と予想しました．まず，2000人をひとつの会場に集められ，視界のよい場所は群馬県内には少なく，駐車も1000台が可能であることから，榛名山麓にある渋川市総合運動公園に決定しました．また夜間でもあるので特に安全への配慮をしました．

(2) 観望会の計画

[駐車場]

参加者は，夜間でもあるので車での参加と考え1000台を想定し，駐車場の収容能力を考え3か所に分散しました．各駐車場には誘導係を設け，群馬県内の各同好会に分担しました．車のライトによる光害をさけるため彗星が見える方向の道路を通行止めにし，駐車場3か所は1km程度離れてしまうので，無線を利用した連絡網を作りました．

[安全対策]

夜間多くの車が集中するので警察への連絡とともに，警察と協議をして路上駐車可能区間と禁止区間の設定やパトカーの巡回，医師と看護師の参加を計画しました．また，かけすての傷害保険も利用しました．

[スタッフ]

本会員は当時50人であり，2000人を誘導するには不足ですので，県内の各天文同好会に係分担をお願いしました．本部，接待係，車の誘導係，駐車場係，会場誘導係，受付係，望遠鏡係の分担をしました．

[機材]

84cmチロ望遠鏡（TBSの"999"ビデオカメラと3台の大型モニター），50cmドブソニアン，20cm級10台，小型望遠鏡約100台

[日程（午前0時〜7時）]

① 1986年3月9日午前0時〜
　開会行事・彗星の説明・ハレー彗星のビデオ（テレビ取材2局）
② 1時〜　星雲・星団の観望
③ 3時30分〜　ハレー彗星の観望

(3) ブラックアウトへの手順

[公共機関・マスコミなどの連絡]

主に会長があたり，渋川市教育委員会を通し，行政やマスコミへの宣伝を行いました．特にブラックアウト運動は，行政を巻き込まないと不可能なので市議会への提案もしました．

[ブラックアウト運動への手順]

① 会場と運営組織の決定

②観望会の意義や趣旨説明
③市教育委員会の後援・協力
④教育委員会へブラックアウト効果の提案
⑤教育委員会からブラックアウトを議会へ提案
⑥議会の決議
⑦議会と教育委員会から関係機関へ指示
⑧商工会への指示
⑨マスコミ（新聞・ラジオ・地方テレビなど），広報での宣伝
⑩市より広報無線での呼びかけ
⑪4市町村・日本道路公団（インターチェンジ）のブラックアウトの協力

(4) 結果

[参加者]

参加者は予想をはるかに上回り，約4500人（推定，新聞発表5000人）となり，安全への配慮上，実際には2割程度の人しか望遠鏡をのぞくことができず，その他はテレビモニターを見る間接的な観望になってしまいました．

[ブラックアウト]

ブラックアウトは，想像以上に徹底しました．ブラックアウトの時間帯を午前3時から6時に設定しましたが，実際には前日の夜からほとんどのネオンや照明などが消されていました．会場は標高も高く夜景の名所ですが，前夜から真っ暗で所々に明りが見えるほどでした．4市町村の協力がえられ，ネオンや街灯の数は，前夜から1/10以下になり予想外の効果でした．商工会の協力とマスコミの宣伝力は大きく，暗い夜空に無数の星が輝き，すばらしいハレー彗星が見られました．

【図17】観望会と広域ブラックアウトの新聞記事
（朝日新聞群馬版，1986年3月7日，10日）

4.9　同好会での「星をみる会」

　天文普及活動として同好会が行う活動は，形態・規模ともさまざまです．これは，同好会が動員できるスタッフの数による問題と活動する場所として借用会場を利用することが多いことから，借用する会場の制約に左右されるためです．こうした実情を克服し，天文普及活動の一貫として，星の美しさをたくさんの人々に知っていただき，星への興味や関心を深めることをねらいとし，比較的規模の大きな「星をみる会」を計画的に実施している事例を紹介します．

　事例は，団地に隣接した市営の野球場で開催されたケースで，スタッフは16名，参加者は250名を数えました．また，雨天・曇天の対策として隣接するホールをスライド上映のために借りておきました．

(1) 事前準備

　「星をみる会」の開催に当たり，表4のような役割分担の準備委員会を組織します．

　準備委員会としての仕事は，開催日時の決定と予想される参加者数に応じた場所（公園やグランドなど）を確保することからはじまります．その際，使用料の確認も忘れないようにします．また，雨天・曇天のときに，パソコンとプロジェクターを使った講演ができるホールや公民館などを借りておくと，晴れた時でもスタッフの控え室として利用できるので便利です．

　会場をおさえたら，当日の望遠鏡などの運搬車両や人の手配，当日のタイムスケジュール（プログラム）などを企画・検討します．そして，案内チラシや看板を作成し，チラシの配布を行います．チラシは，「星をみる会」の開催日時，場所（案内図を含む），何が観望できるか，開催する同好会の紹介と連絡先を簡単にまとめたもので，開催日の約1週間前に手分けして会場となる近隣住民宅の郵便受けに投函しておきます．開催場所を団地の周辺に設定すると，団地の棟ごとに集合ポストが設けられているので，比較的効率よくチラシを配布することができます．

　次に，保険の手続きを済ませておきます．各都道府県にある社会福祉協議会が扱っている「ボランティア保険」は，各市町村に受付窓口があり，手続きが容易で，保険料も安くなっています．また，各保険取り扱い代理店を通して「レクレーション傷害保険（イベント保険）」に加入することもできます．

　そして数日前には会場付近の駐在所を訪ね，当日のパトロール依頼文書を提出しておきます．

　さらに，観望する天体の概要や観察できる星座などをなるべく図を使い，わかりやすく説明した簡単な資料を作成しておき，当日の参加者に配布すると天文への興味関心を一層深めるのに役立ちます．

　このような事前準備を円滑に行うためには，役割分担を明確にしておくことが大事です．

【表4】事前準備の役割分担

役割	主な内容
連絡係	スタッフの連絡・調整(1名)
会場手配係	会場利用の手続きを取る(1名)
宣伝・案内状係	チラシ，案内状の作成と送付・配布(5名)
搬入・備品係	必要な搬入品の手配・運搬(3名)
企画係	当日のスケジュールの作成，雨天時の対策(1名)
資料作成係	当日配布資料の作成(1名)

(2) 当日の運営

「星をみる会」当日の役割は表5のような組織とし,各セクションの職務を遂行します.

「星をみる会」が始まる直前に会場の周辺に案内用の看板を数か所設置しておきます.スタッフの打ち合わせの後,図18のように受付・望遠鏡などを配置し,会場を設営します.特に,望遠鏡の設置ではグランド保護のため野球場の外野を使用するなど,会場の状況に応じた利用方法を考えます.また,会場内での飲食や喫煙は禁止とします.

観望する天体は,表6のようなタイムスケジュールにそって司会が観望する天体の解説を交えながら指示していきます.これを受けて各望遠鏡では指導者が,幼児・児童からお年寄りまで幅広い層の参加者に説明を適宜付加し,天体や宇宙への疑問に応えながら天体望遠鏡を操作していきます.

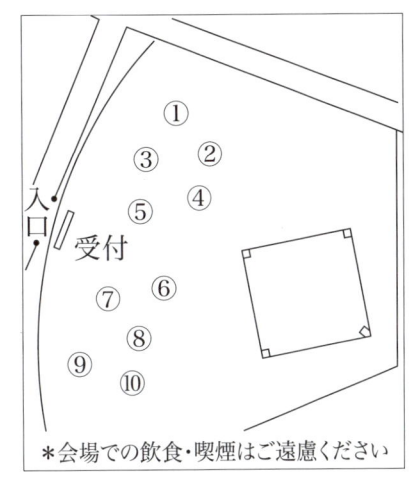

【図18】会場配置

① 20cm反射望遠鏡　⑥ 20cm反射望遠鏡
② 10cm反射望遠鏡　⑦ 33cm反射望遠鏡
③ 16cm反射望遠鏡　⑧ 6.5cm屈折望遠鏡
④ 7.5cm屈折望遠鏡　⑨ 10cm反射望遠鏡
⑤ 15cm反射望遠鏡　⑩ 10cm屈折望遠鏡

【表5】当日の役割分担

役割	主な内容
受付係	参加者の受付け,署名をしてもらう(3名)
司会・進行係	プログラムにより司会・進行・解説を行う(2名)
望遠鏡操作係	望遠鏡のセッティング,天体導入,観察指導(10～20名)
会場設営・整理係	会場の設営,看板の設置,後片付けの指揮,観察がスムーズに行われるように参加者の誘導・整理(全員)
巡回・警備係	会場内及び会場周辺の巡回警備(1名)
プロジェクター係	曇天・雨天のときの解説(司会・講師が担当する)

【表6】観望スケジュール
観察対象天体・観察時刻は,観察会ごとに設定する.

予定時刻		18:00	18:20	18:50	19:30	20:00
望遠鏡番号	1	月	木星	→	木星	オリオン大星雲
	2	月	木星		オリオン大星雲	M35散開星団
	3	月(クレーター)	木星		アンドロメダ銀河	M35散開星団
	4	月	→			M45散開星団
	5	月(クレーター)	木星		アンドロメダ銀河	M45散開星団
	6	月(クレーター)			月(クレーター)	プレアデス星団
	7	月	→	月	オリオン大星雲	オリオン大星雲
	8	月	木星		プレアデス星団	プレアデス星団
	9	月	木星		オリオン大星雲	M41散開星団
	10	月(クレーター)	火星		プレアデス星団	オリオン大星雲

CHAPTER 4

司会は，望遠鏡に並ぶ列にかたよりができないように拡声器を使って誘導します．その際，近隣住民の迷惑にならないように放送の音量に注意することも忘れてはいけません．

会場では天体望遠鏡を使った観望の他に，星座観察の希望者を30名程度集めて，サーチライト式懐中電灯やレーザーポインターなどを使って説明します（レーザーポインターは便利ですが，出力の大きいものは危険を伴うので使用には十分な注意が必要です）．この星座観察を終了までの間に数回実施します．市街地はネオンが明るく星座など探せないと考えている参加者が意外に多いようです．天の川こそ見えませんが，星座の形を描いてあげると大変喜ばれます．

また，参加者が多いときは会場周辺の巡回や駐車場などの警備，ケガや具合が悪くなった参加者への応急処置のため救急箱の用意なども必要になります．

このようにスタッフがそれぞれの職務を的確に遂行することが成功の鍵となります．

(3) 終了時の注意

司会より「星をみる会」の終了が告げられ参加者が会場から退出すると，早速望遠鏡を解体すると同時に看板回収，忘れ物の有無を点検，ゴミ拾いなどの清掃を敏速に行います．回収したゴミは持ち帰るようにしましょう．

清掃と後片付けが終了したらスタッフの労をねぎらい，解散します．

(4) まとめ

準備と当日の役割のタイムスケジュールを図19にまとめました．

「星をみる会」を開催する会場として，野球場の他に公園や学校などのグランドで実施する場合があります．このようなとき，会場の特質や参加人数に応じて事前準備の内容や当日の役割も変わってきますので，紹介した事例を参考に，それぞれの企画に相応しい方法で運用してください．

図20は，小学校の校庭で，全校児童とご父母，約1000人を対象に行った金環日食観

【事前準備スケジュール】

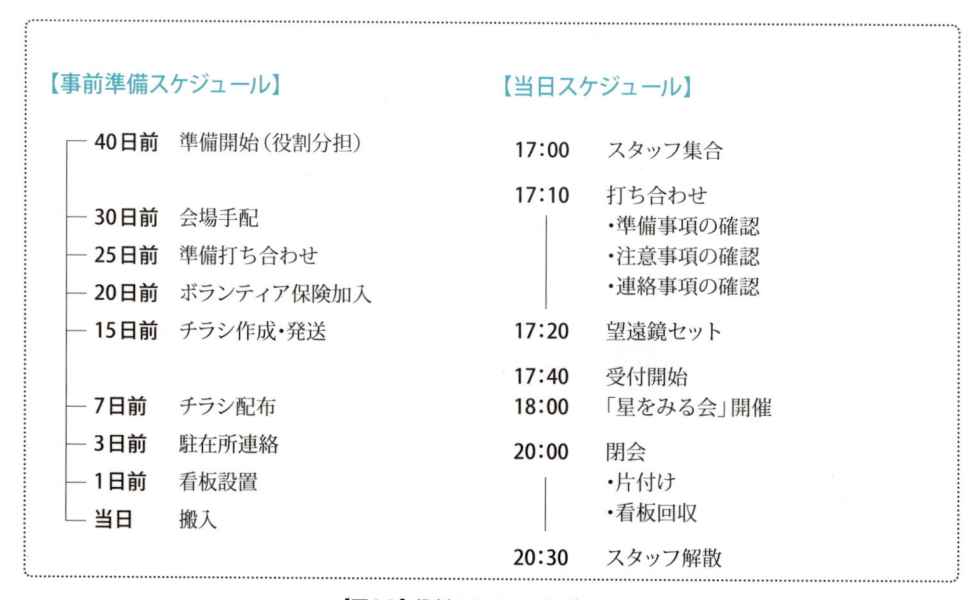

- 40日前　準備開始（役割分担）
- 30日前　会場手配
- 25日前　準備打ち合わせ
- 20日前　ボランティア保険加入
- 15日前　チラシ作成・発送
- 7日前　チラシ配布
- 3日前　駐在所連絡
- 1日前　看板設置
- 当日　搬入

【当日スケジュール】

- 17:00　スタッフ集合
- 17:10　打ち合わせ
  - ・準備事項の確認
  - ・注意事項の確認
  - ・連絡事項の確認
- 17:20　望遠鏡セット
- 17:40　受付開始
- 18:00　「星をみる会」開催
- 20:00　閉会
  - ・片付け
  - ・看板回収
- 20:30　スタッフ解散

【図19】役割のタイムスケジュール

察会のようすです．1年生から6年生までの各学年に望遠鏡1台，父母用の望遠鏡6台，曇天対策としてインターネット中継の画像をスクリーンに上映する準備をしておきました．幸い薄雲で金環を観察することができたので，観察会のようすをインターネットで世界に配信しました．

このように，観察対象や参加人数が違っても，少し工夫するだけで，同じような手順で準備してさまざまな「星をみる会」を開催することができます．

こうした活動に対する住民の評判は好評で，何回か実施していくと星に対する住民の理解もしだいに深まり，観望会の開催を強く切望されることもしばしばあります．

「星をみる会」を継続して実施していくためには，スタッフや近隣の人達の支援を得ることが不可欠であることは，いうまでもありません．「星をみる会」を通して，天文普及活動に理解と協力が得られるよう，準備には万全を期して臨みましょう．

【図20】金環日食観察会のようす
望遠鏡は各学年1台，父母用6台，その他2台，計14台を校庭に配置した．参加児童600名，父母300名，スタッフ50名の例です．

COLUMN　月にとっては，まぶしい地球の照り返し

肉眼では上弦の月の3日前くらいまで，望遠鏡では半月くらいまでのとき，月の光っていない影の部分を注目すると，うっすらと明るく，丸い月全体の輪郭がわかります．これは右図のように，地球に反射した太陽光が月の影の部分を照らしているために起きる現象で地球照と呼ばれています．欠けて見える月も，実は満月のときの月のように丸いということが一目瞭然にわかってもらえる現象です．

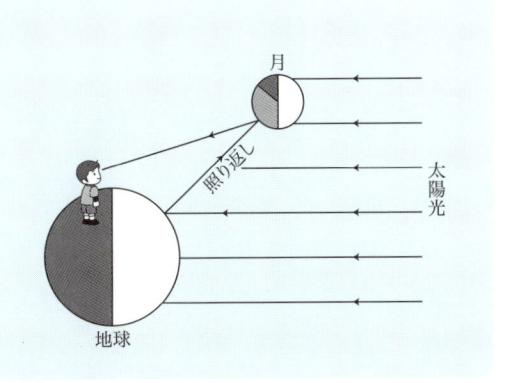

4.10 "街角"観望会

都会を離れた星空の下，設備の充実した天文施設で天体観望会を楽しむのは，もちろんとても重要な機会ですが，一般の人にとってもっと身近な風景の中で身近な星空に出会い，宇宙に思いをはせる機会を作ることはできないでしょうか．各地で，"街角"での観望会が試みられています．ここでは，そうした活動の考え方や特徴について目を向けてみましょう．

(1) "街角"へ飛び出すということ

天文台やプラネタリウム，科学館などの施設で開催される天体観望会や，星まつりのようなイベントに訪れる人はたくさんいます．そうした人々の多くは，日頃から天文分野に関心を持っていたり，アウトドアでの体験に興味があったり，積極的に星空との出会いを求めて楽しんでいることでしょう．

一方で，大多数の人々にとって，そのような施設や機会の存在は，わざわざ探そうとする特別の理由が訪れなければ知り得ないもの，求める動機の及び得ないものなのではないでしょうか．

特に，良好な星空環境まで時間的，空間的に離れている都市部の居住者にとっては，星を見るということは自分から遠く切り離された行為だと思われるかもしれません．明るい街明かりの中では「どうせ星は見えないのだから」と諦めてしまうことで，興味を持つことからさえ我が身を無縁に思い成しているのかもしれません．

だからと言って，星を見たそのときに楽しみや喜びを感じない，宇宙に対する知的好奇心が無い，ということでは決してないはずです．彼等に足りていないのは，出会うきっかけなのではないでしょうか．街角観望会は，天文分野のフィールドから飛び出し，「星を楽しむ」という機会を携えて未知の人々に出会いにいくチャレンジなのです．

(2) 考えなければならないこと

本来の施設から"街角"に出て観望会を開催しようとするとき，注意するべきこととは何でしょうか．どこででも好きなように観望会を開催してよいわけではありません．原則的には，そのような催事を企画するには場所に応じて適正な実施とは何かに注意を払った上で臨むことが求められます．

自由な利用ができる公園であればよいかもしれませんが，一見広場のように見えても，実際には通行用の道路地であったり，また企業や個人の管理する私有地であったりすることもあるかもしれません．第一に，その場所がどのように管理されているかを把握し，利用が可能かどうか，必要な手続きとはどのようなものか，予め調査して下準備をしておくことが必要になる場合もあるでしょう．

実際に場所を使用する環境が整った場合でも，周辺の往来を妨げたり，設備や構造物に所定外の造作を及ぼしたり，また指定外のスペースにまで及んでしまうような開催の仕方は，適当ではありません．場所の利用条件に準拠して実施計画を立てましょう．

配慮するべきことは，観望会を実施する場所の中だけではありません．そのイベントが実施される周囲の状況にも注意を払うことが望まれます．例えば，見たい天体のある方角に，高い集合住宅が建っていたとします．上層階に居住する方から見て，望遠鏡が自宅の方向を向いているように感じたら，もちろん実際には部屋をのぞいているわけが無いとしても，不快に思う

かもしれません．また，閑静な住宅街の中の空間に群衆が集まって喧噪を上げたら，地域の居住者はどのように感じるでしょうか．

人々と一緒に宇宙に親しみたい，そうしたポジティヴな価値を損なわないためにも，"街角"での観望会を企画する際には，その場所で起こること全体を考えて計画するのが上品なやり方といえるのではないでしょうか．

(3) 相手のストーリーにつながる機会作り

街角での観望会では，どのような天体を対象として観察を行うとよいのでしょうか．

明るい市街地で対象とする天体には，星雲や星団のように特別なものを設定する必要はないでしょう．むしろ，月や惑星のように確認のしやすい，明るい天体を優先的に選択することが有効となる場合が多いと考えます．

何より，日頃天体に親しみの少ない人々を対象にする場合は，まず見る人が「自分が何を見ているのか」をはっきりと納得できるように観察体験を設定していくことを考えてみましょう．暗夜の好条件を要求し，視認も難しい天体，名を知らずイメージを持たない天体よりも，日常の中で耳にしやすく，事前のイメージを有する天体の実物を経験することは最初の満足度として重要なことであると思います．また，「望遠鏡の視野をのぞく，視野内の見え方を知る」というこの最初のステップを経ることで，より注視を要するような天体の認識も促しやすくなります．

一例として，天文愛好者は小望遠鏡での好対象として重星を選ぶことが多いですが，一般の人にとっては「点が二つ」に過ぎないマイナーな天体を，どのように楽しんでよいのかわからないものです．そのような折には，まず手始めに一等星を見せることから始めてみ

ます．夏であれば"織姫星"冬であれば"オリオン座"など，有名な星の輝きを確かめるということは，愛好者が軽んじている以上に，意外に価値のある経験となるのです．明瞭な恒星の色味や，拡大しても点にしか見えない事実を経験した上で，それと比較することで二重星の存在や星の色の違いといった意味の理解を促すことができます．

更に，そもそもの前段階として，街角で星を見るという行動そのものの動機づけから考えてみます．「こんな街中で，星なんて見えないのでは」そうした先入観を持つことはやむを得ません．そうした諦観を超えて「その日にその場所で星を見る意味」というものを想起させる機会作りが大切です．

例えば，「七夕だから織姫，彦星を見る」「中秋の名月を見る」「ライトダウンキャンペーンの呼びかけに同調する」など，相手にとって，季節やテーマと"星を見る"という行為とがストーリーとして結び付くように仕掛けることができれば，街角での出会いというものの訴求力はより効果的になるのではないでしょうか．

(4) 生むべきものは"邂逅（かいこう）"

街角での観望会は，良質の星空を満喫したり，希少な天体を観察したりすることを主眼にはし難いものですが，その意外性が与える強い印象は，都市生活者と星空との間の隔離を打破し，関心を喚起する一槌となり得るものです．だからこそ，天文愛好者の文脈で天体の些末な認識を付与することに重きを置いては場違いにもなり得るものと考えています．

その日その夜の帰り道で，思いがけずも宇宙と"邂逅"した，その衝撃を生み出すことこそ，街角観望会で人々に出会う何よりの醍醐味なのではないでしょうか．

CHAPTER 4

4.11 我が家の気まぐれスターウォッチング

　自分の子どもと星を見るというのは，夜の散歩をしながら星座を探したり，旅行中に美しい星空に出会ったりと気まぐれなものです．おまけに子どもには子どもの興味があるだろうからと，星を押しつけないようにしてきました．けれど，実際に星を見るというのは楽しく，思いがけない発見もあるものです．また，たまには友達も誘って星を見ようかということもあります．我が家で娘と息子，その友達と一緒に星を見たときのことをご紹介したいと思います．

(1) 自分の子どもと（その1）

「きれいねー．デンキ？　お月様の赤ちゃん？」

　娘が初めて天体についての疑問をなげかけてくれたのは2才半のときです．実家からの帰り道，暮れかけた西の空に金星が輝いていました．

「ほんとうにきれいね．きれいだから，きれいな女神様の名前がついていて，ビーナスっていうのよ．日本では金星，地球の妹かな．デンキはスイッチでついたり消えたりするけど，金星や月にはスイッチがないのよ」．

　まだ，よちよち歩きの娘に何と答えたらよいか．この頃は動物にも物にさえ心があると思っているし，空間的にも遠近や位置関係を認知できない時期です．美しいと感じた気持ちを大切にしたいと思いました．また，「何？」，「どうして？」の多いこの時期，幼いからといってごまかさないようにしたいと，幼児への態度を考えさせられたときでした．

(2) 自分の子どもと（その2）

　娘が幼稚園に入園してすぐ，4才の終わりの頃でした．望遠鏡で月を見ていたときに，

「お月様って丸いんだね」

と，おどろきの声をあげました．三日月の地球照の部分がよく見えていて，空では三日月でも望遠鏡の中では丸く見えたのです．

「お月様ってどんな形だと思っていたの？」とたずねると，

「三日月お月様と，半分お月様と，まん丸お月様」という答え．

　それぞれが別の月で，交代で出てくると思っていたのです．大人になるともう忘れてしまいますが，このように考えている子どもは多いようです．筆者はある博物館で天文を担当していたことがあり，小学4年生の月の学習について考えたことがありました．そのとき4年生に，月の学習前に行ったアンケート調査では，三日月，半月，満月が別々の月だと考えている生徒がいました．百聞は一見に如ずといいますが，実物を見ることによって発見し，興味が引き出されるというのはこのことだと思いました．

(3) 近所の友達と（その1）

　団地に住んでいますので，夏休みの夜など近所の子ども達が集まって花火をしたりします．その後に望遠鏡を出して金星を見ました．はじめに望遠鏡をのぞいた2年生の男の子が，「月だ」といいました．

　まわりにいた子どもたちはいっせいに空を見上げましたが月はでていません．「えっ？　月じゃないの？　何？　金星？　えーっ！」普段，あまり天体に関心のない子ども達にとって，かわいい三日月型の金星は新鮮だったようです．

　思いつき観望会だといえばそれまでですが，関心のない子どもたちへのチャンスとはいえないでしょうか．公園で星の観望会をしますといったときに集まってきてくれる子どもたちは，だいたい初めから関心を持っています．初めは関心がなくても，思いつき観望会で金星を見て，次は公園の観望会に行ってみたいということもあります．お天気の心配をする必要もなく，気軽にやってみる価値はあると思います．

(4) 近所の友達と（その2）

　子どもが幼稚園の頃，小学1年生になりたての頃は，友達と遊ぶのに親が送り迎えをつき合うことがよくあります．そこで見送りの途中に一番星を見たり，今度はもう少し暗くなるまでお預かりして木星を見ましょうという約束もできます．また，どうやって星座になるのかわからない，とか，子どもと一緒に星を見ても何が何だかわからない，と気軽に話しかけてくださるお母さんもいらして，夜にお子さんと来ていただくこともありました．

　こういうときは，一等星や星座探しと，月や惑星の観望が中心になります．たいてい息子が得意がって話してくれるので，話してもらいます．おかしいところがあると，友達と一緒に考えてもらうようにします．そのうちに友達からも質問が出てくるとしめたもので，私が一方的に話すより，なるべく疑問に答えるという方向にもっていくようにしています．

(5) 近所の友達と（その3）

　子どもたちが成長し，夜に子どもの友達が友達同士で家へ星を見にきたのは，娘が小学5年生の冬でした．学校で星の学習をしたときです．女の子たちは星座が見つからないようだというので，じゃあ家でスターウォッチングをしようということになり，8人の仲良しが集まることになりました．夜なので近くの人同士でまとまってくることにしてもらい，帰りはお母さんに途中まで迎えにきていただきました．

(6) その後

　子どもたちは大人になって家を出ていきましたが，今でも話題の天文現象があれば情報交換したり，帰ってくれば一緒に夜空を見上げます．スターウォッチングの好きなお母さんやお父さんがいたら，ぜひ身近なところから始めてみませんか？　もちろん大人でもできると思いますが，我が子やその友達，親御さんは自然と誘えます．親子で星空を見て発見したことは興味を持つきっかけになるし，いいコミュニケーションがとれると信じています．

第2部

観望会の進め方

「観望会では天体をどのように見せたらよいのだろう？」「もし天気が悪かったらどうしたらいい？」そんなとき役立つように、観望会のさまざまな例を示しました。第2部は、原則的に見開き2ページで観望方法の1つのアイデアが示されています。対象者・場所・機材などインデックスをうまく利用して、観望会のメニューに付け加えてみましょう。

【第5章】
観望天体ごとの進め方

【第6章】
困難な天体観望への対策

星と星座 概説

初夏，梅雨明けの夜空に雄大なS字を描く「さそり座」，凍てつくような寒さのなかを見上げる「オリオン座」など，星座は季節の風物詩として，私たちの心をなごませてくれます．花や鳥の名を知ることで，自然により親しみを覚えることができるように，星座や星の名を知ることは，宇宙に親しむ第一歩であるといえるでしょう．ここでは観望会での星や星座の観察の仕方を5つ紹介します．星座を楽しむのに望遠鏡や双眼鏡のような特別な装置は必要ありません．また，星の見えにくい町なかでも観望することができます．あまり難しいことにとらわれず，気軽に星空観望を楽しみましょう．

提供：NAOJ

星座の由来

いまからおよそ5000年前の古代メソポタミア文明に，現在の星座の原型がすでにみられます．ひつじ飼いの民，カルデア人たちが明るい星を結んで人や動物たちの姿を想像したのが星座のはじまりとされています．その後，ギリシャで神話と結びつけられて現在の星座となりました．ギリシャ神話には星座の由来，星座にまつわる物語が登場しますので，ギリシャ神話に関する本を読むとさらに星座に親しみを持てると思います．さらに18世紀に南天の星座が新たに作られて，現在は，全天を大小88個の星座によって区分しています．一方，中国や日本など，どこの国にもその国独自の星座があります．たとえば，おおぐま座は，日本ではその一部をひしゃく（北斗七星）にみたて，中国では高貴な人々の乗り物とも想像していたのです．国際的に決められた88星座以外の各国古来の星座は，いまではほとんど使われなくなってしまいましたが，星空を眺めて自分だけの星座を創造していくことも楽しいと思います．

星座に含まれる星ぼしは，基本として明るい星から順にギリシャ文字で $\alpha\cdot\beta\cdot\gamma\cdot\delta\cdot\varepsilon$ ……と順に番号が振られます．例えば，オリオン座のリゲルの場合は，「β Ori」と星図や星表に記載されています．これは，オリオン座のベータ星という意味です．「Ori」という星座の表し方を略符といい，3字で88個の星座すべてが記号化されています．恒星の呼び方は正式にはラテン語の所有格を用いて，「β Orionis」というように表記します．明るい星や特徴のある目立つ星には，ベテルギウスやベガ，アルタイルといったふうに固有の名前がついています．

現在世界中で統一されて利用されている現行の88星座は，1928年に開催された第3回国際天文学連合（IAU）総会までの議論の結果を受けて，1930年にIAUが出版した書物「DELIMITATION SCIENTIFIQUE DES CONSTELLATIONS」（E.Delporte著）によって確定したものです．

星座の覚え方

　星座は，大小さまざまですし，明るい星が含まれないものや，形が想像しにくいものもあります．また，季節や時刻によって見える方向や向きが違いますので，すべての星座を覚えるのは難しいことです．はじめは，形のわかりやすい星座を2～3覚えて，その間の星座を探していくとよいでしょう．東西南北がわかっていれば，星図や星座早見盤を頼りに星座を探し出すこともできますが，初心者にとっては，実物の星座の大きさがなかなかわかりにくいものです．観望会などでは，星の位置の測り方を参加者に実習してもらってから，目立つ星座や特徴のある明るい星の並びを参加者に教え，その間の星座を各自に探させると効果があり，楽しく星座を覚えることができます．

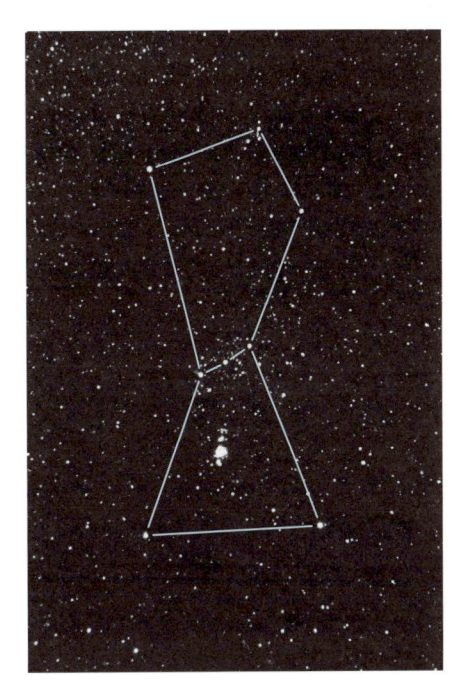

【図21】オリオン座の写真

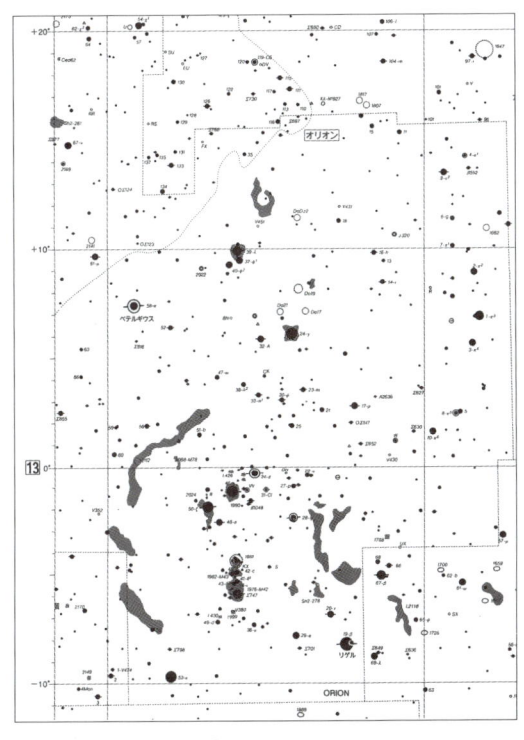

【図22】オリオン座の星図
（中野 繁著『標準星図2000 第2版』地人書館より）

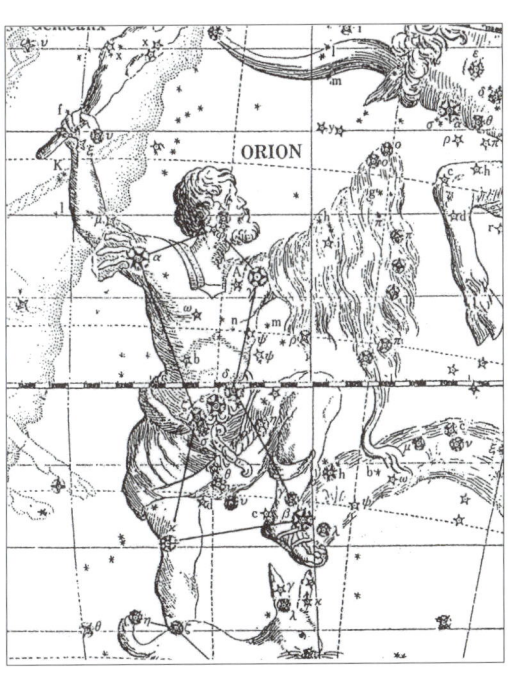

【図23】オリオン座の星座絵

CHAPTER 5.1.1
★★★★☆

星の位置の表し方

星の位置は方角と高度で表すことができます．見える星の位置の表し方を知ることによって，星空の日周運動などが理解しやすくなります．何となく見ていたのでは，星が動いたのかどうかわかりにくいのですが，簡単な測定をすることにより，比較的短時間のうちに星の動きを感じることができます．

準　備	あらかじめ，惑星などその日に見える明るい星と見える位置を調べておくとよいでしょう．星が少ない方が，参加者が同じ星を対象にしやすいので，夕方の観望会のときは少し早めの，星が出始めのときに観察します．
必要な用具	地域の地図，方位磁石，サーチライト式懐中電灯

進め方

(1) 方角の確認
①北の方角を確認する

　a) 方位磁石を使って調べる（昼・夜）

　最も手軽な方法です．鉄筋の建物の場合，鉄の影響を受ける場合があるので注意が必要です．

　正確に調べるときは地磁気の偏角を調べておき，修正します．

　b) 北極星を見つける（夜）

　空が暗いところなら，北極星を見つけるとよいでしょう．図24のようにカシオペヤ座や北斗七星から北極星を探すことができます．

　夏の大三角（デネブ・ベガ・アルタイル）が見えたら，これをデネブとベガを通る線で折り返したときに三角形の頂点（アルタイル）が重なる位置に北極星があります．

　c) 地図を使って調べる（昼・夜）

　地域の地図上で，現在地を確認したあと，その北にある目立った建物など目標物を調べます．そして現場でその目標物がどこに見えるかを探し，北の方角を知ります．北に目立ったものがないときは他の方角で確認します．

【図24】北極星の探し方

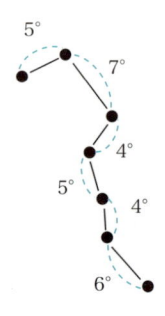

【図25】北斗七星の星の間隔

地図は参加者分用意しなくても，指導者が「この地図によると」という具合に示す程度でよいでしょう．あらかじめ遠方の目標物を探しておきます．

d）太陽の動きから考える（夕方）

太陽の沈んだところを確認し，方角を考えます．昼間の太陽はどちらを通っていたかを思い出させてもよいでしょう．建物は日光を取り入れるため南向きに建っている場合が多いので，これを参考にすることもできます．

日没方向は季節による違いなどもあり，かなり大ざっぱですが，感覚的にはわかりやすい方法です．

②東西南北を確認する

念のため，北の方角をもとに東・西・南も確認しておきます．

(2) 高度の測り方

こぶしを作って手を伸ばし，その大きさを見ます．こぶしの端から端までを基準に測ると地平線から天頂までいくつ分あるか数えてもらいます（図26）．8〜10個分の間で個人差がでるので，手の伸ばし方や向きを工夫して9個分になるようにしてもらいます．この時の1個分が約10°になります．

実際に星の高度を測ってみます．西か東の方に明るい星が見えたら，その星で試してみるとよいでしょう．30分以上たってからもう一度測ると星が動いたのがわかります．

目立った星について，みんなで方角・高度を測り，比較してみるとよいでしょう．慣れてくると参加者の結果が近い値にまとまってきます．

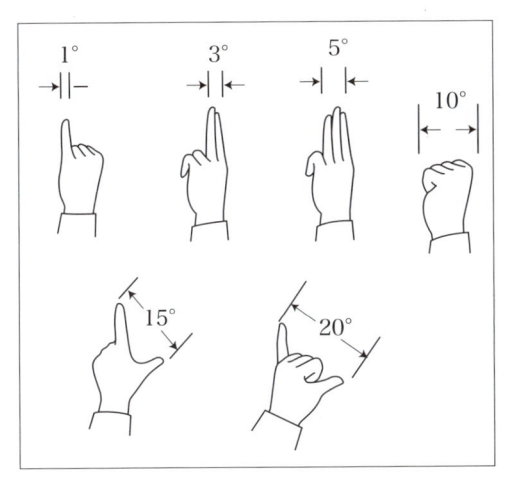

【図26】角度の測り方
腕をいっぱいに伸ばしたとき，手の形で角度が測れる．

CHAPTER 5.1.2
★★★★☆☆

星座を作ろう

「星座を見る」というと，天文学で使われている星座の名前や形を覚えることが中心になりがちですが，星座の知識のほとんどない人でも，気軽に星を楽しむ方法を考えてみましょう．ここでは，星の位置関係を紙に写し取り，それについていろいろ想像することによって「誰のものでもない自分だけの星座」を作ってみることにしましょう．星を写し取ることによって，星の特徴をよく見て，それについていろいろ想像して楽しむことができるでしょう．星の明るさや色の違い，あるいは星座が形を変えずに動いていることに気がつく人も出てくるでしょう．

場　所　一人一人がある程度の間隔で座れるような広場があるとよいでしょう．絵を描くので，手元が少し明るいくらいのところにするか，あるいは暗ければ小型の懐中電灯を持つ必要があります．他に画用紙・画板・色鉛筆などが必要です．
必要な用具

☞ 進め方

①「昔の人は，毎晩夜空を見上げていろいろ想像して星座を発明しました．今日はみなさんも昔の人になったつもりで，自分だけの星座を作ってみましょう」などと話をして導入します．

②まず，一人一人何mか離れて座ります．空全体を見わたして，それぞれ自分の好きな方角を決めます．

③その方角で気に入った範囲を決めて，構想を練ってもらいましょう．このとき，星の明るさや色の違いなどに注意して，どんな星座を作るか考えてもらうようにします．空が明るくて見える星の数が少なければ，星座を作る範囲を広めにしてもらって，ある程度の数の星が，描きたい範囲に入るようにします．

④星の位置を紙に写し取ります．明るさに順番がつけることができたら，1・2・3…やα・β・γ…などの番号や記号をつけてみるのもよいでしょう．色の違いがはっきりわかるものがあれば，色鉛筆で色をつけてみましょう．

⑤写し終わったら，星を線で結んで，骨組みを作ります．そのまわりに想像したものを書きくわえます．暗くてやりにくければ，室内にもどってからでもよいでしょう．

⑥「イザコ座なんていうのでなくて，カッコイイ名前をつけてね！」などといって，各自

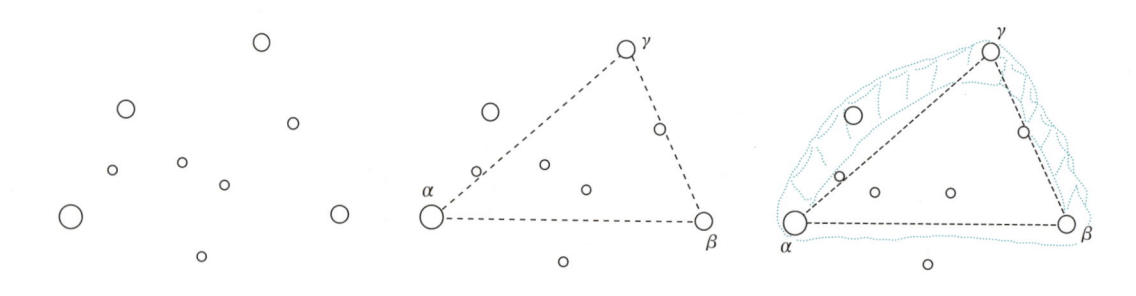

【図27】作図の例 "ギョー座"

の星座に名前をつけてもらいましょう．できあがったら，みんなで発表会をします．グループを作って，絵をつなげ，ひとつなぎのお話を考えてみるのも楽しいでしょう．

⑦少し時間がたってから，もう一度自分の星座を見て，形が変わっていないか，見える場所が変わっていないか，確かめてみるのもよいでしょう．

ひとこと

　星座の学習では，天文学で使われている名前や，ギリシャ神話との関係を話すことが普通でした．星座の形を覚えると，恒星が相対的な位置を変えずに日周運動することの説明などには便利なのですが，反面教え込みに終わってしまう危険性もありました．星座は，地名としての役割以上のものはないのですから，星を楽しむだけなら，無理に名前を覚える必要はないはずです．

　自分で星座を想像してみることによって，夜空を身近に感じることができます．自分で作ったものを基にして，恒星の相対的な位置関係が変わらないことや，恒星の明るさの違いに気がつくことができればよいでしょう．その上で，現在使われている星座が生まれてきた経緯や，国や民族が異なると星座も変わることなどを話してあげるとよいでしょう．

COLUMN　古星図を使おう！？

　昔から星図は天体観測になくてはならないもので，何百年も前から数多くの星図が作られてきました．最初は天球儀のように反転像でしたが，17世紀には肉眼用として今でも使えそうな星図がいろいろと出版されています．彩色されて美術品と見間違うものもあります．

　写真の星図はバリットの星図と呼ばれ，1835年にアメリカで発行されたものです．色刷りのたいへん美しいもので，当時この種の出版物としては驚異的な17版を重ね，30万部以上が販売されました．

　1800年代後半になるとそれまで星図を飾っていた星座絵が消え，次第に現在のような星図になってきました．たしかに星図上の絵は近代的な天体観測にとっては邪魔な存在です．とはいえ現代の黒い点だけが無数に印刷されている星図にも息がつまりそうです．

　古星図のうちかなりの種類は復刻版が出版されていて，現在でも安く入手できます．バリットの星図などは美しいだけでなく，6枚で全天をカバーしているので使いやすいものです．観望会でこのような星図を広げて星を眺めていれば，ウケること必定だと思うのですが……．

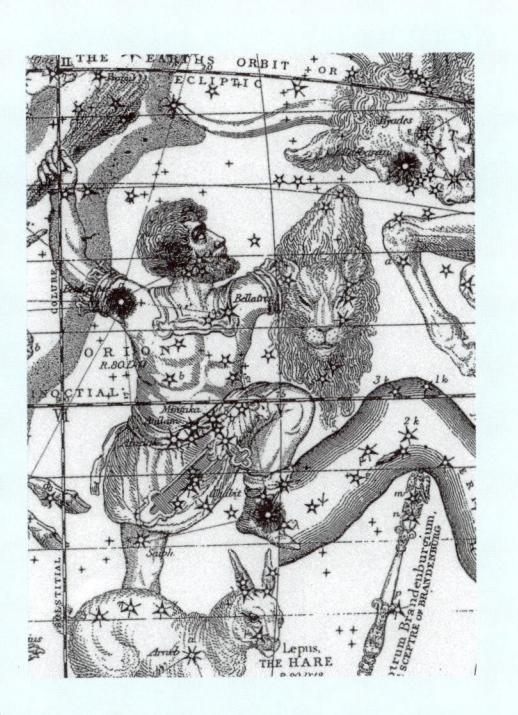

CHAPTER 5.1.3

★★★★☆

星座探しゲーム1　黄道12星座と太陽の通り道について

はじめて星座を見つけようとするとき，誰でも知りたがるのが自分の誕生星座です．星占いの影響で，星は見たことがなくても多くの人が黄道12星座の名前は知っています．そこで，星座を探させるゲームを通じて，星座から方角を知る方法，天の北極・天の赤道・黄道の位置関係，太陽の通り道と季節変化の理由についてなどを参加者に理解してもらいましょう．

指導者の必要数　おもな星座を指し示すことができる人なら誰でも指導できます．
指導者が多数いる場合は，班分けをして各班に1人ずつ付くようにします．

必要な用具　必需品：サーチライト式懐中電灯，星図または星座早見盤，小型懐中電灯（赤色）
あると便利なもの：グランドシート，CDプレイヤーなど

進め方

(1) 屋内でゲームの内容・注意点などを説明

① 必要に応じて班わけをしましょう．一班は3〜5名ぐらいがよいでしょう．できれば，参加者のなかで比較的星座に詳しい人を各班に振り分けるようにします．

② 個人または班ごとに星図または星座早見盤，小型懐中電灯（赤色）などを配布します．

③「これから星座探しゲームを始めます．班ごとの対抗戦です．次の2点を目標にしてください．1つめは，自分の誕生星座を見つけること．2つめは，各班最低10個は星座を見つけること．勝ったチームには豪華な賞品をお送りします」などと観察の動機づけ，目標設定をしましょう．目標の星座数は，空の状態や観察時間によってかわりますが，少し多めに設定するのがポイントです．

④ 星図または星座早見盤の使い方と星座探しのポイント（まず，北極星を見つけるなど）を参加者のレベルに応じて説明しましょう．星座早見盤を使う場合は，使い方を明るい所で十分に実習しておきます．天球上での角度の測り方（腕を伸ばしてこぶし1つで10度）も教えておきます（5.1.1参照）．

⑤ 観察に際してケガなどのないよう諸注意をしてから観察場所に案内します．

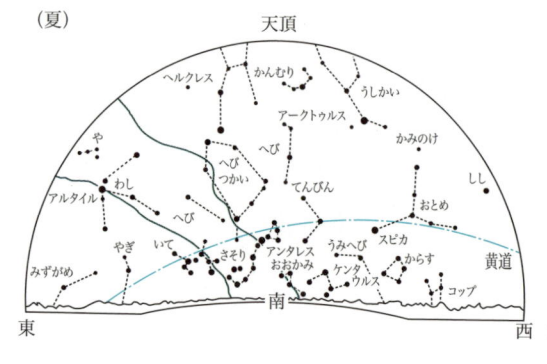

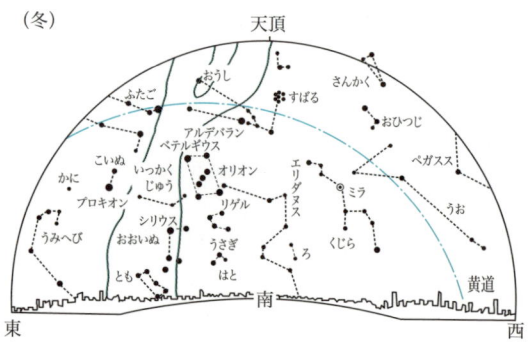

【図28】夏と冬の南天の星座
黄道の高さの違いに注目．

(2) 野外でゲームを開始

野外に出たらグランドシートに班ごとに座らせて，最初にわかりやすく他の星座を探すのに目安になる星座を1〜3つぐらい指導者が教えます．その後，班ごとに自由に観察させましょう．その間，バックグラウンドミュージックなどでなごやかに．

(3) 解説を行う

はじめに設定した時間が過ぎたら，個々の観察を終了させ，指導者を中心に班ごとに近くに座らせ解説を行います．

①班ごとに見つけられた星座の数と星座名を発表してもらいましょう．

②見つけられた星座について，サーチライト式懐中電灯で確認しながら星座解説を行います．このとき，北極星の見つけ方からはじめ，まず東西南北を確認するようにします．次に日周運動の説明から，天球をイメージさせ，北極星から90°離れた大円をサーチライト式懐中電灯で示し，天の赤道の位置を覚えてもらいましょう．

③誕生星座を西から順に示していきます．沈んでいて見えないものも，地面を照らし，天球を一周します．これが1年間での，太陽の通り道であることを理解させましょう．

④その日の昼間，12時ぐらい（南中時）に太陽がどのぐらいの高度であったか聞いてみます．その後，指導者はサーチライト式懐中電灯でその日の太陽の南中位置を示し，その時南中している黄道星座の高度とのずれに気づかせましょう（おうし座やふたご座は高く，さそり座やいて座は低い）．つぎに，夏至と冬至では太陽の高度の差が47°もあることにふれます．たとえば，冬だったらふたご座を指し，「太陽があのぐらい高ければ暖かいのにね……」などといい，太陽の高度と季節の変化の関係を理解させましょう．

【図29】星座探しゲーム

CHAPTER 5.1.4
★★★★☆☆

星座探しゲーム2　季節ごとの主な星座の位置を覚えよう

夜更けに星空を見上げると，見なれていた季節の星座が西に傾き，星の並びが変わって見えたり，東から上がりかけた星に新しい季節の訪れを感じたりすることがあります．星を見ることに興味を持った人が，星座や星が季節によってめぐっていくことを実感できるよう，季節ごとに目につく星と星座を覚えてもらいます．

必要な用具 観察の目印になる星座と星を記した星図．サーチライト式懐中電灯・小型懐中電灯（赤色）

進め方

① 定期的に行われている観望会の中で，季節を感じさせるいくつかの星と星座を選んで，説明をします．

② 季節が変わり，星が移り変わったところで，新しい季節の星と星座を説明します．そして，前の季節の星と星座が西空に位置を変えているのを確かめます．

③ 1年後，常連の参加者は，前の季節の星と星座が西に，次の季節の星と星座が東に見えていることを体験できます．そして，目印にした星と星座は季節をずらすとどこに，どんな並びで見えるかを探します．いくつかの質問をクイズにして，その答えを考えながら進めましょう．

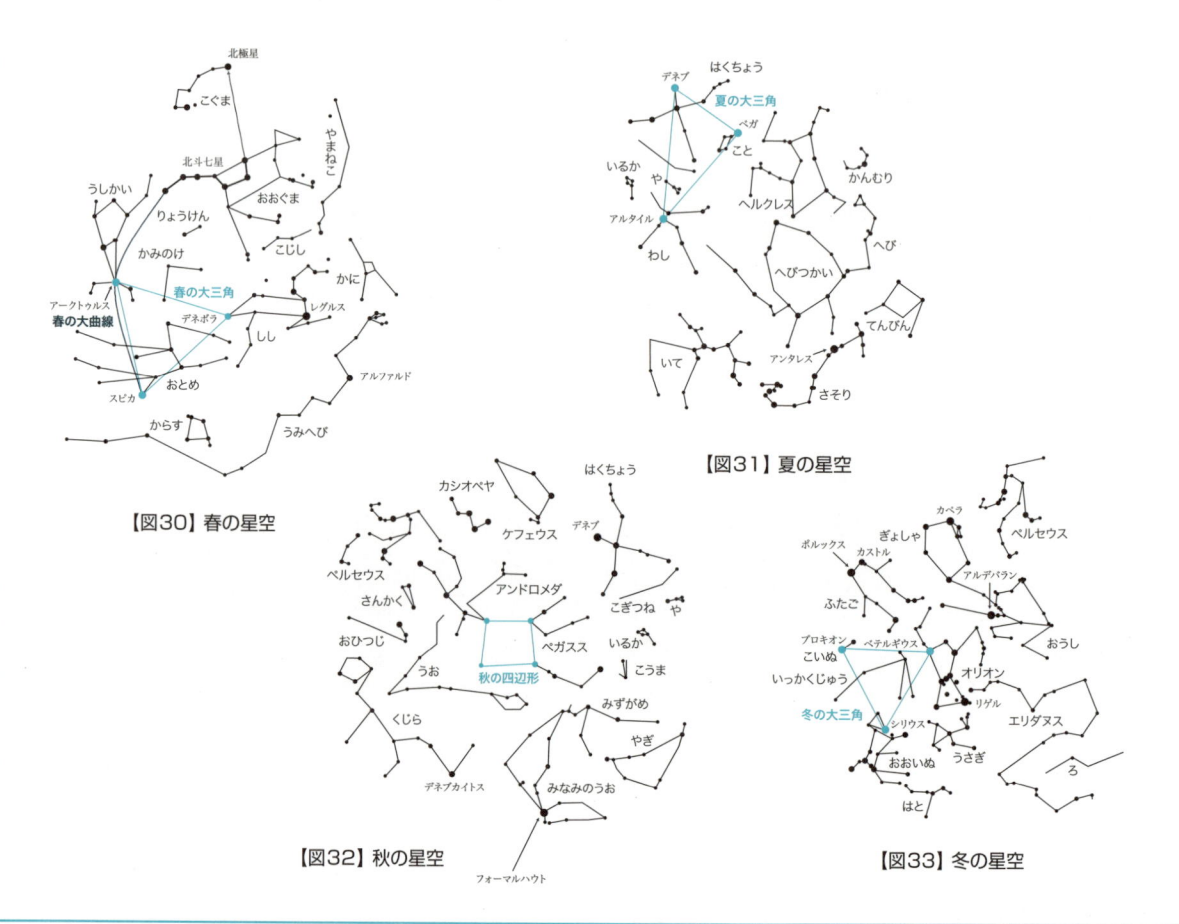

【図30】春の星空

【図31】夏の星空

【図32】秋の星空

【図33】冬の星空

解説

春の目印にする星座は，しし座とおおぐま座の北斗七星です．目印の星はうみへび座のα星（アルファルド），うしかい座のアークトゥルス，おとめ座のスピカです．

夏の目印にする星座は，さそり座といて座の南斗六星です．目印の星ははくちょう座のデネブ，こと座のベガ，わし座のアルタイル（夏の大三角）です．

秋の目印にする星座は，ペガスス座とカシオペヤ座です．目印の星はみなみのうお座のフォーマルハウト，くじら座のデネブカイトスです．

冬の目印にする星座は，オリオン座とふたご座です．目印の星はすばる（プレアデス星団）とおおいぬ座のシリウスです．

ひとこと

目印にした星座は，季節をずらすとどこに，どんな並びで見えるでしょうか．
星空の下で，いくつかの質問をクイズにして，その答えを考えながら見ると楽しいでしょう．

クイズの例

春　① 金星のような惑星を除き，春の夜空では一番星は何でしょう．

　　② 西の空にみえる横に並んだ2つの星は何座の星でしょう．

　　③ オリオン座の三ツ星は上るときは縦に並びます．では沈むときはななめ？ よこ？ たて？

　　④ 麦を刈り取る時期（麦秋），宵に天高く見える明るい星を麦星と呼びますが，この星の名前は？

夏　⑤ 夏のにぎやかな星空にあって南西低くにつつましく見えるスピカを探してみましょう．見つかるかな？

　　⑥ 夏休み，西の空に一番星を見つけましょう．こと座のベガと同じ明るさで少し黄色い星．名前は？

　　⑦ 北斗七星と南斗六星，北と南にひしゃくが2つ見えます．

　　⑧ 東の地平から駆け上がってくる天馬を探してください．

秋　⑨ 街の中では南の空にはこの2つの星しか見えなかったりします．

　　⑩ 秋の空でどうしても西空の三角にはかなわない四角です．

　　⑪ 東の空に何かぼやっとした星の集まりが浮かんでいますよ．

冬　⑫ カシオペヤ座と北斗七星が北極星をはさんで西と東に並んで見えます．

　　⑬ シリウスは白い星と言われていますが，じっと見つめていると七色に輝いて見えます．

　　⑭ 東から南よりの空に並んで2つ出てきた星は，ししの大鎌とヒドラの心臓．もうすぐ春です．

【クイズの答え】① おおいぬ座のシリウス　② ふたご座　③ 横に並ぶ　④・⑥ うしかい座アークトゥルス　⑤ 見える　⑦・⑧ 見えます　⑨ フォーマルハウト（南），デネブカイトス（西）　⑩ ペガスス座　⑪ すばる　⑭ レグルス（しし座，東）アルファルド（うみへび座）

CHAPTER 5.1.5
★★★★☆

星座探訪

　一般（星空初心者）の人々にとって，一番最初に覚えたいのは星座でしょう．星座の形を覚えると星空について，より一層親しみが持て，さらに進んだ天体観望，天体観察への興味もわいてきます．ここではギリシャ神話に出ている星座の形を基に，「わかりやすく星座を探し，覚える」ことを狙いにします．

指導者の知識，技術
☆指導者は次の知識と技術が必要です．
・実際の星空で星座の形と主な星雲星団の位置が指導できること（惑星・流星・彗星・人工衛星・飛行機なども説明できること）．
・ギリシャ神話について興味を誘うような話法を用い，説明できること．
・星座撮影の知識・経験を有すること．

事前準備
☆事前（数日前の晴れている夜）に星座観望会の場所で星座撮影を行い，実際の星空の画像を用意します．
[場所] 一般には街明かりがなく，野原や山頂など全天が開け，地平線近くまで暗い星空の場所がよいのですが，実際の星座観望会の場所で撮影するのも大変効果的です．
[撮影適時] 月明かりが邪魔にならない夜（月齢20〜5程度）に撮影しましょう．春夏秋冬の季節ごとに撮影しておくと，ほとんどの星座の画像が揃います．
[撮影要点] 撮影は，固定撮影（カメラを三脚に固定する方法で，比較的簡単に撮影できます）．4等星まで撮影できれば星座の形は十分わかります．あまり暗い星ぼしまで撮影すると，かえって星座の形を追うのが難しくなります．星座の方角・方向や大きさを理解するために，地上の風景（山・木立・建物など）を同時に写し込むことで，わかりやすく説明できます．
[撮影に必要な機材・道具など] デジタル一眼カメラ，カメラレンズ（星座の位置関係が理解しやすくなるので，魚眼・広角レンズがよい），カメラレリーズ（長時間露出のシャッター操作をするのに必要），丈夫なカメラ三脚，結露防止用のカイロ．
[撮影方法]
・撮影方法は，固定撮影方法（カメラを三脚に固定する方法）．
・撮影感度は，800〜1600程度に設定．あまり高感度にするとノイズと星像が分離できなくなるので注意する．
・カメラ絞りは，開放から1段〜2段絞る．
・露出時間は，実際に撮影してモニターで確認する（10〜30秒程度）．
・同じ星座に対して露出時間を少しずつ変えて数コマ撮影しておく．後で，観望会で利用するのに適当な露出時間の画像を選択する．
・説明する星座を中心に，地上と水平になるように撮影し，周囲の星座も写す．
[撮影画像の選択と説明シナリオ] 帰宅後に，観望会で使用する画像をパソコンで選択します．画像には，星座絵の挿入や，星を線で結ぶなどの加工をしてもよいですが，指導の最後には未加工の星座画像を使用し，実際の星座を覚えてもらうことが肝要です．パワーポイントなどのソフトを使い，シナリオを作成します．BGMを小さな音で入れておくのも効果的です（著作権に注意）．説明のシナリオは，ギリシャ神話のストーリーを参考にすると，理解が得られやすいでしょう．

星座観望会に必要な機材・道具など
星座早見盤と赤ペンライト（参加者用），事前準備で撮影した画像（パワーポイントなどを使うとよいでしょう），パソコン，プロジェクターとスクリーン，各種電源，スクリーンを指す「指し棒」（レーザーポインター使用の場合は，参加者の目に入らないように細心の注意が必要），マイクなど，サーチライト式懐中電灯．

👉 進め方

①星座早見盤の見方を説明します．星座早見盤は，頭の上にかざして見ることを必ず説明しましょう．
②準備しておいた撮影画像を利用して，パソコンとプロジェクターで説明します．実際の観望場所で星空を眺めながらスクリーン投影して説明すると，臨場感が湧き効果的でしょう（BGMを小音量で流すのも効果的です）．
③まず，大まかな星座の形を理解してもらいます．星座絵の画像を使用する場合はギリ

シャ神話を話しましょう．想像力をかき立てます．随時，星空の画像を見てもらい，実際の星空と比較してもらいます．星座線の画像では，実際の星空と比較しながら説明すると理解は容易でしょう．

④撮影画像を説明し終わったら，講師の周りに参加者を集めます．まず，星座早見盤を使って，大まかな星座の位置関係を学習します．

⑤サーチライト式懐中電灯を利用して，実際の星座を指し示し指導を行います．サーチライトは，暗い星の場合は点滅させるとわかりやすいでしょう．

⑥木星・金星・火星・土星など明るい惑星や，肉眼で見える彗星があれば，もちろん説明します．

⑦星座観察中は，飛行機・流星・人工衛星などの出現に留意し，出現した場合は，それぞれ説明すると感動がより一層深まることでしょう．星座の中にある，わかりやすい星雲・星団なども説明するとよいでしょう．

【表7】季節の代表的な星座

春	ふたご, しし, おとめ, おおぐま, うしかい, ヘルクレス
夏	おおぐま, うしかい, ヘルクレス, へび, へびつかい, こと, わし, はくちょう, いるか, てんびん, さそり, いて
秋	こと, はくちょう, ペガスス, アンドロメダ, カシオペヤ, ペルセウス, ぎょしゃ, (プレアデス星団・ヒヤデス星団)
冬	ペルセウス, ぎょしゃ, オリオン, おおいぬ, こいぬ, ふたご, (プレアデス星団・ヒヤデス星団・オリオン大星雲)

⑧流星は，季節にもよりますが，1時間に数個程度は出現します．

⑨人工衛星は，日没後1時間〜3時間程度は視認しやすいので留意して下さい．かなり小さい人工衛星も肉眼で見えるので要注意です．多いときには，1時間に12個も肉眼で見えたことがあります．人工衛星と飛行機の見え方の違いの説明は，参加者に好評です．

⑩一通り説明が終わると，参加者へ質問して理解度を確認します．

【図34】実施風景

🎤 ひとこと

- 事前の画像の撮影は大変ですが，観望会実施場所で指導者自身が撮影した画像を使用することは，参加者にとっても星空が身近に感じられるようで，大変有効な方法です．
- ギリシャ神話の話（と話法）は，星座を覚えてもらうのにとても有効です．
- 何度か実施したアンケートでは，代表的な星座の理解度は80％以上でした．

CHAPTER 5.2

月 概説

最も身近な天体といえば，やはり月でしょう．明るくて星がほとんど見えない市街地でも，昼間でも見ることができます．他の星が見たいときは月の明かりがじゃまで見えにくくなってしまいますが，月さえ見えていれば，変化に富んだ楽しい観望ができます．

提供：NAOJ

月の満ち欠け

太陽との位置関係によって満ち欠けがあり，いろいろな形の月が観察できます．形と見える時刻・方角の関係などを考えてみるとよいでしょう．

太陽・地球・月の位置関係と欠け方には図35のような関係があります．図35からは，3天体の位置関係と欠け方（月齢）の関係のほか，月齢と見える時刻・方角の関係などが読み取れます．たとえば，夕方にBの月を見ると西よりの空に見えます．詳しい月齢は理科年表・天文年鑑，天文雑誌などでわかるので，調べておきましょう．

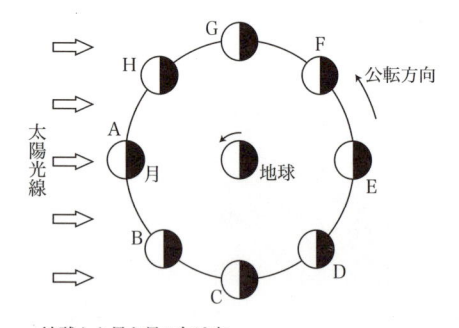

【図35】月と地球の位置関係と欠け方（北極星側から見て）

月の模様

月の黒っぽい部分と白っぽい部分の違いを観察してみるとよいでしょう．黒い部分は「海」と呼ばれています．ただし，実際に水があるわけではありません．色の違いは岩石の色の違いです．黒っぽい部分の形をいろいろのものに見立てています．日本では「ウサギのもちつき」とよくいわれていました．カニなどに見立てている国もあります．

この模様がいつも地球の方を向いています．模様のついたボール（月）を持った人が他の人（地球）のまわりを回ってみればわかりますが，模様が地球の方に常に向くためには月が自転しなければなりません．月は地球のまわりを1回公転する間に1回自転しているのです．

月の地形

月の「海」部分には，クレーターが比較的少なく，平らな大平原となっています．「陸」の部分には多数のクレーターや山岳地形があります．

(1) クレーター

最も多く見られる地形です．隕石の衝突に

よってできたものと考えられています．多角形状に陥没したもの，カルデラ状のもの，気泡状のものなどいろいろな形のものがあります．

満月の前後は影が短く，形がわかりにくいので，この時期を避けて観察したほうがよいでしょう．

(2) 光条

新しく，大きいクレーターには，四方に明るく輝いた放射状の線をつけているものがあります．海，陸に関係なく直線的に長く伸びていて目につきます．満月のときに特によく見えます．

(3) 山脈・山地

海の周辺部分に山が重なりあっている地形が見られます．「海」「陸」の境目にそって続いており，海側は急斜面で，陸側が緩やかになっています．

💡 **発展**

季節によって月の高さや三日月の傾きが違うことに気がついて質問されることがあります．
黄道の傾きや位置が季節によって違うためです（P131コラム参照）．

【図36】コペルニクス付近
（提供：姫路市 星の子館）

【図37】アペニン山脈
（提供：姫路市 星の子館）

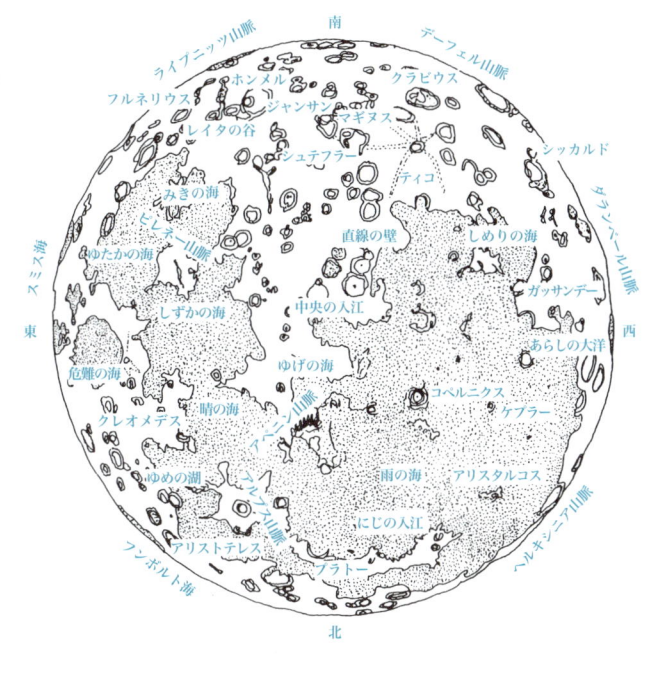

【図38】月面図

CHAPTER 5.2.1
★★★★☆☆

月のクレーター

望遠鏡でクレーターを見ると，形がはっきり見えます．よく見ているとこれから月が球形であることを感じることができます．宇宙船に乗って月の上空にいったつもりになって，眺めてみてはいかがでしょう．

必要な用具	月面図・望遠鏡（小口径の望遠鏡で十分見ることができる）
時　期	満月ごろはクレーターの凸凹が見えにくいので，月齢6～12ごろがよいでしょう．観望の時間帯に見えるかどうか，どの方向に見えるか，などを調べておきましょう．月齢によって見え方が違うので，いろいろな月齢のときに見てみるとよいでしょう．

👉 進め方

まず，月の概観をし，月全体の特徴をとらえさせます．その後，個々のクレーターを拡大してみて，いろいろな模様や現象に注目させます．

(1) 月全体を見る

望遠鏡で倍率60倍程度にして全体を見せます．

①クレーターの分布

クレーターは月の表面に一様に分布しているわけではありません．多いところ，少ないところはどんなところか比べてみるとよいでしょう．黒っぽい「海」の部分には比較的クレーターが少なく，白っぽい「陸」の部分に多くなっています．

②クレーターから月の形を考える

クレーターは隕石が落ちてでき，真上から見ると円形をしています．月の中央付近と周辺部でクレーターの形はどのように見えるか比べてみてもらいましょう．中央付近では円形に見えますが周辺部では楕円形になっています．このことから月が球形であることがわかります（図40）．

【図39】クレーターの分布
（提供：NAOJ）

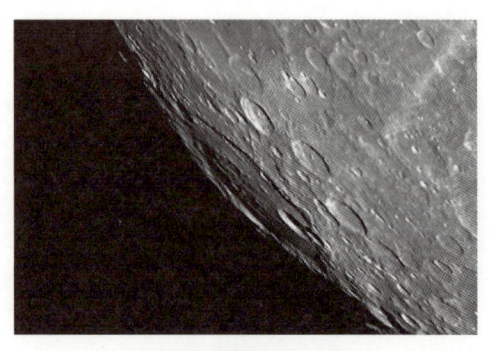

【図40】月縁のクレーター
（提供：姫路市 星の子館）

（2）個々のクレーターを見る

望遠鏡で倍率100〜150倍で見せます．

①クレーターの影

クレーターの断面はどんな形をしているのでしょうか．影の形や長さから考えてみましょう．いくつかのクレーターを観察させ，想像させてみます．影の長さも比べてみます．月の欠けぎわとそうでないところなど場所によってどう違うか比べてみるとよいでしょう．欠けぎわの影が長くなっています（図41参照）．地面に棒を立てて光を当てる角度を変えていった場合と比較すると影の長さがどうかわっていくかわかりやすいでしょう．

②クレーターや地形の種類

よく見ると，クレーターの形も一様ではなく，いろいろ特徴のあるクレーターがあります．どんな形のものがあるかそれぞれに自由に探してもらい，おもしろい地形を見つけたらみんなで見ましょう．

光条，山脈，谷などの地形も観察させてみましょう．名前を覚えられると親しみがましてくるので，少しずつ覚えていくようにさせるとよいでしょう．

③クレーターの新旧

クレーターの形を見て，新しそうなものと古そうなものに分けてみます．古いものはあとから小さいクレーターが重なったりして形が崩れてきますが，新しいものはくっきり見えます．

【図41】クレーターの影の比較（プラトー付近）
上図は月齢8，下図は月齢9．
（提供：姫路市 星の子館）

発展

クレーターへの光の当たる角度がわかれば，影の長さからクレーターの高さを求めることができます（横尾武夫編『宇宙を観るⅡ』恒星社厚生閣を参照）．

COLUMN 三日月とは!?

毎月の最初の「一日」を「ついたち」と読みます．バビロニアの神話によると，太陰暦の月初めは「月神が旅立つ日」すなわち「月立ち」（つきたち）の日です．これがなまって「ついたち」となりました．したがって三日目の月が「三日月（みかづき）」で，厳密には月齢2です．しかし，三日目の月は太陽に近いので見えるのは太陽がほとんど沈んでからですので，そのときの月齢は2〜3です．実際，大辞林や広辞苑によると，三日月は「陰暦の月の三日目に出る月．また，その前後の細長い弓形の月」や「第三夜過ぎ頃に出る月」と書いてあり，厳密に三日目の月とは限定していません．（参考文献：服部完治「天文教育」2000年9月号）

ウサギのもちつき

月ではウサギがもちをついているよ，と昔からいわれていますが，ほんとにウサギが見えているのでしょうか．子どもたちに「月の模様がウサギの形になっているのがわかるかな」と聞いてみると「そんなのわかるよ」と返事がかえってきますが，よく聞いてみると，具体的な月の模様に対応してない場合が多くあります．月をよく見るため，この模様にこだわってみてはどうでしょう．ウサギが見えると，次から「ウサギの耳の部分」といった言い方が使えます．

時　期	満月かそれに近い月が見える時期
必要な用具	肉眼か，低倍率の双眼鏡．スケッチ用具．

進め方

満月の模様からいろいろな形を考えさせて，模様に意味を持たせることによって，次に見るときに模様の比較をしたり，もっと詳しい観察をするときの助けにします．

初めに余計な先入観を与えずにスケッチさせ，どんな形に見えるかイメージさせてみます．ただ，何も例がないと考えにくいかもしれません．以下には，先に自由に想像させる例を示しました．考えにくいようであれば先に「ウサギ」などのイメージを与えてしまうのもよいでしょう．

(1) 月の模様がどんな形にみえるか

①肉眼で月全体の模様を観察させます．肉眼でよく見えない場合は双眼鏡を使わせます．
②スケッチ用紙を配り，月の模様を見たままにスケッチさせます．細かい地形にはこだわらないように注意します．
③スケッチと月を見ながら，その模様が身近なものの形に似ていないか，自由に想像させます．
④別のスケッチ用紙を配り，模様に対応して想像した形を描いてもらいます．
⑤それぞれできあがった自分のスケッチについて，みんなに説明してもらいます．（図42）

(2)「ウサギ」はどこにいるのか

①月の模様について，日本では昔からウサギがもちをついているといわれていることを話し，そんな形に見えるかどうか質問します．
②さらに詳しく，耳はどこか，臼と杵がどの部分か質問します．わからないようなら説明します．

| うさぎのもちつき | ハサミがひとつのかに | 女の人の横顔 | ほえるライオン |

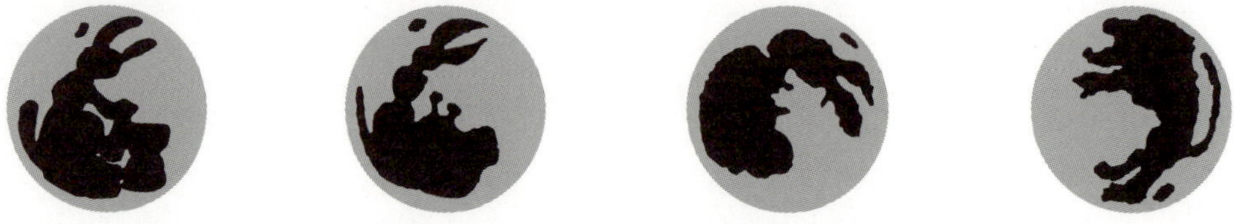

【図42】月の模様

(3) 別の日に観察すると模様はどうなるか

①満月のときに繰り返し観察できる場合は，前回のスケッチと比べさせます．比べるスケッチがないときには，写真を示して比較させます．ほとんど模様が同じであることがわかるはずです．

②満月でないときの月についても，スケッチを何回かとって模様を比べさせるとよいでしょう．模様の一部が欠けているだけで残っている部分は同じであることに気づき興味をもちます（図43）．

【図43】月の満ち欠けと模様
（岐阜大学教育学部理科教育講座地学教室Web教材より）

🎙 ひとこと

太陽と同じように望遠鏡の投影板を利用することもできます．みんなで見ながら考えることができ，またスケッチもしやすくなります．投影板のかわりに，YシャツやTシャツの背中でもできます．

💡 発展

違う日に撮った満月の写真を用意できれば，つぎの2点についても話すことができます．
- 月の模様は，ほとんど同じですが，月の縁で少し異なって見えます．一方の写真にとっての月の裏側が，他方では少し見えています．これは月の秤動という現象で，地球の表面にいる観察者は地球の自転につれて地球から少し異なった角度で見ることが主な原因です．
- 月の大きさについては，同じ倍率で撮った写真を比べると少し異なっています．これは月の公転軌道が円ではなく楕円のため，地球との距離が変化するためです．

COLUMN アニメに出てくる月

アニメーションや劇場でのドラマには三日月が好んで使われます．ところがその月がしばしば図aのような形をしています．ボールに光を当てるとわかりますが，月は図bのようになります（月食でも図aにはなりません）．小学生に三日月を描かせると図aの月がかなりあります．月は日常的によく見ますが，欠けてるな，丸いなぐらいでどのように欠けているかまで観察していないことが多いようです．

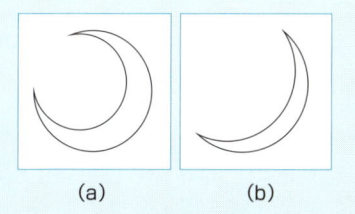

一方，うまく見立てたなというものもあります．三日月を見れば絵にあるように確かにそこに腰掛けたくなります．また，日没後になって目立ってくる上弦の月を，張った弦を上にした弓に昔の人は見立てました．満月を金色に輝く平坦なおぼんに見立ててもいます．満月の真ん中も縁の方もあまり明るさが変わらないことをよく観察しています（これは表面がふんわり積もった小さな砂，というより粉で覆われているために照らされた方向にほとんどの光が戻ってくるためです）．

(a)　　(b)

CHAPTER 5.2.3

★★★★☆☆

月も歩く

夜道を歩くと，月や星が自分の後をついてくるような感じがします．太陽は明るいのであまり直視する機会が少ないせいか，気がつくことが少ないようですが，指でさしながら歩いてみると，やはり後をついてくることがわかります．このような経験は誰でも感じたことがあるものです．これを利用して，天体までの距離が歩く距離に比べて非常に大きいことを確認することにしましょう．

必要な用具・場所 高度（仰角）を測る道具（クリノメーター・ハンドレベルなど），巻尺，メモ用紙，分度器，B4方眼紙，高度を測る目標となるもの（時計台やボールなど）がある広場・校庭

準　備 実施する前に下見をし，高度を測る地上の目標と対象とする天体（昼なら太陽・夜なら月）が同時に視野に入るように注意して，基準となる線をライン引き（石灰など）で引きます．次にこの基準線上でスタート位置を決め，そこから一定の間隔で2点以上目印をつけて測定場所とします．スタート位置から地上の目標までの距離は測る必要はありませんが，測定地点の間隔は地上の目標の高さに合わせて，作図可能な視差がでるように設定しましょう．指導者は，これを使って実際にうまく作図ができるかどうかリハーサルをしておくことが必要です．

👉 進め方

①集合場所（教室など）で参加者に高度（仰角）を測る原理と測定器具の使い方を説明しておきましょう．小学校の授業で角度の学習をするときに，建物の高さなどを測る方法を扱う場合には，これと関連づけて行うのもよいでしょう．

②広場に出て，月を見ながら，ライン引きで引いた白線に沿って，歩いてもらいます．月がついてくるように見えることを確認して，その理由について予想をたててもらいましょう．

③スタートラインで，地上の目標の仰角と月の高度を測り，メモをします．繰り返し何回測定するかと記録係を決めておきます．何人かで測定して平均値をとると誤差が少なくなります．角度を測るときの誤差が余り大きいと，天体の視差（異なった位置から物体を見たときの角度の差）が作図できてしまいます．

④測定点を変え，スタートライン以外に2地点以上同様に測定します．

⑤部屋に戻って，グラフ用紙上に作図してみます．「10mを1cmとして図をかきましょう」などのように縮尺を指定してあげましょう．横軸に地面をとり，各測定点から地上目標の方向の角度を作図します．各測定点からの線の交点が目標の位置になります．地面からの高さを求めておくとよいでしょう．

⑥各測定点から月の方向の角度を作図します．じょうずに測定ができていれば，天体の方向を示す線は平行光線になっているはずです．スタートラインを含め3点以上測定できているはずですから，方向があまりバラバラになったら，測定方法をもう一度確認して，天体の高度を測り直してみましょう．

⑦うまく作図ができたら，測定点がかわっても月の高度が変わらない理由を考えてみましょう．最後に地球の半径と月までの距離は地球の半径の60倍くらいあることを話して，月からくる光がほとんど平行光線になっていることを説明します．このとき，「地球上で100km離れた地点で月の方向を測ったときにできる角度の差は，1mはなれて4km先のものを見たのと同じくらいです」と話すと月までの距離が実感できます．

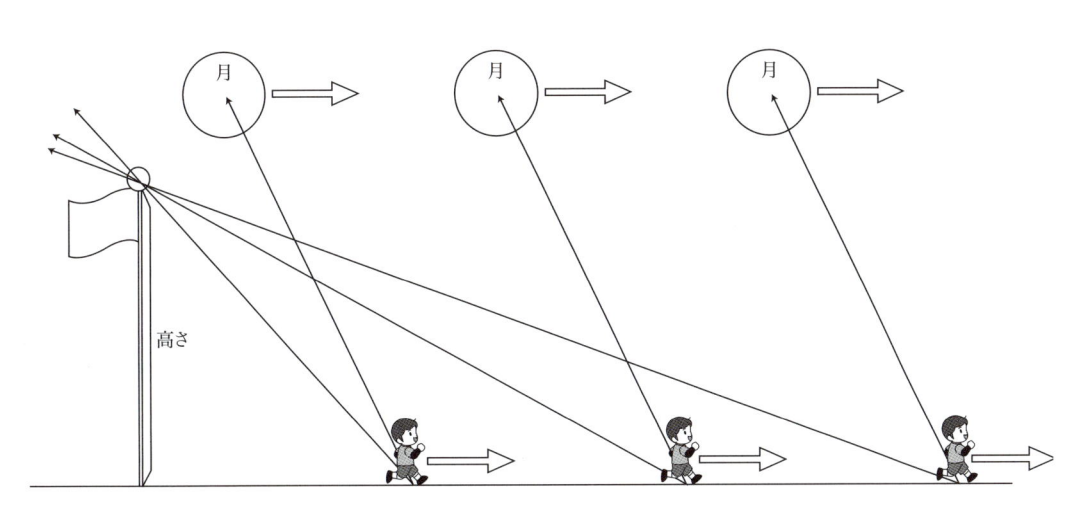

【図44】月と旗竿の作図の例

解説

　天体の位置関係を考えるとき最も難しいのが，「地球上のどこでみても天体からの光はほぼ平行光線といってよい」という近似です．これは，天体と地球との位置関係を図示する際に，天体と地球の距離の縮尺よりも地球の大きさの縮尺を大きくしてしまうために誤解を生じる例が多いようです．

　子どもだけでなく，大人にとっても地球の大きさに比べて無限遠に近い天体からくる光束は，平行光線として扱ってよいとする近似は直感的に理解しにくいもののようです．ここでは，実際に高度を測定することにより，天体からの光が平行光線となっていることを確認することを目標としています．

　参加者の構成や用具によっては，角度の測定はやめて天体を指さしながら歩いて方向が変わらないことを確認するだけでもよいでしょう．

　このプランは，板倉聖宣（1980）に測定の要素を入れて構成してみたものです．太陽を用いた例としては，永田・浅野（1990）があります．

【引用文献】
板倉聖宣『ぼくがあるくと月もあるく』岩波書店, 1980.
永田英治, 浅野幸一「『ぼくがあるくと月もあるく』の読み聞かせを契機とした授業の試み」楽しい授業, No. 92, 1990.

CHAPTER 5.2.4
★★★★☆

月の明と暗

月の光っているところと暗いところの観察から，月が照らされて光っていて，また月が球形であることをとらえさせるのを第一のねらいとします．それを基にして月の満ち欠けが太陽と月とそれを見る人（地球）との位置関係が変化することにより起きることを，モデル実習を通して理解させます．実際の月の観望をする中で，このモデル実習をとり入れてみてください．

必要な用具 バレーボールで使うような白い大きなボール（できるだけ大きい方がいい．5人ぐらいに1個用意），拡散光にするために紙を前面に貼ったサーチライト式懐中電灯，または電源があるならば液晶プロジェクター．

時　期 午前中に行うならば下弦の月のころ，午後に行うならば上弦の月のころがよい．

👉 進め方

(1) 月と太陽が一緒に見えている場合（昼間）

地面からの散乱光の影響を少なくするために，太陽の高さが低い時刻に行うのが望まれます．

①月を肉眼でよく見てもらいます．丸い月を想像したとき今日の月はどちらが欠けているか，どちらが光っているか（西側か東側か）．その境界線のカーブの仕方にも注目してもらいます．

②太陽の方向を見てもらい，月の光っている側と太陽との位置関係に注目してもらい，太陽がある側が光っていることに気づかせます．

③全員を集めた前で指導者が，「あの月と同じ月をつくってみます」といってボールを投げ上げ（またはかざし）ます．そのことにより月がボールのように球形をしていて，太陽光を受けて光っていることを知ってもらいます．

④昨日までの月と比べて，今日の月は光っている部分が大きくなっているか（太っているか）を想い出して言ってもらい，正しいのを各人の頭に入れてもらいます．

⑤この後，参加者を5名ずつぐらいのグループに分けます．広場にグループの数だけ大きな円を描きます（円の半径は5mぐらい，円と円の間隔も5mぐらい）．

⑥それぞれのグループでボールを持つ人を1人決め，残りの人は円の中心に集まります．指導者はそのうちの1つのグループで進め方の手本を示し，他のグループはそれを見て進めます．

⑦ボールを月に見立て，円の中心にいる人たちはそれを見る地球の人に見立てて，ボールを持つ人は円周上を回ります．どちら向きに回るかは，昨日と今日の月の見え方と同じに変化するように中心の人たちが指示します（反時計回りになるはずです）．

⑧正しい向きにボールを持って回ってもらい，今日の月の形・膨らみになったとき，指示してその位置に止まってもらいます．今日の太陽(S)の方向と地球(E)と月(M)の方向の位置関係を見ます（中心から見てボールの方向に本物の月があるでしょうか）．

⑨明日は，月はさらに太陽から離れる方向に動くでしょうか．さらに太っているでしょうか．「予想が当たっているかどうか，明日是非見てください」とつけ加えます（このとき，できれば月と太陽の離れている角度を5.1.1の方法で測ってみます）．

(2) 太陽が沈んで月と一緒に見えていない場合（夜間）

昼間の場合とほとんど同じ進め方をします．
① は前記と同じ．
② 太陽の沈んでいった方向をみんなで確認します．そして月の光っている側がその方向と一致していることを確かめます．
③ 以降は前記と同様です．ただし，太陽光の代わりに紙を貼ったサーチライト式懐中電灯の拡散光または液晶プロジェクターなどの光を用います．液晶プロジェクターの電源を入れると青い光が出ます（映像信号が入力されていないとき）．この青い光をボールに当てれば，部屋の中で暗幕を閉めなくても窓からの散乱光が邪魔になりません．

【図45】月の満ち欠けのモデル実習

⚠ 留意点

ボールを持った人が，円の中心に対して太陽と反対の位置に来たとき，ボールが人の影に入らないようにしなければ満月に相当する状態にならないので注意を要します（影に入れば月食に相当します）．

💡 発展

・ボール（月）を持つ人が止まり，円の中心で見る人たちがその場で回れば日周運動に相当する現象となります．どちら向きに回ればいいかは，太陽や月の沈む方向から考えさせます．
・月が地球の周りをどちら向きに，一日にどのくらいの角度回るかを求めるには継続観測が必要です．毎日同じ時刻に同じ方向を見たとき，月はどちらにどれだけ移動したかを測ります．同じ方向を見て観測する方法として，立つ位置を一定にし，外でなら建物や木立を，家の中からなら窓枠などを利用します．

CHAPTER 5.2.5
★★★★☆

潮の満ち干

月が地球に与える影響のうち，一番わかりやすいのが「潮の満ち干」です．誰でも知っている現象ですが，自分の目で改めて見直すとその変化に驚かされます．

観察場所　磯（近くに水族館があると時間つぶしによい）．

必要な用具　磯での水濡れ対策（サンダル，着替えなど）．デジタルカメラ．

進め方

①気象庁ホームページの潮位表などで，満潮時刻・干潮時刻を確認します．以下の説明では，大潮の頃の関東地方に合わせて「昼前に干潮，朝夕に満潮」となり，近くに水族館があるものとして話を進めます．

②干潮時に磯遊びに行きます．海藻や貝の付き方から「満潮時はどこまで岩場が隠れるか」予想します．後で比較するために，干潮時のようすを撮影しておきます．潮が満ちるには時間がかかります．魚や海藻，岩石，地層などの観察をしたり，お弁当を食べたり，のんびりと過ごしてください．

③磯遊びだけで満潮を待つのが難しいときは，水族館に移動します．アシカのショーなどを楽しむのもよいでしょう．

④水族館を出たら，もう一度磯に行きます．予想が合っていたのかを確かめたり，干潮時に撮影した写真と比較したりして，潮の満ち干を実感してください．

【図46】潮の満ち干のようす (a)干潮，(b)潮だまりの生物，(c)水族館，(d)満潮

解説

① 月の南中時刻と満潮時刻の間には，かなりのずれがあります．この時刻のずれは海水の粘性や地形の影響によっても大きく変わるので，月の位置と満潮時刻の対応を調べるのは難しいでしょう．ここでは，「海面の高さが常に変化している」ことを感じてもらえば十分です．

② 例として磯を選んでいますが，砂浜でもかまいません．ただし，砂浜は場所によって変化のわかりやすい場所とわかりにくい場所があるので，下見をしておいたほうが無難です．

③ 満潮と干潮の海面の高さの差を「潮差」といいます．新月と満月の前後は潮差が大きい「大潮」に，半月の前後は潮差が小さい「小潮」になります．大潮における潮差の平均を「大潮差」といい場所によって大きく異なります．太平洋岸で1〜2m，瀬戸内海の西部では3m近くに，九州西岸では4m以上になる場所もあります．一方，世界で最も潮差の大きな場所はカナダ東岸のファンディ湾で，大潮差が15mにもなります．

④ 潮汐は月や太陽の引力によって起こりますが，影響力の大きい月だけを考えて説明します．

月との間に働く引力の大きさ（⇨）は，月に

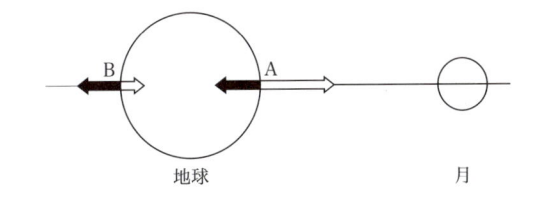

【図47】起潮力
引力（⇨）と遠心力（⇦）の差が潮汐を起こす．

近い場所(A)が月から遠い場所(B)よりも大きくなります．しかし，地球が月との共通重心の周りを公転しているために生まれる遠心力（⇦）の大きさはA点もB点も同じです．

A点では「月の引力」が「遠心力」より強いので，B点では「月の引力」よりも「遠心力」が強いので，それぞれ海面が盛り上がります．この海面を盛り上げる力（「月の引力」と「遠心力」の差）を「起潮力」といいます．

⑤ 参加者に「月の形（月齢）が変わると，月の引力の強さも変化するのでしょうか？」と質問したら，どんな答えがかえってくるでしょうか．

「大潮」のときは月・地球・太陽が一直線上に並び「月の起潮力」と「太陽の起潮力」が重なり合いますが，「小潮」のときは月と太陽が地球をはさんで直角になるため2つの起潮力がうまく重なり合いません．

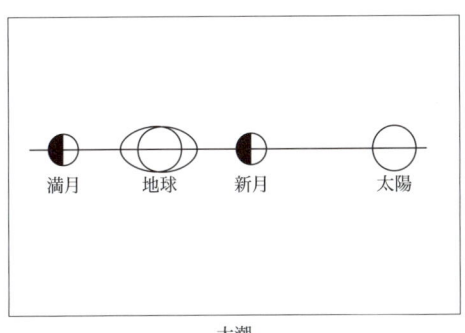

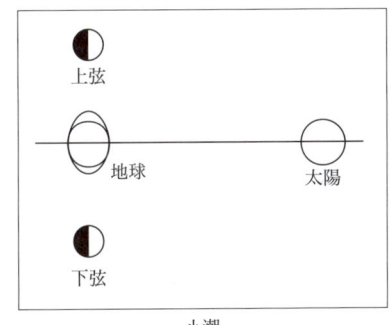

【図48】月の位置と潮位

CHAPTER 5.3

惑星　概説

惑星をテーマとする観望会は，すべての観望会の中で最もポピュラーなものでしょう．特に火星と土星は人気者で，広報が行き渡ればたくさんの参加者が集まります．太陽系には8つの惑星があり，地球を除く7つの惑星が観望対象になります．地球を観望することはありませんが，「地球も太陽系の1つの惑星」ということを常に意識して指導することは大切です．

提供：NAOJ

惑星観望の特徴

　惑星が星雲などの観望と違う点は，大気のゆらぎの影響を非常に強く受けることです．季節風の強い時期など大気が大きくゆらいでいると，どんなに大きな望遠鏡を使ってもその見え方は，大気が落ち着いているときの口径6cmの望遠鏡にもかないません．惑星は望遠鏡での観察においては，光量は十分ですから，見え味は「いかに像がゆらがず，くっきりと見えるか」によります．

　これに対して星雲や球状星団など暗くて淡い天体は，像のゆらぎ以前に「どのくらい明るく見えるか」が，見た時の印象を決めます．このため大気の状態にはそれほど左右されず，光をたくさん集めることができる大口径の望遠鏡ほどよいことになります．

　同じ理由で惑星の観望には屈折望遠鏡が威力を発揮します．屈折望遠鏡は鏡筒の両端が対物レンズと接眼レンズで閉じられているため，鏡筒内の空気のゆらぎ（乱流）が反射望遠鏡に比べて格段に弱いのです．このため上空の大気さえ落ち着いていれば，くっきりと静止した像を見ることができます．10ｃm程度の反射望遠鏡ではこの影響をあまり感じませんが，口径が大きくなるほど屈折望遠鏡との差がきわだってきます．最近は1mを超えるような大きな反射望遠鏡を備えた施設が全国にできていますが，惑星については同架してある15〜20cmの屈折望遠鏡のほうが常によく見えているそうです．そのため，惑星だけは本体の大反射望遠鏡ではなく，同架の屈折望遠鏡で観望してもらうという施設も多いようです．

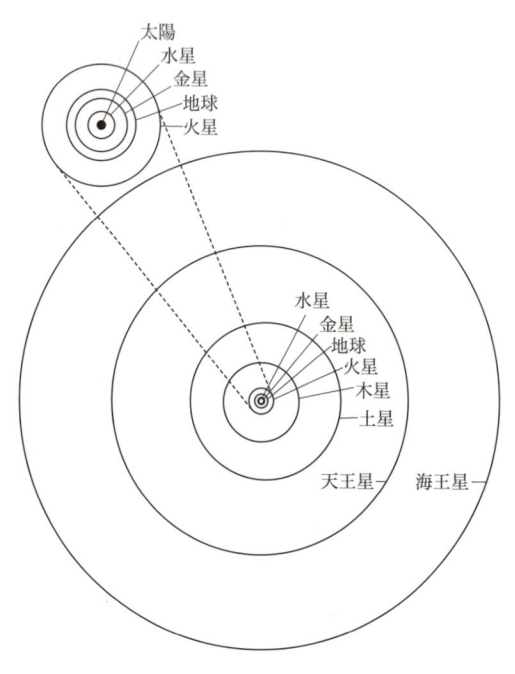

【図49】各惑星の軌道

観望時期

個人で惑星（外惑星）を観望する場合には，地球がその惑星に接近して大きく見えている時期（衝の頃）をねらいます．ところがこの時期の惑星は，一般的な観望会の実施時刻（午後8時前後）には東から昇って間もない頃で，高度が低いのです．したがって大気層を斜めに横切って大気の中を長い距離通ってきた惑星の光を見ることになり，大気のゆらぎの影響をたいへん強く受けます．

このため木星や土星は，衝の頃を少し過ぎて観望会の実施時刻に空高く昇っている時期（惑星の赤緯にもよりますが，衝の1〜2か月後）の方が，かえってよく見えます．ただし火星のように1〜2か月で見える大きさが激しく変化する惑星では，観望会の時刻を少し遅くしてでも，できるだけ最接近の頃に観望したほうがよいでしょう．火星は最接近の1か月後には地球から見た大きさ（面積）は75％程度になり，2か月後には40％程度になります．

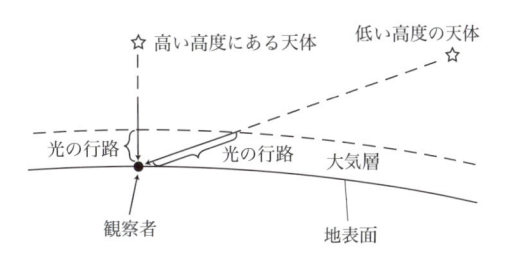

【図50】天体の高度と大気層
天体の高度が低いほどその天体からの光が通過する大気の層は厚くなる．

各惑星の特徴と観望の仕方

(1) 水星

水星はごく限られた時期に地平線低くにしか見えません．その時刻も夕方（あるいは明け方）に限られるので，観望会が始まる時刻には山や建物の陰に沈んでいることが多いのです．しかし水星はかなり明るく（0等級程度），空気が澄んでいるときには，暗くなりかけた西空に肉眼でもはっきりと見えています．一般の人にも口径8cm程度の望遠鏡で半月状に欠けているようすがわかります（表面の模様は大きな望遠鏡でもわかりません）．西の方向が地平線低くまで開けている場所があれば，観望会のプログラムに入れてみるとよいでしょう．

【図51】各惑星の大きさの比較

(2) 金星

金星は最大光度の頃には，－4.6等級前後と1等星の150倍以上の明るさで輝き，昼間でも肉眼で見えるようになります．望遠鏡で見ても表面に模様は見えませんが，地球に接近してくると視直径が角度の1′（月の約30分の1）にもなり，その形も半月〜三日月状と急速に変化します．半月〜三日月状に見える時期はかなり短いので（夕方に限れば1年半毎に2か月間程度），観望会の開催時期と合致すればぜひ取り入れてみましょう．小望遠鏡でも欠けていることがはっきりとわかります．最大離角・最大光度のころは午後9時〜午後11時頃まで沈みませんから，観望会にも十分組み込めます．

(3) 火星

地球は2年2か月ごとに火星に接近しますが，特に15年ごとの大接近のたびに大きな話題になります．火星の視直径は大接近のときと，小接近の時，地球から離れた合の時では，それぞれ約25″，14″，3.″5と極端に違います．火星は接近時に観望することが，いかに大切かがわかります．もっとも大接近の時でも一般の人がちょっとのぞいた程度では，20cmクラスの屈折望遠鏡を使っても，表面の模様の形の同定まではなかなかできません．極冠も少しわかりづらいようです．しかし，それでも大人気です．

(4) 小惑星

おもに火星と木星の軌道の間を公転している小天体です．軌道が確定しているものだけでも30万個以上が知られています．最も明るいベスタで6〜8等級，今は準惑星に分類されているケレスは7〜9等級です．いずれも恒星状（点状）にしか見えず，色の特徴もないので見つけるだけでもたいへんです．小惑星についての写真を使った教材などは開発されていますが，観望会の対象としては一般的ではないようです．

(5) 木星

惑星のなかでは大きく見える天体で，大接近時の火星の2倍（直径），最大光度の頃の金星とほぼ同じ大きさに見えます．4つの衛星がよく見え，月以外の衛星を見たことがない参加者には好評です．木星は衝の頃と，夕方西の空に見えている頃（衝から3〜4か月後）では，地球から見た大きさは直径で25%くらい違います．目でみた印象（面積）では1.5倍以上違うので，前述の高度の問題もありますが，できるだけ大きく見えている時期に観望する方がよいでしょう．

【図52】薄明時の月，金星，木星
（撮影：福永泰俊）

（6）土星

いうまでもなく観望会定番の人気惑星です．火星と違って1年のうち4～5か月程度は観望会に組み込めるので便利な惑星です．春など観望天体が少ない季節に土星が見えているとほっとします．

土星の環は口径4cm，倍率50倍程度で一般の人にも小さいながらはっきりとわかります．望遠鏡の性能やその時の大気の状態などにより，本体の縞模様，衛星（タイタン），環に映った本体の影などを観察してもらいます．カッシーニのすきまは，大きな望遠鏡でもよほど大気の状態が良くないと，参加者にはわからないようです．もっとも参加者の大半は「思ったよりもすごく小さい」と言いながらも，環が見えただけで大満足です．

なお，土星のような遠くの惑星は時期による見え方の差がほとんどないので，観望時期を地球が接近する時期に限る必要はありません．太陽の近くで観望不可能な時期を除けば，接近したときと離れたときの地球から見た大きさの違いは，土星について直径で10%程度です．

（7）天王星・海王星

暗い天体を導入するのに慣れた指導者ならば，天王星・海王星といった遠くの惑星の観望もよいでしょう．参加者は星雲・星団の暗い天体にはあまり感激しませんが，同じ暗く小さくても天王星や海王星には一応感心してくれます．太陽系の果てにあるというエキゾティックなイメージを持っているからでしょう（実際は太陽系の果てどころか，ごく中心部にあるといったほうが適切なのですが）．探査ロケットでなければ撮影できないと思っていた人も多く，自分の目で見えることに驚きます．

【表8】惑星表
国立天文台編『理科年表（平成25年版）』（丸善出版）をもとに作成．

	軌道長半径		公転周期（年）	赤道半径		扁平率	質量（地球=1）	密度（g/cm³）	自転周期（日）	会合周期（日）	視半径（地球から平均最近距離で）	極大等級（等）	衛星数※
	天文単位	10⁸km		千km	地球=1								
太　陽	—	—	—	700	110	0	33万	1.4	25	—	16'00"	−27	—
水　星	0.39	0.58	0.24	2.4	0.38	0	0.055	5.4	59	116	5".5	−2.4	0
金　星	0.72	1.1	0.62	6.1	0.95	0	0.82	5.2	240	584	30"	−4.7	0
地　球	1.0	1.5	1.0	6.4	1.0	0.003	1.0	5.5	1.0	—	—	—	1
火　星	1.5	2.3	1.9	3.4	0.53	0.006	0.11	3.9	1.0	780	8".9	−3.0	2
木　星	5.2	7.8	12	71	11	0.065	320	1.3	0.41	399	23"	−2.8	67
土　星	9.6	14	29	60	9.4	0.098	95	0.69	0.44	378	9".7	−0.5	65
天王星	19	29	84	26	4.0	0.023	15	1.3	0.72	370	1".9	5.3	27
海王星	30	45	165	25	3.9	0.017	17	1.6	0.67	367	1".2	7.8	14
月	—	38万km	27日	1.7	0.27	3軸不等	0.012	3.3	27	—	15'32"	−13	

地球の質量は5.97×10²⁴kg
※最新情報は国立天文台Webサイト「惑星の衛星数・衛星一覧」でチェックできます（http://www.nao.ac.jp/new-info/satellite.html）．

一番星を見つけよう 日の入りから宵の星空へ

日の入りから夕暮れ時は一日の終わりを象徴している時間帯ですが，宇宙の窓が開く時間でもあります．昼から夜への移り変わりがどのように連続しているのかをじっくりと体験してみましょう．夕焼け，薄暮の美しさは透明な大気を持つ地球ならでは見られないことを理解してもらい，かけがえのない星に住むことを考える時間となるでしょう．昼間の青空が夜間に星空になる理由，夕焼けが起こる理由，夕焼けの異常な赤さが火山などの自然現象や人為的な大気汚染が引き起こしていることへの理解へと導くこともできるでしょう．

時期と場所 日程の決定にはできるだけ月，金星，木星などの明るい惑星，水星の東方最大離角など，西空に目立つ星が集まる時期を考慮して決めたいものです．日没時刻と方角を参考資料にあげた年鑑などで調べておきます．観望場所は下見をし，日の入り方向の眺めを確かめておきます．

必要な用具 太陽観察用減光メガネ，小型懐中電灯，星座早見盤

進め方

①日の入り30分前集合
西向きの眺めのよい場所に陣取り，太陽観察用減光メガネで太陽を見ます．大きな黒点があるときは眼でも見えるでしょう．

②一番星探し
離角の大きなときの金星や木星・月は空の透明度がよいと日の入り前から見えていますから，日の入り少し前から探しっこをします．これらがないときは日の入り後に一番星探しをします．

③日の入りを見る
海に沈む入日は，海に接するとき太陽の形の変化に注目しましょう．山に沈む日は，まわりの山々にあたる太陽の光が次々と見えなくなるようすに注目させます．

④夕焼けはどこまで
夕焼け時，雲が高さによって色づく時間にずれがあることを見つけさせたり，反対の東の方は赤くないか，ふりかえって見てみましょう．

⑤青空の変化，まわりの雰囲気の変化
だんだん暗くなると，風は，聞こえてくる音は，飛んでいる鳥は，など昼間との変化に注意を払わせます．だんだん暗くなる空の変化を色で表してみるのもおもしろいでしょう．

⑥今見える星は何等星？
見えだしてくる星を見ながら星座早見などで星の名前，星座，明るさを調べます．

⑦すっかり暗くなったらおわり
ここからは時間次第で，終了にすることも，星座の観望，望遠鏡による観望などに続けていくこともできるでしょう．

日の入りに合ったいろいろなジャンルの音楽を聞き較べてみたり，歌ったりして雰囲気を作るのも効果的でしょう．

👉 解説

[途中，参加者に考えてもらう質問の例]

「絵を描くときに，太陽はよく赤くぬられますが，ほんとうに赤く見えますか」

太陽を直視できるのは日の出か日の入りのときに限られます．そのときの色と，もっと太陽が高いときに減光メガネなどで太陽を直視（短時間）して，高いときには白く見えることを確かめましょう．減光メガネは事前に色付き（オレンジや黄緑色）でないことを確かめておきます．

「なぜ，昼間は青空なのに，太陽が沈むと星が見えるようになるのでしょう」

「夕焼けはなぜ赤いのでしょう．太陽のせいでしょうか，それとも地球のせいでしょうか」

コラム「青空はなぜ青い，夕日や夕焼けはなぜ赤い」（P99）を参照してください．

【図53】夕焼けと宵の明星

☕ COLUMN 恐怖の大王

ノストラダムスが予言したという「1999年7月の恐怖の大王（人類滅亡説）」が当時の日本で繰り返し話題になっていました．本気で信じていた人は少なかったと思いますが，これと似たようなことは生物の長い歴史の中で何度となく起きていたと考えられています．今から6600万年前には，恐竜を含む生物の大量絶滅が起きました．この絶滅の原因はメキシコのユカタン半島に落ちた巨大隕石であるというのが非常に有力な説です．また，小天体による生物の絶滅は約3000万年に一度の割合で起きていたという説も発表されています．この説の真偽はともかく，これから先の地球の未来において，小天体の衝突が絶対にないとは考えられません．

もし地球に衝突する小天体があっても，前もって軌道を調べておけば衝突をふせぐ手立てが考えられるので，アメリカを中心にNEO（Near-Earth-Object，地球近傍天体）の観測が強化されています．国際協力の下に観測体制を充実させれば，数十年のうちに地球に衝突しそうな小天体の動きが把握できるようになります．これには，多くの人の努力と費用がかかりますが，万が一のことを考えれば決して高い保険料ではないでしょう．

日本ではNPO法人日本スペースガード協会が中心となって，岡山県にある日本スペースガードセンターを運用し，NEOやスペースデブリの監視をしています．

CHAPTER 5.3.2
★★★★☆☆

青空に金星を見つけよう

「**昼**間，青空を背景に肉眼で星が見える」ことの体験には，非常に大きな驚きと感動があります．この観望会では，参加者一人一人が肉眼で青空の中に金星を見つけ出し，「昼間でも星は出ている」ことを体験してもらいます．

観望時期・場所　金星が太陽の西方にある場合は，昼過ぎには金星が沈んでしまうので，実施時期は「金星が太陽の東方にある最大光度の前後1か月の間」となります．参加者の集まりやすさと夕方には肉眼で必ず金星が見え始めるという点を考えると，観望会は午後の方が適当です．空が霞んでいると肉眼での金星の発見率はかなり下がります．観望場所はスモッグや霞のない空気の澄んだところに越したことはありません．

必要な用具・準備　①目盛環付きの赤道儀式望遠鏡（指導者1人につき1台）　白昼に金星を望遠鏡の視野の中に入れ，それを追尾することがポイントになるので，指導者の熟練の程度に反比例して付属の装置が必要となります（モータードライブ，恒星時時計，コンピュータを使った天体導入装置など）．
②双眼鏡（口径3〜5cmのごくふつうのもの）　望遠鏡に金星がうまく入らなかったときに付近を捜索するために使います．
③金星の位置　理科年表や天文年鑑などには10日ごとの金星の位置が掲載されていますが，金星の天球上での1日あたりの移動量は最大1.5°程度と大きいので，比例配分法などで観望会当日の金星の位置を算出しておきます．ステラナビゲータなどの天文シミュレーションソフトでは毎日の位置を調べることができます．

☞ 進め方

①観望会開始前に望遠鏡の目盛環や天体導入装置などを使い，金星を望遠鏡の視野に入れておきます．

この際に，金星にピントが合うように前もって望遠鏡のフォーカスを無限遠に調整しておかないと，昼間の金星はそれほど輝いていないので，金星が視野に入ったかどうかがわかりません．赤経まわりの目盛環を使う場合には地方恒星時を利用しますが，簡略には金星と太陽や月（白昼に見えている場合）との赤経差を利用して望遠鏡を向けることもできます．このときには望遠鏡を通して太陽が直接目に入らないように十分に注意します．

金星が視野に入っていない場合には，その付近を双眼鏡で探します．5〜10°（双眼鏡の視野程度）のずれであれば金星は容易に見つかるので，望遠鏡を正確に金星の方向に向けることにそれほど神経質にならなくても大丈夫です．

月との合の前後であれば（3日間程度），月の付近を探すことにより双眼鏡だけでも見つかります（月は1日で約13°動きます）．

②観望会は設定時間内に参加者が三々五々集まる自由参加・自由解散形式で実施し，参加者がある程度まとまり次第，解説と肉眼による金星探しを始めます．

③参加者に「昼間でも星はきちんと出ている，空の明るさにかき消されているだけ」などと説明しながら，望遠鏡の筒の向いている方向を目安にそれぞれ肉眼で金星を探してもらいます．反射望遠鏡の場合は鏡筒が短く，望遠鏡の向いている方向がはっきりしないので，細長い棒や筒を取り付けて目印とするなどの工夫が必要でしょう．

④金星を肉眼で見つけた参加者が1人でも出ると，その参加者は感激して周囲の参加者に金星の位置を教えていきます．このため肉眼での金星探しについては指導者の手はほとんどかかりません．他の参加者も「素人にも見えた」というので懸命に探します．

⑤肉眼での金星探しが参加者主体で進んでいる間に，三日月形に欠けている金星を順番に望遠鏡で観望してもらいます．
⑥「金星の肉眼での発見」，「望遠鏡での観望」，「まだ発見していない参加者に金星の位置を知らせてあげること」に満足した参加者から，随時帰宅してもらいます．観望会を夕方まで続ければ，白昼には肉眼で金星を見つけることができなかった参加者も，必ず見つけられるので一応満足して帰宅します．

【図54】白昼の金星
（撮影：鳥取市さじアストロパーク（宮本敦））

解説

①この観望会は参加者が最も感激する会の一つです．自分の肉眼だけで青空の中にぽつんと光っている星（金星）を見つけた時の感動は相当なもので，これに比べると金星が三日月形に見えたなどということは些細なことです．
②金星は位置さえ確定すれば5cmクラスの望遠鏡でも確実に見え，三日月形に欠けていることもはっきりとわかりますが，肉眼で見つかるかどうかは空の状態に大きく左右されます．快晴で霞がなければ，中小都市の中心地からでも80〜90％の人が見つけることができます．わずかに霞んでいる状態で，50〜60％の発見率というところでしょう．このように大気の汚れていない地域では，快晴であれば視力の弱い人を除き，ほとんどすべての人が金星を探し出すことができます．
③快晴にもかかわらず肉眼で金星が見えない大きな原因は，目のフォーカス機能がうまく働かないからです．視野が一様な青空なので目がどこにピントを合わせたらよいか判断できないのです．このため，ちぎれ雲が偶然に金星のそばに来ると，その雲（ほぼ無限遠の距離にある）に焦点を合わせようとするので，突然金星が見え始めたりします．一度金星が見えてしまうと，その後のフォーカス調整は比較的うまくいくようです．
④霞やスモッグの影響で，肉眼では金星が見えない場合でも，望遠鏡では晴れてさえいれば金星は確実に見えます．望遠鏡を使ったとしても，参加者はとにかく昼間に星が見えたということで十分に感激し，所期のねらいは達成できます．空の状況の悪い地域でも十分実施に値する観望会といえます．
⑤金星と地球はほぼ同じ大きさなので，金星から地球を見たとすると，ちょうど地球から見た金星と同じ大きさに見えます．このことも解説として一言添えるとよいでしょう．

CHAPTER 5.3.3
★★★★☆

惑う星 火星

日によって月が天球上の位置を変え，形が変わって見えることは，ほとんどの人が知っていると思います．しかし，惑星も位置を変えているということを実際に確認している人は，案外少ないでしょう．火星は地球に近く，天球上での移動速度が大きいので，惑星の動きについての教材としてよく使われます．ここでは火星の動きの観察と表面の観望を実施します．

必要な用具	火星の位置の記録用紙，火星表面の大きな模様が記してある簡単な火星地図，天体望遠鏡（口径10cm以上の屈折望遠鏡が望ましい）
観察時期	単に火星の動きを観察するだけならば，天体暦を参考にして動きの大きい時期を選びます．順行・留・逆行といった動きの変化まで観察する場合は，衝の前後4か月にわたって観察をします．火星表面の観望は衝の前後に限られます．
準　備	火星付近の明るい星の位置を記した星図を作り，火星の位置の記録用紙とします．

👉 進め方

① 空でどの星が火星かを示します．
② 付近の明るい星などを頼りに，実際の星空と記録用紙を見比べ，用紙に火星の位置を記入します（①～②は望遠鏡を使わずに肉眼で実施します）．これを，日数をおいて数回繰り返します．動きの観察は一回だけの記録では意味がありませんので，最低二回は記録をとるようにしてください．時間がとれなければ，各自が数日後に空を見上げ，火星の位置を確認するように指導します．
③ 望遠鏡で火星の表面を観望します．ちょっと見ただけでは，極冠や模様などわからないかもしれません．なるべく時間をかけてじっくり見るようにしてください．そのときにスケッチを描くつもりになって見ると，表面の模様が案外見えてくるものです．
④ 大接近時に時間をかけて観望できるときには，火星の自転を観察します．大シルチスなど顕著な模様が見えているときを観察時刻に選び，現在火星のどの模様が見えているかを地図で示します．その目立つ模様を目印とし，自転により模様が移動していくようすを確認します．

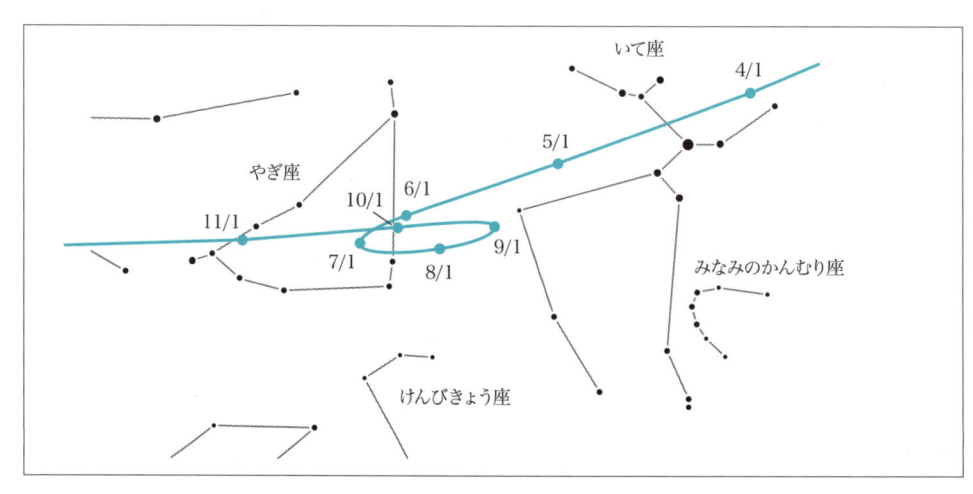

【図55】2018年（大接近時）の火星の動きの概観

【図56】火星の模様（提供：NAOJ）

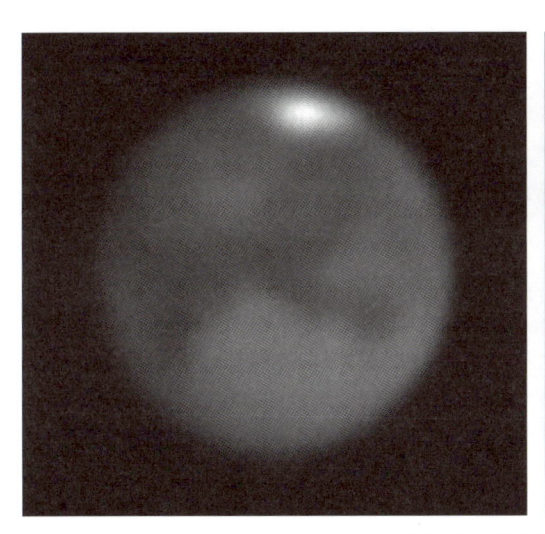

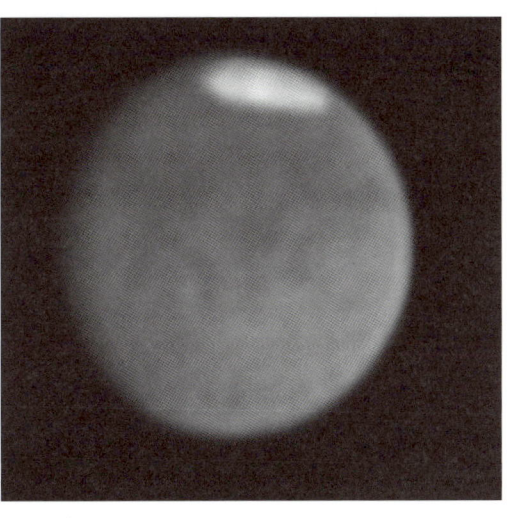

解説

① 火星の天球上での動きは，最初の留の2か月以前と2回目の留の2か月以降ではおよそ1日に0.5～0.7°なので，10日も隔てれば十分に肉眼で動きの変化がわかります．近くに位置を比較する明るい星があれば数日でその変化がわかります．衝の前後（2回の留の間で逆行中）では1日の移動量は0.2～0.4°です．なお，月の視直径は約0.5°，北斗七星のα星とβ星の間隔はおよそ5°になっています．

② 火星の表面にはひときわ明るく見えている極冠や，大シルチス・太陽の湖など濃い色に見える著名な模様がたくさんあります．大気の状態にもよりますが，一般の人が見て何となく濃い色の模様があると感覚できるのは，視直径が17～18″以上のいわゆる中接近以上のときのようです．また，火星表面では砂嵐が起こることがあり，そのときには表面の模様が見えなくなることがあります．

③ 火星の自転周期は約24.5時間ですから，3時間も経過すれば目印とした模様が移動したことがわかります．火星の模様は縞模様のように単調ではないので，模様さえ見えれば自転していることが一番わかりやすい惑星です．

ひとこと

- 恒星の中を動いて行くように見える火星の動きは，注意して見れば誰でも気がつきます．特に衝前後に起きる順行→逆行→順行現象を観察させることは，天文現象に興味を持たせるよい教材となります．
- 模様を模様らしく見るにはかなりの惑星観測の経験が必要になります．観望になれていない人なら，20cmクラスの望遠鏡でも満足に見えるかどうか……．ただし口径の小さな望遠鏡でもすばらしいスケッチをしている人もいるので，とにかく一度見てみましょう．

CHAPTER 5.3.4 ★★★★☆

木星のなぞにせまろう

太陽系最大の惑星，木星は夜空でひときわ明るく輝いており，子どもたちも興味津々で，望遠鏡を早くのぞきたくなる天体です．その大きさや特徴を知らせてから観察させることにより，地球の兄弟である惑星に対する関心を高めることができ，さらに探求したいと思う意欲を育てることでしょう．

必要な用具 赤道儀付き望遠鏡，短軸7cm長軸7.5cmの楕円を書いたスケッチ用紙，下じき，濃いめの鉛筆（可能であればビデオカメラでの映像をスクリーンに映すセット）

👉 進め方

木星は1等星の何倍もの明るさで輝いて見えるので簡単に見つけることができます．当夜の星図の中に木星の位置を記入したプリントを配布し，星座と木星の位置を確認しながら木星の特徴を話してあげましょう．木星の観察については，次の3つのテーマでいかがでしょうか．

(1) 木星の表面を観察し，スケッチする

大気の状態がよければ，小口径の望遠鏡でも表面に淡い模様があることと木星全体が少し横にふくらんでいることが観察できます．もっと大きな口径の望遠鏡であれば縞模様が見えてきます．

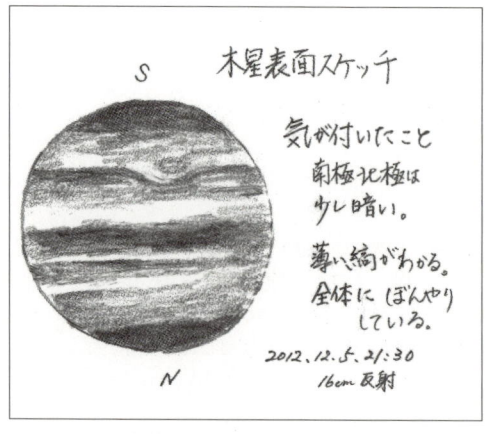

【図57】木星のスケッチの例

(2) 木星の衛星を観察する

木星の衛星はこれまでに60個以上見つかっていますが，その中の4個（ガリレオ衛星）は特に大きく，小型の望遠鏡でも見ることができます．時間をおいて観察してみるとその位置が変わっていくこと，木星のまわりを回っていることがわかります．また，木星の手前を衛星が通過する際，木星表面にほくろのような黒い影を落とすようすが観察できます．衛星の大きさや公転周期は図58のとおりです．本体に近いほど見かけの変化が大きいのですが，中でもイオの動きはとても速くて，2時間の観察でも違いがわかり，スケッチは小学生にも容易です．

(3) 衛星が消えるのを見る

衛星が木星本体の背後に入ったり，前面を横切ったりするようすを見ることは，衛星が木星のまわりを回っていることを実感でき，参加者に感動していただく時間となります．多人数で観察できるようにビデオカメラを取り付け，大画面で見ることができれば素晴らしいです．

衛星が見えなくなる現象としては主に次の2通りの場合があります．

a) **えんぺい** 衛星が木星の背後に隠れて

見えなくなる現象．

b）食　月食のように衛星が太陽に照らされた木星の影に入って見えなくなる現象．木星から斜めに長く伸びた影に衛星が入るときには，木星本体から離れたところで衛星が消えるのを見ることができます．

えんぺいや食の起きる日時や位置は天文年鑑や理科年表などで知ることができます．

■木星観察のポイント■
[気流の安定した夜に]

大気が比較的透明なのは冬の夜空ですが，上空の気流が乱れていると木星表面がよく見えません．天気図を見て，観察場所上空の気流が安定している日に綺麗な木星模様を見ることができます．

[望遠鏡の倍率を適切に]

倍率を上げすぎるとぼやけてきますので，模様がわかりにくくなります．使用される望遠鏡の口径センチあたり10倍程度がおすすめです．つまり，口径10cmであれば100倍程度が綺麗に見ることができます．わざと比較して観察してみる体験も必要ですね．

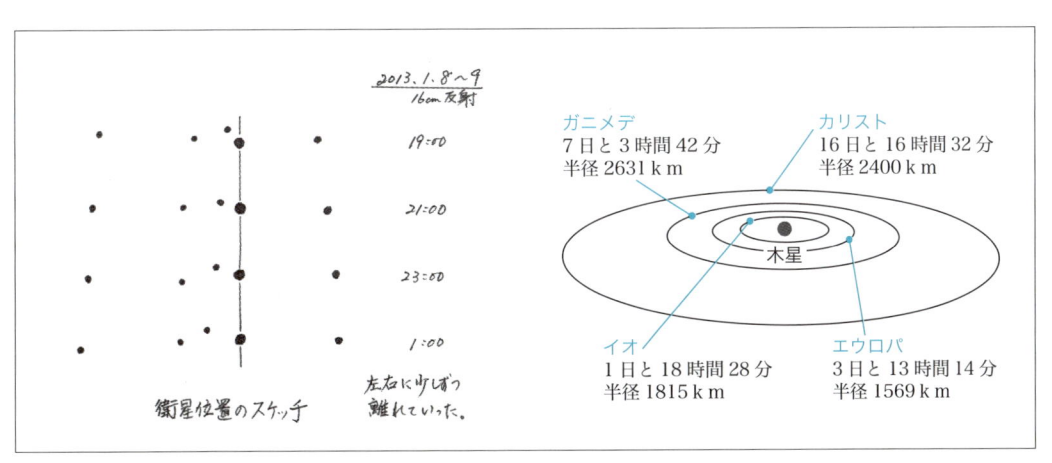

【図58】衛星のスケッチ例と，公転周期と半径

解説

木星は直径が地球の11倍，質量は318倍もあるガス惑星です．南半球に赤茶色の楕円形をした大きな模様があります．これは大赤斑と呼ばれていて，短半径が1万2000km，長半径が2万5000kmもあり，地球が2つ中に入るほどのとてつもなく大きなものですから興味深くスケッチできます．

木星の自転周期は9時間55分ですので，端に見えた模様が中央に来るのに2時間あまりしかかかりません．比較的短時間で自転が観察できるのも大きな特徴です．

いくつかの小話をしながら，子どもたちの目と心を木星に向けてあげましょう．

CHAPTER 5.3.5
★★★★☆☆

土星の環

土星は，望遠鏡でのぞくと，まるで大きな麦わらぼうしをかぶったような姿に見えます．望遠鏡でも見える環（リング）を持った土星は，観察会での人気者です．土星は，年々環の傾きが少しずつ変わっていきます．環は，とても薄いので真横から見ると大望遠鏡でも見えなくなってしまいます．シーイングのよいときに，土星を望遠鏡でのぞいて見ると，環に縞模様が見られます．また，注意深く見ると本体にも縞模様を見ることができます．土星の観察では，環があることを確かめながら，環や本体の縞模様を発見しましょう．環の傾きが年々変化していきますので，その年の環のようすを見ておきましょう．また，本体は完全な球ではなく，ややつぶれていることに気づくと思います．土星にはタイタンという明るい衛星が回っています．望遠鏡で見える衛星があることも確認しましょう．

| 必要な用具 | 望遠鏡（倍率を上げて観察するので，モータードライブ付きが望ましい），天文年鑑（衛星タイタンの位置を知るため）

👉 進め方

(1) 何を見るのか言わないで発見の喜びを味わわせる例

子どもたちに「あの明るい星を望遠鏡で見ましょう」などと言い，50倍以下の低倍率で土星に向けます．望遠鏡をのぞかせ，面積があることから恒星との違いがわかったら，100～200倍まで倍率を上げ観察します．その後何が見えたか，またどのように見えたか質問します．子どもたちは土星を見ていることは知らないため，「長細い星がある」「ブタの鼻に似ている」「そばにある星と形が違う」「土星だ」などいろいろな答えが返ってくることでしょう．指導者が土星だという前にどうしてまわりの星（恒星）と違うのか考えさせましょう．惑星は，面積を持っていること，大きな惑星は表面に模様が見えること．衛星を持っていることなど説明をした後に，土星であることを話し，もう一度確認をさせましょう．その後，環の外側は，内側に比べ暗いことなどを発見させましょう．

(2) 土星を見ることを事前に話し，細かい模様などを発見させる例

土星を100倍以上の倍率にしてのぞかせます．土星には，環があることを多くの子どもたちは知っていますので，どのように見えるか，模様はどうか，環の切れているところ（本体の影）はないか，そばに星が見えるかなど，観察の仕方を説明しておくと注意深く見るでしょう．環について，外側が暗いことは容易

【図59】土星の環の変化（2005年1月，2006年3月，2008年3月，2010年6月）

に観察できます．また，大きな望遠鏡でシーイングのよいときには，環の中に黒い筋（カッシーニのすきま）なども注意深く見るとわかります．

環が切れているところの発見は，環が環状に本体のまわりを取り巻いていることの証拠にもなりますので大切なことです．また，口径が10cm以上の望遠鏡で，シーイングのよいときには，本体の縞模様が容易に確認できるでしょう．また，衛星のタイタンは，8等星で明るいため容易に見られます．1日後にはその位置が違って見えますので，機会があったら観察させましょう．あまり長い期間をおくと，土星が移動し他の恒星が視野の中に入ってくるため，タイタンの移動がわかりにくくなります．

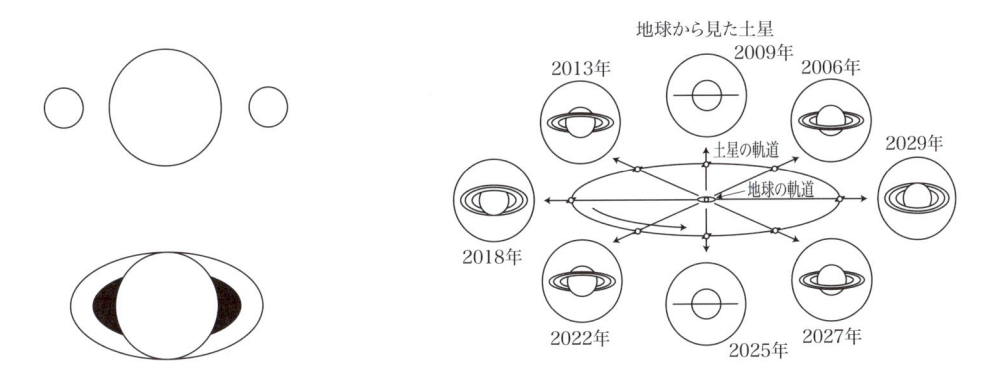

【図60】ガリレオが見た土星

【図61】土星の環の傾きの変化

👉 解説

(1)「土星の環は，何でできているの．何で土星しかないの」

観察会などで土星を見せると，環が何でできているか，地球にはなぜないのかなどという質問が多くの子どもからでます．子どもたちは，惑星の環についてとても関心を持っています．天文関係の書物には必ずといってよいほど土星の写真が載っているため，興味をかき立てるのでしょう．土星の環は，小さな氷が高密度に分布しています．厚さは1km以下しかありませんが，幅は地球の5倍程度もある大きなものです．また，カッシーニのすきまは，土星の衛星の引力のため氷などのないところです．このように土星には独特な環があります．太陽系の惑星は，土星の他に木星・天王星・海王星にも環がありますが，望遠鏡で見ることはできません．

(2) 傾きを変える土星の環

土星の環は，毎年傾きが変わって見えます．これは，土星の自転軸が傾いていることによって起こります．地球から見ると図のように15年ごとに，環の北側が見えたり南側が見えたりします．環がたいへん薄いために最近では2009年に1〜2週間地球から環が見えなくなり，次回は2025年にその現象が起きます．

CHAPTER 5.3.6
★★★★☆☆

その他の惑星（水星と天王星・海王星）

一般の人にとって天王星・海王星を見る機会はほとんどなく，神秘的な惑星となっています．水星も肉眼で見える惑星の1つですが，実際に見た人はごくわずかでしょう．ここでは一般に取り上げられることが少ない3つの惑星を紹介します．

必要な用具　[水星を観望する場合] 口径8cm以上の望遠鏡．口径が8cm程度あれば，一般の人にも水星が半月状になっているようすがわかるようです．
[天王星を観望する場合] 口径8cm以上の赤道儀式望遠鏡，天王星の位置が記されている星図（天文年鑑，ステラナビゲータなどに掲載）．一般の参加者には口径が8〜10cm以上ないと，恒星との区別（円盤状に見えるか，点状にしか見えないか）が難しいようです．天王星は一度視野をはずれると再導入に時間をとられるので，赤道儀でないと不便です．
[海王星を観望する場合] 口径15cm以上の据置型の赤道儀式望遠鏡や天体の自動導入装置が付いた望遠鏡，海王星の位置が記されている星図と天体暦（天文年鑑など）．海王星は肉眼で見えないので，目盛環や自動導入装置を利用しないと，望遠鏡の視野に入れるのにかなり手間取ります．

観望時期　水星の観望会は最大離角の頃に実施しますが，水星の日没時の高度は最大離角時の条件により10〜20°と2倍も違います．天文年鑑などの図をよく見て，できるだけ日没時の高度が高い最大離角の時期を選びます．天王星や海王星など遠い惑星は，時期による見え方の差はほとんどありません．

👉 進め方

(1) 各惑星の見つけ方

①水星　水星は肉眼で見えるので望遠鏡への導入は容易ですが，大気が汚れていて地平線付近の星が極端に見えづらい場所では目盛環や自動導入装置の利用も必要になってきます．

②天王星　天王星特有の色（淡青緑色）を手がかりに，星図と対照しながら天王星を探します（ただしあまり倍率が低いと白く色が飛んで見えることがあります）．青緑色の星を見つけたら200倍程度の高倍率で観察します．恒星と異なり円盤状に見えていればそれが天王星です．いくらか慣れてくれば，天王星ほど明るい星（6等級）は，望遠鏡の視野の中にそうたくさんはないので，明るさと色の特徴だけでおおよそ同定できます．

③海王星　この星と同じ程度の明るさの星（7〜9等星）は無数にあるので，位置だけで同定するのはかなり困難です．望遠鏡の目盛環や自動導入装置を使って海王星があると思われる方向に望遠鏡が向いたならば，星図や海王星の色（天王星よりも青みが強い青緑色）をたよりに捜索することになります．候補の星を見つけたら200倍以上の高倍率で円盤像になることを確認します．このときに大気の状態が悪いと像がゆらいで円盤状に見えず，判定は困難です．

(2) 観望の仕方

各惑星が見つかれば，あとは参加者に見てもらうだけです．

①水星　望遠鏡で半月状に欠けているようすを観察しますが，肉眼でも見える五大惑星の1つですから，ぜひ肉眼でも位置を確認してもらいます．

②天王星　「視野の中央あたりにある薄い青緑色で少し丸く見えている星」という程度の説明で参加者にも十分同定できます．大気の状態が少々悪くてもまず恒星と区別がつきます．

③海王星　できるだけ倍率をあげて視野の中に他の星が入らないようにします．参加者に

は「中央に見えている青緑色の星が海王星です」と説明します．慣れた人には円盤状に見えていても一般の人には恒星と区別がつかないので，場所と色で示します．

天王星，海王星は「遠い」ということを実感してもらうために，それぞれの惑星までは光の速さで2時間半，4時間かかるなどと解説します（月までは約1.3秒，太陽までは約8分）．さらに「太陽系の範囲は海王星の1000倍以上（約1光年）まで続いている」などと説明するとよいでしょう．

【図62】水星（提供：NAOJ）　【図63】天王星（提供：NAOJ）　【図64】海王星（提供：NAOJ）

解説

水星は最大離角の頃は半月状に欠けて見えます．残念ながら一般の人の水星への関心は惑星のなかで一番低いようです．「水星を見た人はめったにいません」，「今日は貴重な経験です」などと観望への関心を高めましょう．

天王星と海王星は太陽系の果ての天体という印象があり，観望会を開けば一目見たいという人が大勢やってきます．木星などよりも人気が高いようです．

海王星は大気の状態の非常によいときに20cmクラスの屈折望遠鏡で見ると，ごく小さいながらもくっきりと円盤状に見えています．天王星よりも青みの濃い色が特徴ですが，10cm程度の望遠鏡では暗くて色がよくわからないことも多いようです．海王星は「空の状態がよいときには観望する」という程度に計画しておく方が安全でしょう．

天王星と海王星が特徴的な青緑色を示すのは，いずれも惑星大気中のメタンにより赤色光が吸収されているからです．

COLUMN　準惑星になった冥王星

2006年の国際天文学連合総会で，冥王星は「惑星」とされず，「準惑星」（当時は仮称「矮惑星」）に位置づけられました．それまでは惑星のはっきりした定義がなく，このときに「惑星は太陽の周りを回る天体のうち，自己重力でほぼ球形になり（直径がおよそ800km以上），その軌道付近で圧倒的に大きな天体」とされました．冥王星の場合「その軌道付近で圧倒的に大きな天体」という定義にあてはまらなかったのです．

いずれにせよ，冥王星はとても暗いので口径50cm以上の望遠鏡でなければ見ることができません．

CHAPTER 5.4

太陽 概説

太陽は観望会のテーマの中では異質なものの一つでしょう．太陽は星ではない，と思っている人も多いものです．一方，学校で授業中に行える天体観察の対象であり，肉眼から望遠鏡を使ったものまで多彩な観察テーマが選べます．観察といくつかの実験を通して，太陽をもっとも身近な一つの星として，科学的な目でとらえてもらえるような観望会にしたいものです．

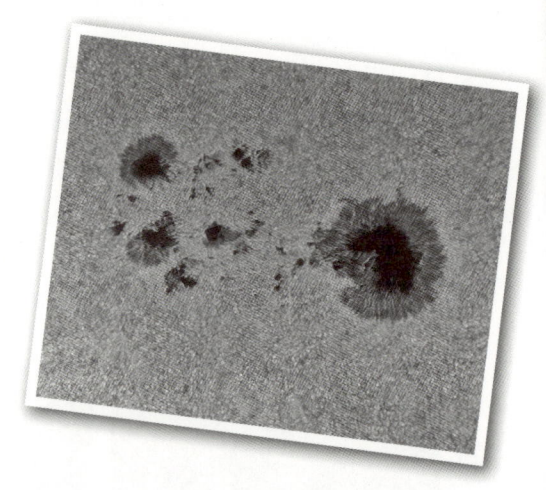

天体としての太陽

まず，太陽はガスでできた天体です．大きさは直径で地球の109倍，成分は水素78％，ヘリウム20％，その他微量な元素の集合体です．ガスというと透明なイメージがありますが，太陽ほどにもなると中まで見通すことなどできません．私たちが可視光領域で見ている太陽の像を「光球」といいます．そこは可視光線を主に放射している領域です．望遠鏡で普通に投影して見える太陽像は光球です．

光球の奥は不透明でのぞき見ることはできません．太陽の中は図65のように対流層，放射層と，深くなるにつれて変わり，核融合反応でエネルギーを生み出している中心核があります．太陽からの光は中心核で生まれ，不透明な内部を進み，表面に達します．光球より外側は，「彩層」と呼ぶ層が見られます．皆既日食の際にピンクに輝いて見られます．彩層は水素が出す光が強く，特別に水素の光のみ通すフィルター（Hαフィルター）で見ることができ，可視光で見る太陽とはまったく違う太陽の姿をみせてくれます．

彩層の外が「コロナ」です．コロナは大変に希薄な高温のプラズマ（電離したガス）です．温度が200万度もあり，光球や彩層とはけた違いの高温です．図66のようにコロナは皆既日食のときにしか見ることができないものでしたが，最近は人工衛星によってコロナが

【図65】太陽の断面（イラスト：下井倉ともみ）

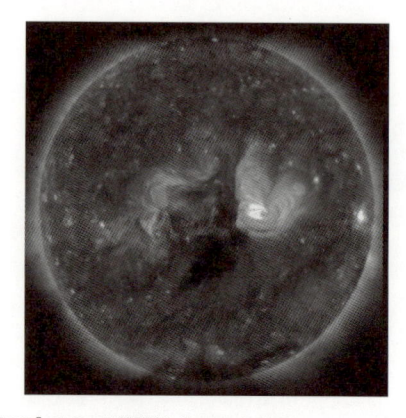

【図66】ひのでが撮影したコロナ（提供：NAOJ/JAXA）

【表9】太陽に関するデータ

太陽の大きさ	半径69万6000km	地球の109倍
太陽の質量	1.99×10^{30}kg	地球の33万倍
平均密度	1.41g/cm^3	地球は5.52g/cm^3
太陽の明るさ	みかけの実視等級 −26.74等	絶対実視等級 +4.83等
太陽の表面温度	6000K	スペクトル型 G2V型
太陽常数	1.96cal/分cm^2=1.37kW/m^2	
中心温度	1550万度	
太陽の化学組成(質量比)	H(水素)78.4%　He(ヘリウム)19.8%　C(炭素),N(窒素)O(酸素)Ne(ネオン)その他合わせて1.8%	

出すX線を直接写せるようにもなりました．

コロナは太陽の磁力線に沿って，宇宙空間に広がっています．太陽から吹く風のように例えられ，「太陽風」と呼ばれるプラズマの流れを作ります．

太陽活動の特徴

17世紀初め，ガリレオ・ガリレイが初めて太陽面（光球面）に黒点を発見して以来，黒点の観測から太陽活動がおよそ11年周期で繰り返していることが確かめられています．

活動の盛んな時期を極大期，静かな時期を極小期といいます．極大期には太陽面の爆発現象が，しばしば観測され，それによって引き起こされる磁気嵐，オーロラの乱舞のような現象が地球上にも起こり，マスコミにも取り上げられたりします．極小期は反対に静かな状態が続きます．

太陽黒点

太陽活動を調べる1つの方法が太陽黒点の活動を調べることです．黒点は極大期には大きな黒点がたくさん出現し，ときには肉眼黒点と呼ばれる大型の黒点が減光メガネを通して，肉眼で見えることもあります（図67）．一方，極小期は静かな太陽活動となり，黒点が見られない日が何日も続いたりもします．

黒点が発生する原因は太陽を通る磁力線が，微分回転と呼ばれる太陽の自転により，太陽面にからみつき，ねじれたコブのような部分が太陽表面にうきあがってできると考えられています．黒点は小さなものをのぞき，経度方向に対に並んで出現する双極黒点が多いのですが，それが磁力線の切り口に相当します（図68）．

太陽の微分回転というのは，太陽の高緯度地域よりも低緯度地域のほうが早く回転していることをいいます．太陽の自転周期は北極，南極では40日，赤道では25日ほどで，黒点の出現する緯度帯では27日前後です．地球のような硬い天体では考えられないようなことが，太陽はガス体のため起こっています．

11年ごとに繰り返す周期性は，巻きついた磁力線が太陽の複雑な対流などでバラバラになり，消えてしまい，再生されて再び巻きつ

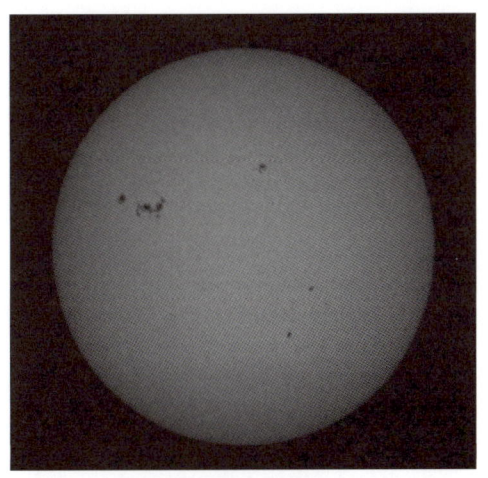

【図67】光球面の肉眼黒点

CHAPTER 5.4

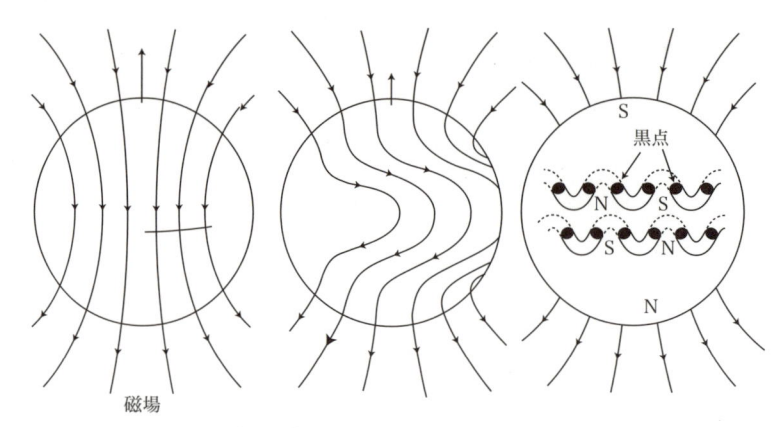

【図68】自転と磁場のからみつき

き出す周期ではないかとされています．

黒点が黒く見えるのは，その周囲よりも温度が2000度くらい低いため，周囲よりも暗くなり黒く見えます．黒点には強い磁場があることがわかっていますが，この磁場が内部からの対流によるエネルギーのわきだしを押さえているために周囲よりも低温になるのだと考えられています．

黒点を長期にわたり観察すると，黒点の出現する範囲が限られており，南北両極近くには見られないこともわかります．出現範囲は赤道を挟んで南北5°から40°の緯度帯に集中しています．

観察のポイント

(1) 光を使った実験

プリズムを使って太陽光が紫から赤の光まで連続していることを体験させましょう．これは，太陽光は連続スペクトルであり，紫よりも短い波長の光，たとえば紫外線やX線，赤い光よりも長い波長の赤外線や電波が放射されていることを伝える手引きとなります．

(2) 黒点の形と変化

光球面を見ると，黒点が出ているのが見られます．黒点は太陽の観察の中でもっともポピュラーな対象です．投影像をスケッチすることから興味深い観察ができます．数日間の観察で黒点の形の変化や，太陽が自転していることがわかります．黒点は太陽の自転によって東から西へと移動します．黒点の移動量から太陽の自転周期が求められますが，異なる緯度の黒点では違う自転周期となります．これは太陽が極と赤道では異なる周期で自転していることを観察した結果といえます．

(3) 粒状斑・白斑

太陽の観察では黒点とともに光球面を注意深く見ましょう．表面がザラついて見える粒状斑と呼ぶ構造や大きな黒点の回りや東西の周辺部に白く広がって見える白斑を見つける

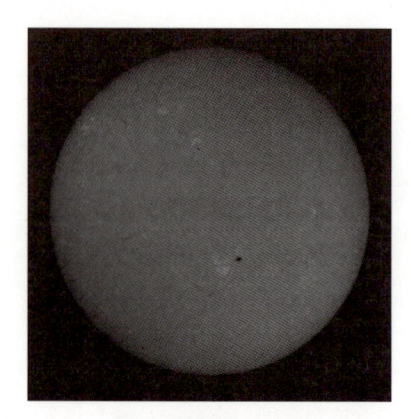

【図69】彩層面（Hα線）

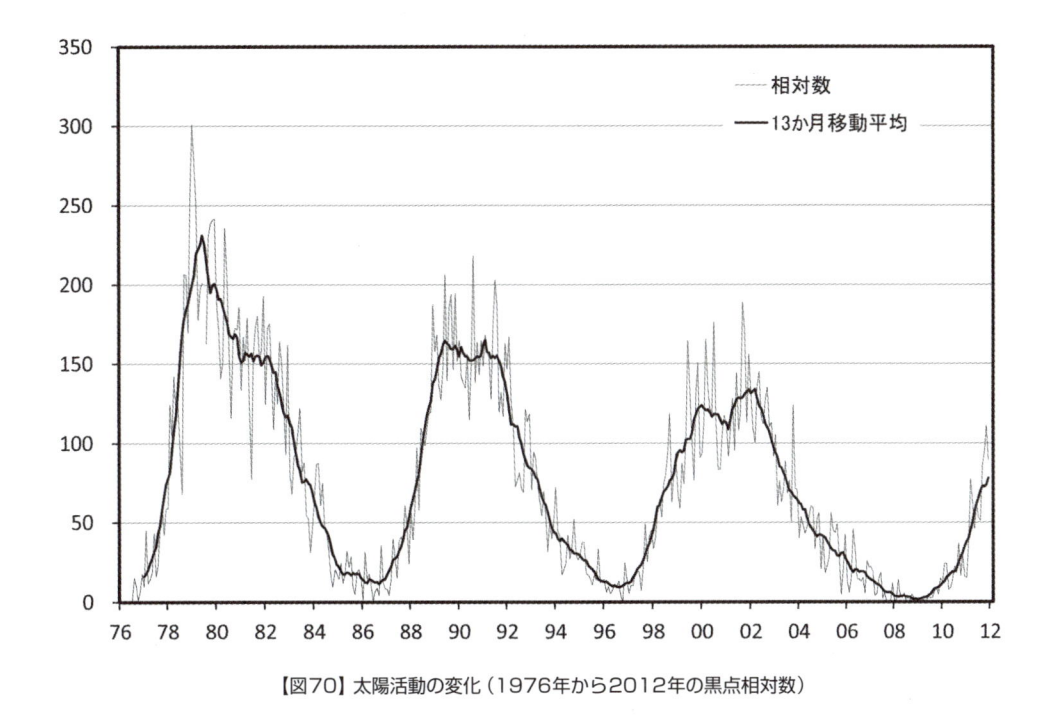

【図70】太陽活動の変化（1976年から2012年の黒点相対数）

ことができます．粒状斑は光球面の対流現象を，白斑は磁場の強い活動領域を示しています．

(4) 周縁減光

投影された太陽像を見ると，縁にいくほど明るさが減っています．理由は浅い所ほど温度が低いからです．縁を見るときは光球面を斜めに見るので，太陽像中心を見るときよりも浅い所から放射された光を見ることになります．

(5) 太陽エネルギー

太陽は1cm²あたり毎分約2カロリーのエネルギーを送ってきています．太陽電池パネルなどを使って体験することも必要でしょう．

太陽観察の際の注意点

太陽は普通の星とは違い大変な光量があります．それは小型の望遠鏡でも細部まで観察できるという利点と，集めた光が高温になり，注意を怠ると事故につながりかねないことにもなります．太陽をテーマにしたときは，望遠鏡は直接のぞかないですむように太陽像を投影して見せましょう．また，反射式の望遠鏡は長時間太陽をいれておくのには不向きですから，屈折式の望遠鏡を用います．望遠鏡のファインダーもふたが簡単にとれないようにしておきます．

肉眼で見る場合もこれは当てはまります．まぶしい太陽の光をまぶしくない程度に減らすためには，10万分の1程度に減光する必要があります．その際，目に有害な紫外線，赤外線も可視光線同様，減光する必要もあります．太陽を見る際には国立天文台のホームページに載っている観察方法や，各種規格に準拠した太陽観察用減光メガネを使うようにしてください．くわしくは「5.5.3 日食や月食を安全に楽しむために」をご覧下さい．

CHAPTER 5.4.1
★★★★☆☆

太陽のすがお

われわれ人類を含む地球上の生物すべてに，はかりしれない恵みを与えてくれる「母なる太陽」．最も身近な天体の一つですが，太陽自身の光と熱のために他の天体に比べ直接観察する機会の少ない天体でもあります．ここでは一度に多くの人が安全に観察できる，小天体望遠鏡による投影法での太陽表面の観察をしましょう．

必要な用具　天体望遠鏡（口径5～10ｃｍのモータードライブ付屈折赤道儀が好ましい），太陽投影板・接眼レンズ2本（倍率が60倍程度になるものと，100倍程度になるもの），太陽観察用減光メガネ

進め方

(1) 太陽観察用減光メガネを使い観察する

大きな黒点が発生していれば，太陽観察用減光メガネを通して肉眼でも黒点の存在がわかります．

(2) 天体望遠鏡を使い太陽像を太陽投影板に映しだす

倍率を60倍程度にすると太陽像全体を観察することができます．望遠鏡の影を見ながら望遠鏡を太陽に向けましょう．鏡筒か太陽投影板の影が最も小さくなれば，望遠鏡は太陽の方向に向いています．太陽投影板に太陽像が映れば，太陽投影板の位置を調整して，太陽像が太陽投影板いっぱいに映るようにします．ピントは太陽像の縁で合わせるとよいでしょう．

(3) 太陽像をよく観察する

ところどころに存在する黒い斑点の「黒点」，太陽像の周縁部に白くまだら状に見える「白斑」，太陽像全体がざらついて見える「粒状斑」，太陽像の中央部より周縁部の方が暗くなっている「周縁減光」などを観察させ，それぞれの現象について簡単な説明（5.4参照）をします．白い紙片を太陽投影板に沿ってゆり動かしたり，鏡筒を少し動かしたりすると「黒点」「白斑」「粒状斑」などが見つけやすくなります．また，地球の大気の状態が不安定な日は，太陽像の縁がゆらゆらして見えるときもあります．これを太陽が燃えているからだと勘違いする人がいますので，これについても説明を加えておきましょう．

(4) 赤道儀のモータードライブを止めてみる

太陽像がゆっくりと移動していくのが観察

【図71】太陽観察のようす

できます．日の出や日の入りで太陽の動きが速いことは知っている参加者も多いのですが，あらためてその速さに驚かされ，原因である地球自転の速さを経験することができます．この太陽の移動の速度が，時計の短針の回転速度の半分にあたると説明すると，さらに驚くことでしょう．

(5) 倍率をあげて黒点を詳しく観察する

天体望遠鏡を太陽の方向からずらし，接眼レンズを交換して倍率をあげてみましょう．少し大きめの黒点は中央部の黒い「暗部」と周囲の薄黒い部分の「半暗部」に分かれているのが観察できます．地球大気が安定しているときには，半暗部が放射状の構造をしているのが観察できることもあります．

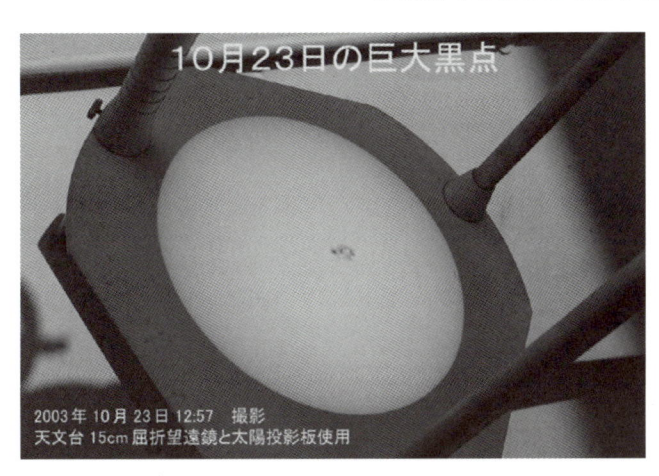

【図72】太陽像が映った太陽投影板
(提供：仙台市天文台)

🎤 ひとこと

昼間の観察ですので，天体望遠鏡の構造や操作の説明も行いやすくなります．観察前に簡単な説明を行うと，夜間の観察に役立ちます．

接眼レンズの交換の際に望遠鏡を通った太陽光線で火傷をしないように注意してください．参加者が接眼レンズをのぞき込んだり，接眼レンズと太陽投影板の間に手を差し込んだりしないよう，指導者は常に注意を払ってください．また，ファインダーの対物レンズ側にキャップが装着されていることを確認してください．安全のためにはファインダーを取り外しておくこともいいでしょう．「5.5.3 日食や月食を安全に楽しむために」もご覧下さい．

COLUMN Sun Shine Boy

皆既日食を求めてメキシコ遠征したときのこと．観測地に，「何をしてるの？」とばかり興味津々で訪れてきた地元の方々にたずねられました．望遠鏡につるしたてるてる坊主を指して，「これはなんですか？」．うーん，うーんと説明に窮したあげく，とっさに私の口から出てきたのは "This is a Sun Shine Boy！" だったのでありました．わかるかなー？，と思っていたら一発で理解したようで，大笑いで納得してくれました．文法上正しいかどうかはともかく，皆さんだったらどのように答えますか？

CHAPTER 5.4.2

★★★★☆

太陽の大きさを測ろう

太陽は，直径が簡単に測定できる唯一の恒星です．太陽や宇宙のスケールを，実習を通して体感してもらうのがねらいです．

> **必要な用具** 肉眼観察用の道具（太陽観察用減光メガネ，5円玉），天体望遠鏡と太陽投影板（太陽像がなるべく大きくなるように調節しておきます．太陽や黒点の大きさを測るために，あらかじめ投影像が何cmになっているか調べておきましょう），地球との大きさ比較用の紙（太陽投影像に対する地球の直径比を計算し，画用紙に円を書き込んでおきます．図73参照）．

👉 進め方

(1) 肉眼で観察

太陽観察用減光メガネを配り，まず肉眼で太陽を見てもらいます．その後，こんな質問をします．「5円玉を手に持ち，腕いっぱいに伸ばしてみたとき，その穴の大きさは太陽よりも大きいでしょうか？ 小さいでしょうか？」

予想をしてもらった後，実際にやってみます．必ず太陽観察用減光メガネをした状態で観察します．太陽は，ほぼ穴と同じ大きさに見えます(注1)．思っていたほど，太陽が小さく見えると感じる人が多いようです．

この結果から，太陽までの距離のデータを使い，三角形の相似を利用して実直径を計算・説明してもよいのですが，次のような質問をしながら説明したほうがイメージしやすいでしょう．

> **問** 「地球から見て，太陽と月はどちらが大きく見えるでしょうか？」(注2)
> ①太陽の方がずっと大きい
> ②月の方がずっと大きい
> ③ほぼ同じ

> **問** 「太陽までの距離は，月までの距離の約400倍です．ところが，地球からは両方の天体はほぼ同じ大きさに見えます．それでは，太陽は月の何倍大きくなければいけないでしょうか」

月よりも400倍遠い太陽が，月と同じ大きさに見えるということは，実際の大きさは太陽が400倍大きいことを確認した後，月の実直径（約3500km）を提示し，

太陽の実直径 ＝
月の実直径 × 400 ＝ 140万km

と計算してみせる(注3)．

(2) 望遠鏡を使って

地球の大きさと比較するため，あらかじめいろいろな大きさの円を描いた紙を太陽投影板に重ねて置きます．「もし，太陽のとなりに地球を置いて一緒に太陽投影板に映したとすると，どの円と同じ大きさでしょうか」と問いかけ，太陽の直径は地球の約109倍であることを説明します．

(3) 黒点の大きさ

黒点が見えていたらその大きさも測ってみましょう．地球の大きさに相当する円と比較

すると，小型の黒点でも十分地球に匹敵するサイズであることがわかります．もう少し正確に測るには定規を使います．投影像が直径10cmの場合，1cmが太陽面上の約13万9200kmに相当します．

注1：太陽と月の視直径はいずれも約0.5°．5円玉の穴（直径5mm）を約60cm離れたところから見た大きさに相当します．
注2：デジタルカメラで撮影し，その場で比較するのも効果的な演出です．
注3：最近では多くの方が電卓機能付きの携帯電話，スマートフォンを持っているので，こうした計算に活用できます．

地球
投影直径　0.1[cm]
実直径　12,756[km]

木星
投影直径　1[cm]
実直径　142,984[km]

月

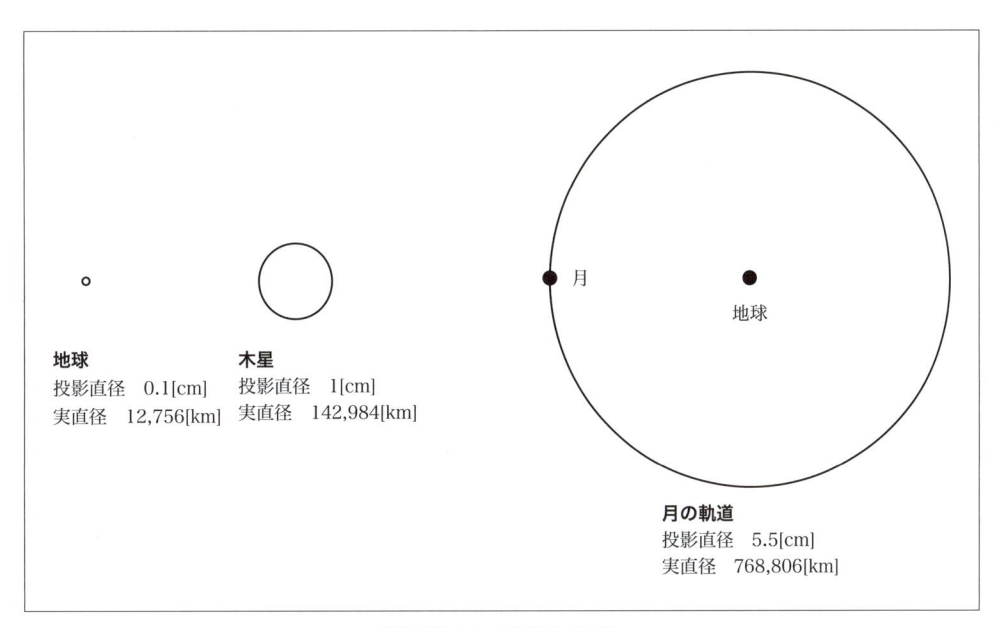

地球

月の軌道
投影直径　5.5[cm]
実直径　768,806[km]

【図73】大きさ比較用の用紙
太陽を直径10cmに投影した場合と同じスケールに描いてある．

COLUMN

倍率や望遠鏡による2つの星の見え方を比べよう

望遠鏡の性能に，分解能というものがあります．これは，望遠鏡の口径によって決まり，大きな口径ほど細かいものを見分けることができます．下の表に示したように，使っている望遠鏡がどの程度の性能を持っているか知ることができます．また，自分の望遠鏡がどのくらいの性能（分解能）を持っているか，二重星で試してみるのもよいでしょう．ただし，大気のシンチレーションに大きく影響されますので，大気の安定している日に調べましょう．

口径	有効最大倍率	分解能	集光力	極限等級	二重星の例（角距離）	
3cm	30倍	3.9"	18倍	9.1等	ヘルクレス座α　約4等.5.7等	4.6"
5cm	50倍	2.3"	51倍	10.3等	やぎ座μ 5.2等.8.5等	3.3"
6cm	60倍	1.9"	73倍	10.7等	うしかい座ε 2.4等.5.0等	2.9"
8cm	80倍	1.5"	130倍	11.3等	おとめ座γ 3.5等.3.5等	2.3"
10cm	100倍	1.2"	204倍	11.8等	こと座γ 約5～6等（ダブルダブルスター）	2.3"/2.6"
15cm	150倍	0.8"	460倍	12.7等	ケフェウス座π 4.6等.6.6等	1.1"
20cm	200倍	0.6"	820倍	13.3等	はくちょう座λ 4.8等.6.1等	0.9"

CHAPTER 5.4.3
★★★★☆☆

太陽と遊ぼう

太陽が地球に多くの恵みをもたらす大切な星であることを知るためには，エネルギー源としての理解も必要です．強い光や熱を出していることを積極的に利用し，光学など他の物理分野の学習にも関連させることができます．

必要な用具 虫めがね，黒い紙（燃やす遊びに使う），太陽電池［モーター，LED（発光ダイオード），ラジオなどをつないでみる］，分光実験用具（プリズム，分光器，水，鏡，洗面器やどんぶり）

進め方

(1) 太陽の熱

虫めがねをたくさん用意しておき，参加者に配ります．

太陽光を虫めがねで集め，黒い紙を燃やしてみると太陽熱の強さが実感できます．古新聞を使えば，白い部分よりも黒い部分の方が速く燃えることも確かめられます．紙に適当な絵や図形を描いておき，その線に沿って紙を焼いて切り抜く競争をするのもちょっとしたゲームとして楽しめます．その過程で，紙を効率良く燃やすためには，太陽像ができるだけ小さくなるようにする，つまり，焦点合わせが重要であることを，参加者自ら発見することができます．

光線の向きに対する紙の向きが垂直に近いほど良く燃え，斜めになるほど燃えにくくなる体験は，太陽の南中高度の違いと季節変化の関係を理解する手掛かりにもなるでしょう．

(2) 虹を作ろう

参加者にプリズムを配り，自由に太陽の光をあててもらいます．うまく角度を調節すると美しい虹（スペクトル）ができ，歓声があがります．

プリズムが手元にないときは，身の回りのもので代用しましょう．洗面器を水で満たし，

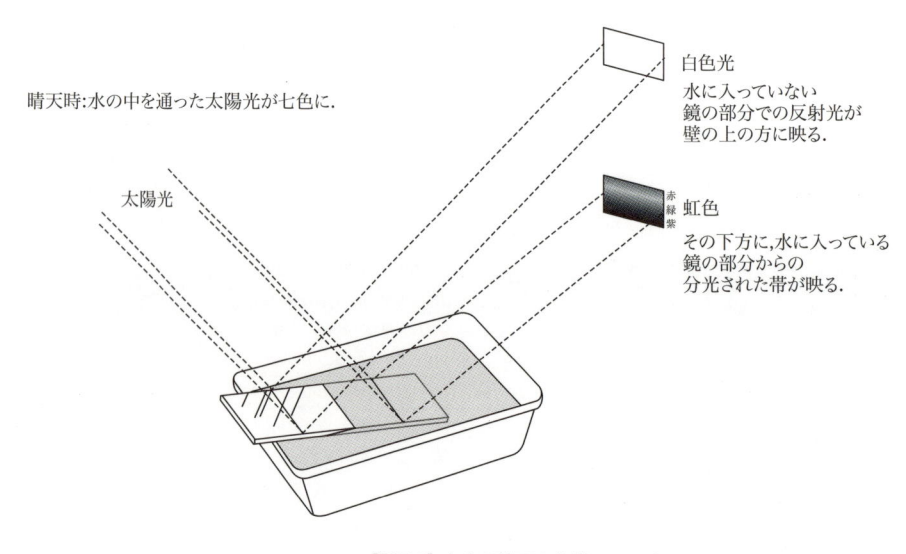

【図74】水中の鏡での分光

鏡を斜めにたてかけます．太陽の光を反射させ，うまく角度を調節すると，壁にスペクトルが写ります（図74）．

水中の鏡に反射し虹色に分光した帯はその（白色光の）下方にあるので，白色光が上に行くように鏡をさらに寝かせると虹色が見えてきます（曇天時でも，室内でも，水中の鏡に映った像の縁が七色に分光していることは，いつでも見せられます）．

できるだけ大きい鏡を用意したほうが，迫力あるスペクトルを演出できます．適当な壁がないときは，白いシャツを着た人の背中を借りると楽しい演出にもなります．水面が揺れるとスペクトルがぼやけてしまいますので，鏡をしっかり固定し，まわりを人で囲むなどの方法で風の影響を防ぐようにします．

（3）分光器を使う

虹のおおまかな特徴をつかんだら，分光器で吸収線を観察し，太陽の成分や温度はスペクトルを調べるとわかることを紹介します．分光器で直接太陽をのぞくと目に重大なダメージを負うことがあるので，太陽そのものではなく，太陽光を反射して光っている青空や雲を観察するようにします．

レプリカグレーティング（樹脂製の安価な回折格子．インターネット通販などで入手可能．はさみで小さく切り分ければ，分光器1台あたり100円程度）を使った手作り品で十分役に立ちます．蛍光灯や白熱電球も合わせて観察し，スペクトルの違いを比較してみるとよいでしょう．蛍光灯は製品による構造（ガラス管の内側に塗ってある蛍光物質）の違いが，輝線スペクトルの出方の違いとして現れます．

いろいろなガスの輝線スペクトル，本格的な機材で撮影されたさまざまな天体のスペクトル画像を見せ，スペクトル線は発光体に含まれている物質や物理状態によって変化することを解説するとよいでしょう．

（4）太陽と遊ぶ

参加者にいろいろな道具を配り，遊んでもらいましょう．太陽を重要なエネルギー源として見直す絶好の機会です．簡単な太陽炉（紙製の市販品も3000円程度で入手可能）でお湯を沸かしてみたり，黒いポリ袋を使って熱気球を作ったり，さまざまな取り組みが可能です．

最近は，太陽電池への関心が高いようです．発光ダイオードやラジオにつないでみたり，太陽電池用のモーターで動くソーラーカーを走らせたりすると，年少者にもたいへん好評です．

【図75】市販の太陽炉の例

[参考資料]
[分光器について] 板倉聖宣他『光のスペクトルと原子』仮説社，2008年．
　　　　　　　　　　JAXA宇宙教育センター「光のスペクトル観測器を作ろう」http://edu.jaxa.jp/materialDB/downloadfile/79044.pdf
[レンズ・鏡など光学の基礎に関する指導方法について] 仮説実験授業研究会『授業書研究双書・光と虫めがね』仮説社，1988年．
[太陽光に関する実験] 米村伝治郎監修『やってみようなんでも実験④』理論社，1997年．
[太陽光を利用した熱気球] 大山光晴『生かそう太陽エネルギー』ポプラ社，1999年．

CHAPTER 5.4.4

太陽の自転と活動を発見

黒点は，太陽の活動や表面の変化を見る上で大切な対象です．大きく複雑な黒点は数時間で変化していることが発見できます．毎日見ることによって位置が変化していることがわかり，太陽の自転を確かめることができます．また，太陽の縁にある黒点を観察すると，形がつぶれていることから，太陽が球であることがわかるでしょう．

| 参加者数 | 数時間後や数日後に観察をし，また，太陽を望遠鏡で投影しスケッチを取るので10人程度 |
| 必要な用具 | 屈折望遠鏡，太陽投影板，直径10cmくらいの円を描いたスケッチ用紙，時計，（太陽望遠鏡） |

👉 進め方

（1）太陽の自転を発見しよう

①スケッチ用紙を太陽投影板の上にクリップなどで止め，観察時刻を記入します．

②望遠鏡を太陽に向け，太陽の全体が見えるように倍率が50倍から100倍程度になるアイピースを選びます．次にスケッチの円の大きさに太陽が投影できるように投影板の位置とピントを合わせます．モータードライブ付きの赤道儀ではそれを止め，地球の自転により太陽が移動して行く方向から西の方向を記入します．

③モータードライブのない望遠鏡では，太陽が投影の円から出ないように微動装置を動かしながら，黒点の位置を記入し，その後，黒点の形をやや詳しく写し取ります．

④黒点を詳しく見る場合は，100〜150倍程度まで倍率を上げてスケッチします．このと

【図76】太陽投影板での観測

きは，口径を3cm以下に絞り，投影板を外してサングラスを付けたアイピースをのぞきながら行ってもよいでしょう．ただし，黒点が投影板の場合とは裏返しや逆さになります．詳しい黒点のスケッチは，太陽の全体像のわきなどに記入します．

⑤1日以上たって同じようにスケッチし，黒点の位置を比較しましょう．黒点が西の方向に移動していることや形が変化していることなどが発見できるでしょう．

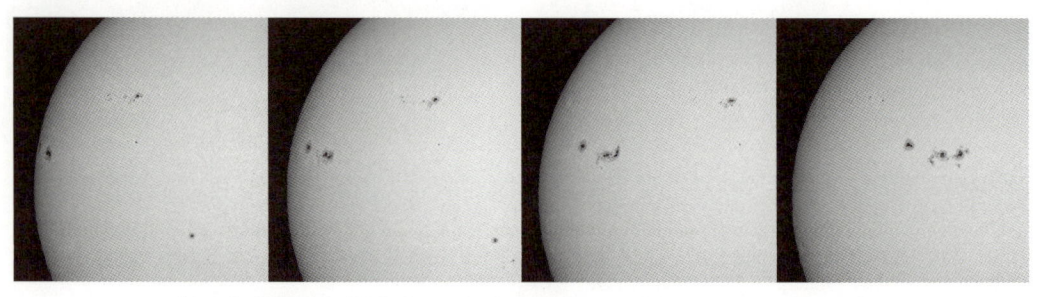

【図77】太陽の自転（撮影：塩田和生　左より2013年1月9日，10日，11日，13日）

（2）太陽が丸いことを見つけよう

① (1)の観察で，大きな黒点が西や東の縁近くにあったら，その黒点を高倍率でスケッチしましょう．

② 1日後，同じ黒点をスケッチします．また，次の日もスケッチしましょう．

③ 2, 3日間の黒点の形の変化を見ましょう．どの方向につぶれているでしょうか．西側にある黒点は東西につぶれ，東側にある黒点は東西に太くなってくるでしょう．これは，太陽表面が球形のために起こる現象です．

④ 一つの黒点だけでなく，他の黒点もスケッチしましょう．同じように変化したら，太陽が球形だということが証明されます．黒点は時間とともに変化していますので，細かいようすにとらわれずに，大まかな形を見ましょう．

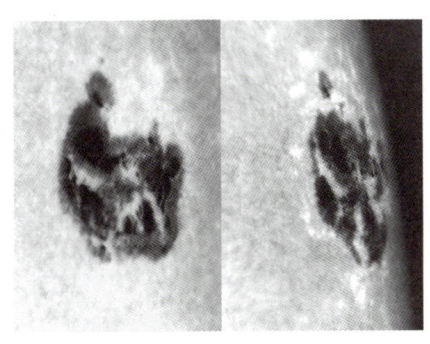

【図78】太陽の縁での黒点の形状
（1992年6月26, 27日）

（3）太陽望遠鏡で太陽活動を観察しよう

最近は，水素のHα線で太陽を観測できる太陽望遠鏡が大変普及しています．太陽望遠鏡は，刻々と変化していくプロミネンスを観察することができ，太陽活動を実感できます．

① 太陽望遠鏡は普通の望遠鏡と違い，水素の特別な光で，直接目で観察できる安全なものであることを話しておきましょう．また，水素のHαという光は，太陽全体が赤く見えるため，丸く大きく見えるのは太陽表面で，丸い太陽から小さく飛び出ているものがプロミネンスであることも説明しておきます．

② 赤く丸く見える太陽から（ひげのように・煙のように・小さな木のように）小さく飛び出しているものがあるか見つけさせます．

③ プロミネンスが発見できたら，他の場所にもあるかどうか，またどんな形をしているか聞いたり，スケッチさせたりしましょう．

④ サージプロミネンスや活動型のプロミネンスは刻々と変化しているので，少し時間をおいて観察し，形や大きさを比べてみます．

⑤ ダークフィラメントが観察できたら，太陽表面にあるプロミネンスであることを伝えます．

⑥ 黒点よりプロミネンスの変化は激しく，太陽が活動している証拠であることを伝えます．

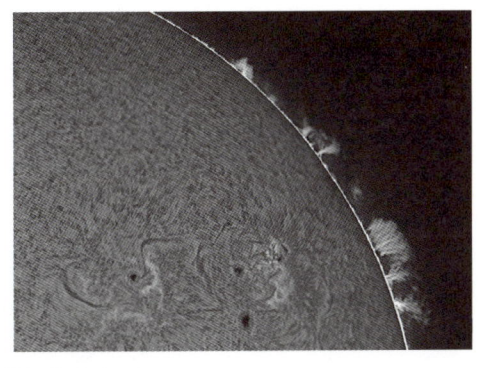

【図79】太陽望遠鏡とプロミネンス

CHAPTER 5.5

★★★★☆

日食と月食 概説

日食と月食は，太陽，地球，月という3つの天体が協力しあって起きる天文現象です．これらの天体の位置関係が，ある一定の条件を満たしたときにだけ起こる現象です．そのため遭遇するチャンスは多くないのですが，そのときに見せる月や太陽の普段とは異なった姿には，人を強く引きつけるものがあります．

撮影：福島英雄，宮地晃平，片山真人

日食

日食は太陽が欠けて見える天文現象です．月が地球の周りを公転している間に，太陽，月，地球の順番にならぶときが必ず訪れます．新月のときがこれに相当します．このとき地上から見て，たまたま太陽と月とが重なると，太陽は月に隠されて欠けて見えることになります．そして太陽の前を月が横切っていくにしたがって，刻一刻太陽の形は変化していきます．これが日食です．太陽が欠けて見える程度は，そのときの3つの天体の位置関係はもちろんのこと，地上のどこで見るかによっても大きく左右されます．

月が太陽と完全に重なってしまう場合には，そのとき月が太陽より大きく見えるか小さく見えるかに応じて，皆既日食や金環日食が見られます．皆既日食は，太陽全体が月に隠されてしまう日食で，このときには太陽を取り巻くコロナが見られます．金環日食は月が太陽の中にすっぽり入ってしまう日食で，太陽がドーナツのように環になって見られます．しかしどちらもごく限られた場所で，ごく短い時間でしか見ることができないまれな日食です．ですから私たちが見ることができる日食の多くは，太陽の一部だけが欠けて見える部分日食となります．そこで，ここでは部分日食の楽しみ方について紹介することにします．

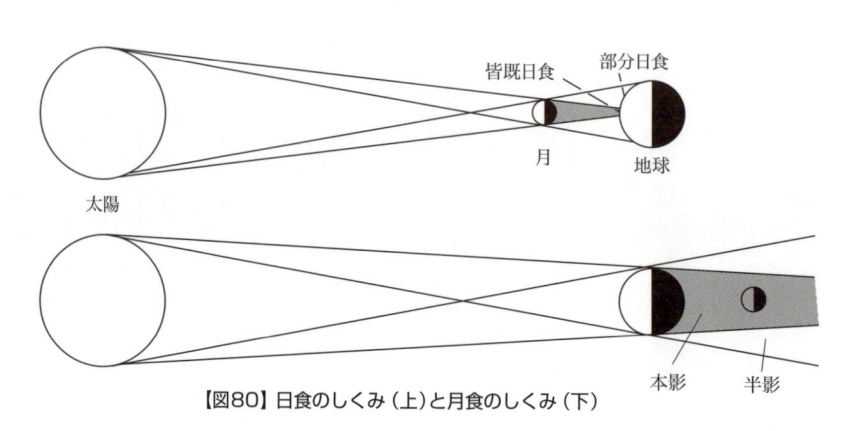

【図80】日食のしくみ（上）と月食のしくみ（下）

月食

　月食は満月が欠けて見える天文現象です．三日月や半月のような月の満ち欠けは，月の太陽に照らされている側の見え方が変化していく現象です．月食のときに月が欠けるのは，しくみがこれとは全く異なります．日食のときとは反対に，月が太陽の反対側にきたときに，つまり太陽，地球，月の順番にならんだ満月のときに月食は起こります．また太陽の反対方向には，地球の影も延びています．このときに月の軌道が地球の影の中を通っていると，盆のようにまるく明るく輝いていた満月も，地球の影に入ればそこは暗くなって欠けて見えてしまいます．これが月食です．また，一口に影といっても，月から見て太陽が地球に全部隠されて全く見えない本影部と，太陽の一部が顔を出して見える半影部とに分けられます．月全体が完全に本影部に入ってしまうときには皆既月食が見られます．月の一部が本影に入る場合には部分月食になるわけです．また，半影部だけに入る場合は半影食と呼び，このときには満月の一部がやや薄暗くなって見えます．ただしよく注意して見ないと気がつかないことがあります．

日食や月食はいつ見える？

　このように，日食は新月のときに，そして月食は満月のときに起こります．しかし，新月のときに必ず日食が起きたり，満月のときに必ず月食が起きたりするわけではありません．というのは，太陽をまわる地球の軌道面に対して，月の軌道面が約5°傾いているからなのです．この角度は，月または太陽の見かけの直径の約10倍に相当します．そのため新月や満月になっても，そのときちょうど太陽と月とが重なって見えたり，地球の影の中に月が入りこむとは限らないのです．日本国内で見られる日食と月食を7.6に紹介しておきます．

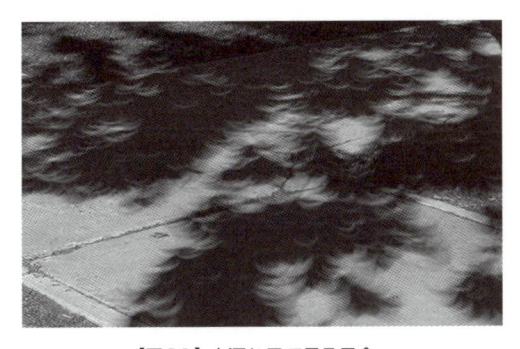

【図81】木漏れ日で見る日食
地面に欠けた太陽が映っている（撮影：大越 治）．

COLUMN　食現象あれこれ

　日食や月食のように，ある天体が，別の天体の本体や影によって隠される現象を「食」といいます．星食は恒星や惑星を月が隠してしまう現象で，「掩蔽（えんぺい）」ともいいます．水星や金星が太陽の前を横切っていく太陽面通過は，一種の金環日食といえます．木星の衛星は，木星本体や他の衛星の影に入ったり，あるいは前を横切ったり，いろいろな食現象を起こします．連星がお互いに相手の星を隠しあって起きる変光星は食変光星と呼ばれます．

CHAPTER 5.5.1
★★★★☆☆

新月の動き

スケッチを通して日食のときの太陽の形の変化を追って，太陽の前を月が動いていくようすを実際に確かめてみましょう．太陽の前を動いていく月，それがまさに普段見ることのできない新月なのです．

必要な用具 天体望遠鏡と太陽投影板，画用紙，筆記用具．望遠鏡は屈折望遠鏡の方が使いやすく，また，自動追尾式架台に乗せるとやりやすいでしょう．

準　備 画用紙には円を描いておきます．この用紙を投影板の上において，この円に太陽の輪郭を合わせます．円の大きさは太陽投影板の大きさを考慮して決めてください．

👉 進め方

太陽投影板に太陽を映し出し，形の変化（欠けた部分の動き）をスケッチしていきます．こうすると月の動いていくようすがよくわかり，日食が月に隠されて起こる現象であることが理解できます．

日食当日より前に，日食の予報に合わせてリハーサルをやっておいたほうがよいでしょう．日食は待ったなしでどんどん進行していきます．当日になってあわてないようにしておくことが必要です．

①日食が始まる前に望遠鏡をセットし，太陽投影板に準備しておいた画用紙を置いて太陽を投影します．接眼レンズを交換したり接眼レンズと投影板との距離を変えたりして，太陽像の輪郭があらかじめ描いておいた円と一致するようにします．望遠鏡の架台が自動追尾できるものであれば，自動追尾をONにして追尾を開始します．

②黒点が見えていれば黒点の位置をスケッチします．同時に太陽の東西の方向も記録しておきます．東西の方向は，追尾を中止するとわかります．太陽像が投影板上を動いていく方向が西になります．

③日食が始まったら，太陽の欠けた部分の形を画用紙の中に一定の時間ごとに次々に重ねて描き加えていきます．時間の間隔は，日食の始まる時間と終了する時間とを考慮して決めてください．スケッチをするときに太陽像がずれてしまっていたら，必ず輪郭と東西の方向とを合わせなおしてください．

④スケッチを続けていくと，図82のように絵ができあがっていきます．欠けた部分が月

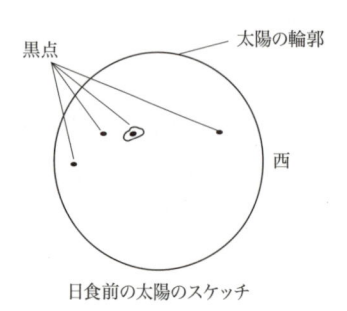

黒点　　　太陽の輪郭
　　　　　　　　　　西

日食前の太陽のスケッチ　　　日食開始後の最初のスケッチ　　　完成

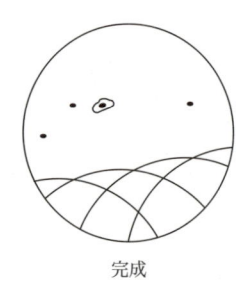

【図82】 新月の動きのスケッチ

の輪郭です．このスケッチから月が移動していくようすがわかります．このようすを全員で確かめてみましょう．

⑤最後に，夕方日が沈んだら月がどこに見つかるか探すよう勧めてください．日食が見られたその日は新月ですから，月は見つかりません．しかし2～3日もたてば，日没後の低い西空に，細い月を見つけることができます．日食の2～3日後には必ず細い月が見られることを注意しておきましょう．

⚠ 注意事項

- 望遠鏡の接眼レンズは，ハイゲンス（略号H）型，ミッティンゼー・ハイゲンス（略号HM）型など，貼合わせレンズを使っていない接眼レンズを選んだほうが無難です．貼合わせ面が太陽の熱ではがれて接眼レンズを破損してしまう恐れがあるからです．
- 望遠鏡を直接のぞき込んで太陽を見ることは絶対にさせないこと．太陽光の強い熱のために，失明する恐れがあります．
- 太陽の日射しの下で日食を見るのですから，特に夏場では熱中症や日焼けに注意が必要です．必ず日陰と飲料水を確保しておきましょう．

COLUMN　青空はなぜ青い，夕日や夕焼けはなぜ赤い

　波長の短い光（青側の光）ほど空気中の原子・分子により散乱されやすくなります．ちょうど，海の小さな波ほど浮かぶ障害物に反射され，大きな波はそのまま前に進むのに似ています．その大きな波もより大きな障害物には反射されます．

- 青空が青いのは：太陽の方向とは異なったほうを見たとき，その方向には散乱されやすい青い光が多くきます（図a）．

- 夕日が赤いのは：太陽が低いときは，高いときより太陽の光は長い大気層を通ってくるため，青側の光ほど次々に散乱され直進方向には少なくなり，赤い光だけが直進方向に残ります（図b）．

- 夕焼けが赤いのは：沈んだ太陽からの光は長い大気層を通ってくるので，ほとんどが赤い光です．その赤い光も比較的大きな分子やチリに散乱されて私たちの方向にきます（図c）．

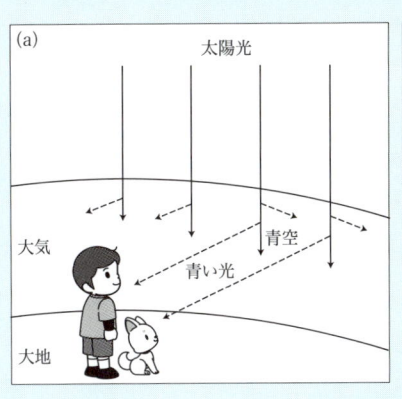

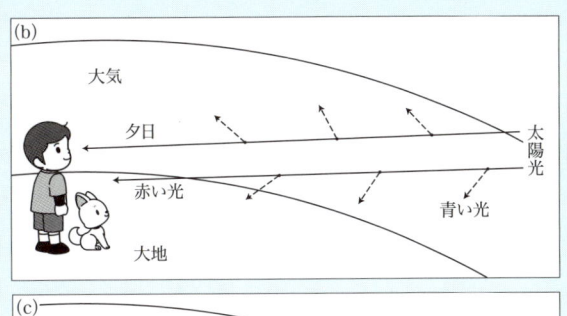

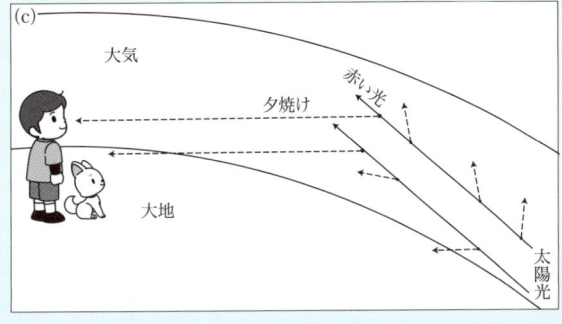

地球の影

★★★★☆☆

皆既月食のときの月の変化をスケッチすることで，月が星の間を動いていくようすや，地球の影が広がっているようすを理解します．

> 必要な用具　双眼鏡，画用紙，色鉛筆，懐中電灯．双眼鏡は口径3cm以上，倍率は7～15倍程度のもので，1人に1台ずつ行き渡るのが理想的です．カメラ用の三脚に固定すると見やすくなります．

進め方

双眼鏡を通して月を眺めながら，背景の星も含めて月をスケッチします．スケッチを通して，月が星と星の間，地球の影の中を移動していくことを理解します．同時に月の欠けぎわがぼんやりしていること，欠けた部分が真っ暗ではなく，赤く色づいて見えることを発見します．スケッチのうまい下手は問題ではありません．スケッチをすることで，月のより細かいようすに気がつくことができます．

① 月食が始まって半分ぐらいまで欠けた月と，皆既食が過ぎてやはり半分ぐらいまで戻ってきた月とを図のように1枚の画用紙の中にスケッチします．このとき，背景の星をまずスケッチします．その次に月をその中に描きこみます．できあがったスケッチから，星の間を月が移動したようすと，地球の影の広がりとを読み取ることができます．

② 皆既食に入ったら別の画用紙を用意して，色鉛筆を使って月全体のスケッチをしてみましょう．このとき次の点に注意して描くように指導します．

　a) 何色に見えるか．色の変化やムラはないか．
　b) 明るさはどうか．月全体が同じように暗いか．特に暗い部分や明るい部分はないか．

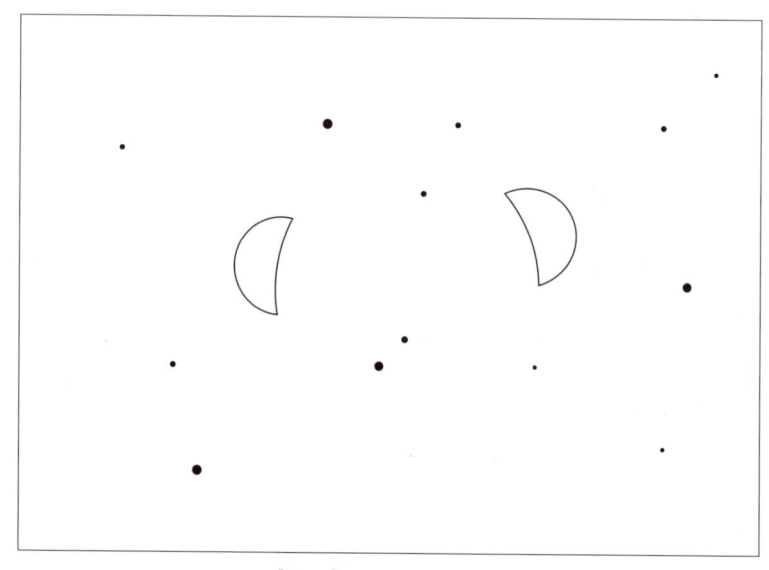

【図83】地球の影のスケッチ

③スケッチができあがったら，今度は全員で考えてみます．

a)「皆既食の間でも真っ暗にはならないで月が見えるのはなぜか．また，赤みがかって見えるのはなぜか」

地球には大気があります．太陽の光が大気を通る際，屈折して地球の影の内側に光が回り込み，それが月面をかすかに照らし出すのです．大気を通過する際，太陽光線のうちの青い光は大気で散乱されて月まで届かず，赤い光が届くためにこのように色づいて見えるのです．

b)「地球の影はどのくらいの大きさか」

①のスケッチから，地球の影が月の大きさの何倍ぐらいに広がっているかをざっと読み取ってみましょう．実際は月の3倍程度の大きさです．

🎙 ひとこと

- 皆既中の月の色と明るさは，地球大気の汚れ具合のバロメーター．世界のどこかで大きな火山が噴火した後の月食では，月がほとんど見えないくらいに真っ暗になるときがあります．大気中に舞い上がった火山灰が，太陽の光を妨げてしまうのです．月食の前に，最近大きな火山噴火があったかどうかを調べておくとよいでしょう．
- 部分月食のときでも，①のスケッチをしてみるとよいでしょう．ただし②のように影の部分の色と明るさとを見るのは難しくなります．どのくらい月が深く影に入りこむかにもよりますが，影に入らない明るい部分がまぶしくて，影の部分が見にくくなるからです．この場合には天体望遠鏡を使って60〜80倍前後で眺め，明るい部分を視野からはみ出させるようにすると見やすくなります．
- ちなみに①は，スケッチのかわりに多重露出で写真撮影すると，図84のようになります．地球の影と月の大きさが比較できます．

【図84】多重露出撮影による月食（2011.12.10 倉敷科学センター撮影）

日食や月食を安全に楽しむために

日食や月食は，天文現象の中でも多くの人々から注目される現象です．小さな子どもでも楽しめ，長時間にわたり観察できる現象ですが，危険が伴う一面もあります．ここでは安全に日食や月食を楽しめるよう，注意しなければいけない事項について解説します．

（1）太陽光から身を守る

①太陽光から目を守ろう

近年，日食観察時に起きやすい目の障害として，日食網膜症または日光網膜症と呼ばれる障害が注目されるようになりました．この障害は，目に入った太陽本体からの強い光が目の網膜を傷めてしまうことで起こります．そのため部分日食や金環日食，太陽本体全てが隠される前後での皆既日食などで太陽本体を直視するには十分に減光する必要があります（皆既日食は，太陽本体が全て隠された皆既中に限り減光は不要です）．決して減光せずに太陽を直視してはいけません．そしてこれまでのところ，太陽からの次の光に特に注意が必要なことがわかってきました．

　a）目に見えない光　赤外線や紫外線．
　b）目に見える光　特に波長が短い青い光．

そこでこれらの光を十分にカットして安全に太陽を見るためには，「太陽観察用」として販売されているメガネやフィルターを使うことが最も確実です．その際，天体望遠鏡や理化学機器，科学雑誌類の販売で実績のある販売元の製品，特にどの工業規格に準拠した製品であるかを明記した製品がより安全です．但し眼視用と撮影用とで特性が違う製品を販売する会社もあるので，その区別は注意しましょう．そして製品に書かれた警告や注意書きを必ず守ることが大切です．守らないと目を傷める恐れがあります．

また，従来太陽観察で使われてきた方法が，特に前記a）の目に見えない光のカットで不十分な場合があることがわかってきました．カメラ用NDフィルター，真っ黒に感光した写真用フィルム，ロウソクの煤を着けて真っ黒にしたガラス板，下敷き，などです．

要するに太陽が暗く透けて見えても，どの波長の光が通過しているかわからない減光方法は危険と考えるのが無難です．その意味でも「太陽観察用」と明記された市販品の使用が安全です．

また，太陽を直接見るのではなく，5.4.1で紹介した太陽像を望遠鏡で投影して見る方法や，図81のように木漏れ日の形から太陽が欠けた姿を見るのも安全な方法です．木漏れ日ではなくボール紙に小さな穴を開け，ピンホールカメラの仕組みで太陽の姿を投影して見ることもできます．この方法は誰でも簡単にできて，穴の数だけ太陽像ができる楽しい観察方法です．

②熱中症や日焼けに気をつけよう

日食の観察では日の光に長時間さらされることになります．そのため熱中症や日焼けには注意が必要です．特に夏場は年々最高気温が高くなる傾向があるので，気象庁から発表される気温や紫外線情報に注意し，屋外で日の光にさらされる時間は必要最低限にして，十分な水分の摂取，日陰や冷房の効いた部屋の確保に努めましょう．また芝生の上など地面が高温になりにくい観察場所を選ぶこと

や，日傘の使用，長袖の着用も有効です．

(2) 街の危険から身を守る
①事故に気をつけよう

日食も月食も，誰もが時々刻々とその姿を変えていくようすに空を見上げ，周囲への注意がおろそかになりがちです．したがって観察場所選びには注意が必要です．道路上や人通りの多い場所は危険なので，車が進入せず人の流れのない公園や広場，校庭など，必ず安全な場所で観察しましょう．

また月食の場合は遅い時刻に終わることが多いので，観察地からの帰宅時に，暗い道を歩く場合もあるでしょう．夜は暗いため車の運転手も歩行者を見落としがちとなり，交通事故の危険性も高まります．実際，月食を見終わって帰宅途中の小学生二人が，飲酒運転の車に跳ねられて亡くなるという悲しい事故が起きています．このような悲劇を今後二度と起こさないためにも，交通事故には十分に注意して下さい．特に保護者の方は子どもたちへの十分な注意をお願いします．もちろん大人が車で観察地を往復した場合でも，夜間運転になるので事故には十分に注意しましょう．

②犯罪やトラブルに気をつけよう

日食も月食も，観察では不特定多数の人々が集まって空を見上げる場合があります．そのような場ではどんな人間が紛れ込んでいるかわからず，しかも誰もが空に気を取られていることが多いので，スリなどの犯罪に巻き込まれる心配があります．また場所取りなどのトラブルも起きかねないので注意しましょう．

特に月食の場合は夜間になりますから，昼間の日食以上に注意が必要です．もし月食観察会などを催す場合には，あらかじめ近所の警察署や交番などに連絡をしておいて，お巡りさんに巡回をお願いするのも保安上有効です．帰宅時も犯罪に巻き込まれないように注意しましょう．

ピンホールシートを使って日食を楽しもう

日食を安全かつ安価で，気軽に楽しむ方法として，小さな穴を空けたピンホールシートを使った観察があります．

光を通さない厚紙などに，釘や穴あけパンチ，星型など変わった形の型ぬきなどで穴をあけ，日食中の太陽の光にかざします．

穴を通りぬけて影に映った太陽の光は，欠けた太陽の形になります．ピンホールの穴で字や絵を描いて投影してみても楽しいでしょう．クラッカーの穴や麦わら帽子などでも楽しめます．

※ピンホールを通して直接太陽を見ないようにしましょう．

（『金環日食ビギナーズガイド』より）
提供：福江 純，作成：藤田一恵

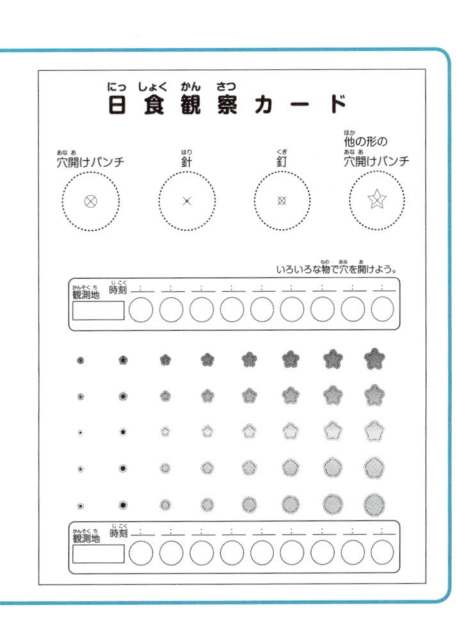

第5章 観望天体ごとの進め方

流星・人工衛星 概説

はるかに遠い星ぼしの世界や惑星の世界に比べると，流星や人工衛星は私たちの住む地球の薄皮一枚あたり，本当にごく近所で起こっている現象なのです．また，恒星の世界は非常に長い時間をかけないと変化が起こったことにも気がつかないほど静的ですが，身近に起こっている現象だけあって天文現象にしては非常に動的です．特に流星に関しては，ほんの1秒の間にすべての現象が終了してしまうほどです．

流星ってどんなもの？

　天文に特に興味はない人でも，「流星が光っている間に願いごとを3回唱えると願いごとがかなう」ことはよく知られているくらいですから，流星はそれだけ印象深い対象です．流星は文字どおり星が流れるようにも見えますが，もちろん夜空に輝いている星が突然ポロッとこぼれるようにして流れていくわけではありません．惑星空間のチリや，小さな小惑星のような物質が，あるとき地球の大気圏に飛び込んで，その際の猛烈なスピードにより大気との衝撃で激しく光と熱を発し，蒸発消滅していく過程を見ているものです．

流星群と放射点

　流星群のもとになる天体は一般に彗星を母天体とします．たとえばペルセウス座流星群はスイフト・タットル彗星が母天体です．
　彗星が太陽に近づいたとき，太陽からの放射によって彗星表面から吹きだしたガスとチリは彗星の軌道とほぼ同じ軌道を描いて太陽のまわりを廻りだします．流星という現象は，ほうき星がまき散らしたチリと地球の軌道が交わるところで，チリが地球と衝突する場面を見ていることになります．チリはチリでもれっきとした太陽系の微小天体といえるのです．たくさんの流星が見られるのはそうしたチリがまとまっている軌道に地球が飛び込む場合で，これを「流星群」と呼びます．流星群に星座の名前がつけられているのは，たまたまチリの軌道と地球の軌道が交わる点（放射点）の位置が地球上からみて，ある星座の方向に見えるからです．

　厳密には地球自身が秒速30kmで運動しているので，その分見かけの放射点は，ずれて見えます．ちょうど頭の真上から降る雨が，走っていると斜め前方から降るように見えるのと同じです．

　チリが地球と衝突するときの速度は軌道の交わり方によって異なります．早い流星は正面衝突，中くらいの早さの流星は側面衝突，遅い流星は後ろから衝突，そんなたとえができます．流星の実際の速度は速い流星群（しし群）で70km/s，遅い流星群（ふたご群）でも20km/sくらいの速度があります．

流星の観察

流星の観察はただ眺めるだけでなく，どの方向に流星が流れたのかを記録しておくと放射点の存在を知ることができます．また，中には放射点とぜんぜん関係ない方向に流れる流星もありますが，これを群流星に対して散在流星といいます．

以上のように流星の観察は流星群の活発に活動している期間ほどよく，流星群によって違いはありますが，多いもので時間あたり数個から数十個の流星を見ることができます．しかし，一人の人間が見渡せる空の広さは限られているため，同時に多くの人間で空をカバーするほうが流星の見落としがより少なくなります．流星の観察はグループで行うほうが好ましいのです．

人工衛星が見える

星空を見上げていると，ときおり人工衛星が見えることがあります．こうした人工衛星は，気象，通信，放送，地球観測，GPSなど実生活になじみが深いものも多く，日本人宇宙飛行士が国際宇宙ステーションに長期滞在するようになり，人々の宇宙開発への関心も年々高まっています．

人工衛星は自分では光らないため，観察者がいる地上では星が見えるほど夜空が暗く，人工衛星には太陽光が当たっている状態で観察することができます．日没後や日の出前90分ほどの時間帯に夜空を眺めていると，いくつもの人工衛星が星ぼしの間を横切っていくようすが確認できます．特に国際宇宙ステーションは，金星（−4等級）に匹敵するほど明るくなるため，都会の観望会でも余裕で見つけることができます．

人工衛星の特徴（見分け方）

多くの人工衛星は3〜5分ぐらいの時間をかけて，ゆっくり星ぼしの間を動いていきます．しかし，流星や飛行機など紛らわしいものも多く，初めての方が人工衛星を見分けるのは難しいようです．指導者は以下を参考に，事前に人工衛星を確認する経験を積んでおくことが好ましいでしょう．

a）飛行機の場合，両翼に搭載されている緑や赤などの複数の光点が見える．
b）流星の場合，1秒以上継続して見えることはまれ．
c）人工衛星は，流星や飛行機よりゆっくりと動く．人工衛星は1秒間に角度で1°以上の速さで移動することはあまりない．

夜空の条件によって多少の変動はありますが，数人で観察する場合，1時間あたり数個の人工衛星を確認することができるでしょう．また，太陽の方向や人工衛星の姿勢の変化によっては，変光，点滅，閃光などをする場合もあります．

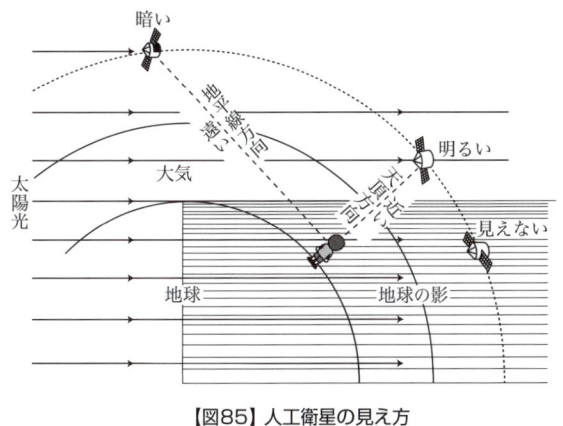

【図85】人工衛星の見え方

流星をたくさん見よう

流星はめったに見られないと思っている人も多く，かつ関心の高い天文現象です．大きな流星群が活動する時期に合わせて天文界で最もスピーディな現象の1つである流星を眺めましょう．流星を見ることから流星の速さの違い，群流星とそうでない散在流星の違い，放射点の存在など，実際に眺めながら体験できます．また，星空を長時間にわたって眺めることから，星の明るさの違い，星座の移り変り，地球の自転の体験などの効果も期待できます．

参加人数と指導者の必要数　望遠鏡などの機材はなくて済むので，人数制限はきびしくする必要はありません．むしろ施設の収容人数，指導者の数で決まってくるでしょう．指導者に必要な素養は，星座早見盤の使い方を指導し，星座を指し示せること，流星群の団体係数観測，経路記入程度の観測を経験していることが望まれます．

必要な用具　グランドシート，シュラフ（厳冬期にも使えるもの），小型懐中電灯，星座早見盤，サーチライト式懐中電灯，星座を大まかに示したB4くらいの星図（拡大すると記入しやすい）

観察時期　流星群の活動は年間を通して時期が決まっており，なるべく極大日にあわせて行うと効果があります．主要な流星群のおおよその極大日はつぎのとおりです．

しぶんぎ座（りゅう座）流星群	1月3日の夜から4日の明け方	0時頃から観察
ペルセウス座流星群	8月12日の夜から14日の明け方	22時頃から観察
オリオン座流星群	10月20日の夜から21日の明け方	22時頃から観察
しし座流星群	11月17日の夜から18日の明け方	0時頃から観察
ふたご座流星群	12月13日の夜から14日の明け方	20時頃から観察

極大日は年によって前後にずれる場合があるので天文雑誌，年鑑などで調べてください．月は出ていないほうがよいのですが，流星群を観察することを中心に考えれば，満月下でもするべきでしょう．

進め方

(1) まず見ること

①観察開始時刻の1時間ほど前から星座早見盤などで星座や放射点方向などを説明します．
②グランドシートを広げ，シュラフを敷いてもぐり込みます（寝てしまわないように）．
③初めのうちは天頂を見つめ，空の状態を観察します．天頂から地平線までの透明度はどうか，何等星まで見えるか，雲は出ていないだろうか，放射点の方角は，などです．
④天頂に見える星や星座を使って自分の目でどのくらいの範囲が見渡せるかを調べます．地平線から何度くらい見渡せるか，その中でしっかり見ることのできる範囲はどれくらいか，など自分の性能を計ってみましょう．
⑤観察を始めます．流星を探し続けます．各自飛びそうだと思う方向を決めさせて見るのもよいでしょう．そうしないと，いつのまにか全員が見やすい天頂を見てしまうことになりかねません．
⑥流星が飛んだら，発見者に発光し始めた位置と消えた位置（できれば星座名）をいわせ，群流星かどうかの確認をします．
⑦観察終了後，各自に，放射点が確かめられたかどうか，痕を残すような明るい流星はいくつ見られたか，など，気づいた点を述べてもらい，コメントをします．

(2) 流星の記録に挑戦

①から④までは(1)と同じようにします．
⑤観察をはじめます．流星が流れたら，流れ

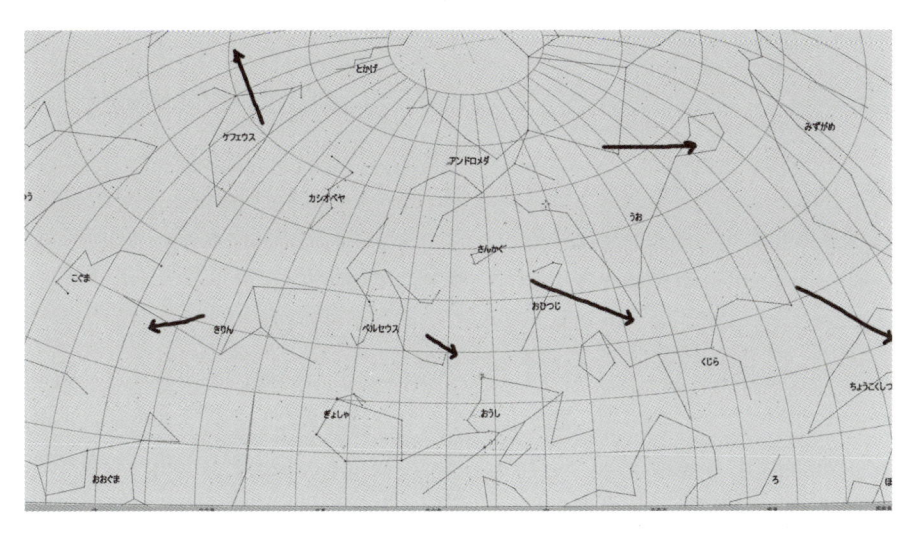

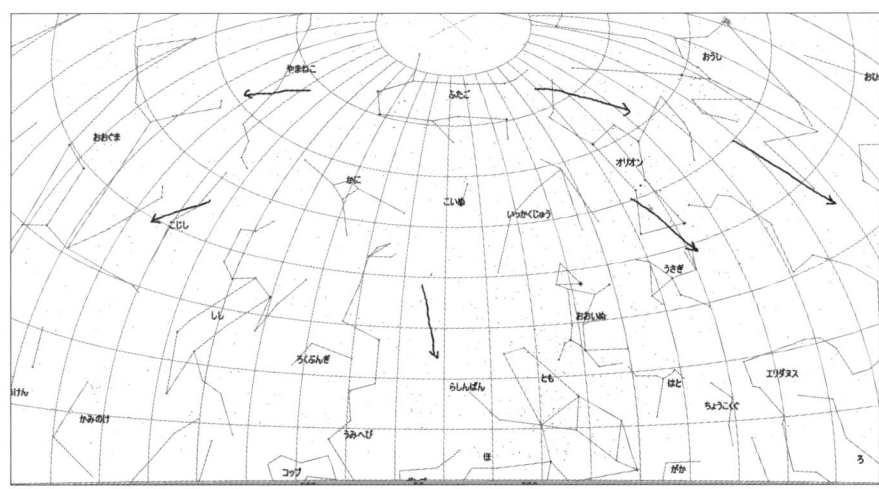

【図86】流星の記入例
(株式会社 アストロアーツのステラナビゲータで作成)

はじめから，流れ終わりまでを線と矢印で星図に記入します．少なくとも，2人くらいの視野に入ることが多いので，位置や方角などを確認しあいながら観察を続けます．

⑥ 1グループの観察時間は30分から1時間くらいで，それ以上観察するときは交替するか，30分毎に5分休憩を入れる，などをします．

⑦ 予定観察時間が終了したら，星図に記入された流星をたどって，放射点を探します．

⑧ 観察終了後，各自に流星について気づいたことなどを述べてもらい，コメントします．

> ⚠️ **注意事項**
>
> 流星群は放射点が空に出ていないと活発に出現しないので，出てくるのを待って観察することになり，流星群によっては夜半近くからの観察になる場合もあります．観察する時間は2時間程度にし，それ以降は希望者として過労を避けるようにしましょう．夏期のあまり寒くない時期でも防寒には充分配慮してください．虫よけ対策も忘れずに．

CHAPTER 5.6.1

解説

　流星群を見ていると，それぞれの群の特徴に気がつくようになります．速い流星が見られる群（しし群），明るい派手な流星が多くみられる群（ペルセウス群），ゆっくりと流れる流星群（ふたご群），極大時期がほんの数時間しかなく，それを外すとたいした出現にならない群（しぶんぎ群）など，結構個性的です．

　また，同じ流星群の流星でも放射点近くの流星と離れた流星では見かけの速さが異なって見えます．放射点近くでは遅く，経路も短く，放射点から90°離れた流星がもっとも速く，経路も長く見えます．極端なのは放射点に見える流星で，これはとどまって見えることから，静止流星と呼ばれます（図87）．

　流星を見る醍醐味に，まれに火球と呼ぶ大変に明るい大流星に出会えることがあります．そのようなときは一瞬周囲が明るくなるくらいです（図88）．そして流星が消えた後もなおしばらくの間流星の流れた経路が薄ぼんやりと光り続けます．流星痕と呼び，数分残ることもあります．

　流星群の活動時期は地球と流星群の軌道が出会う点ですから，毎年ほぼ同じ時期になります．しかし，流星物質がもっとも密になっている場所に飛び込む時期と，日本が夜になる時間帯とがいつもうまく合うとは限りません．特に流星物質がそれほど散らばっていない流星群（しぶんぎ群）でははっきりしています．

　また，母彗星が太陽の近くに帰ってきたとき（回帰）は，流星の元になるチリが軌道上にたくさんばらまかれていますので，大出現が見込まれます．特にチリの帯の分布が過去の回帰のときの彗星の軌道から計算で求められる場合は，地球がその帯を通過する日時が計算できるのでたくさんの流星を見るチャンスとなります．2001年のしし座流星群の流星雨はその予測が的中し，多くの人々が見ることができました．

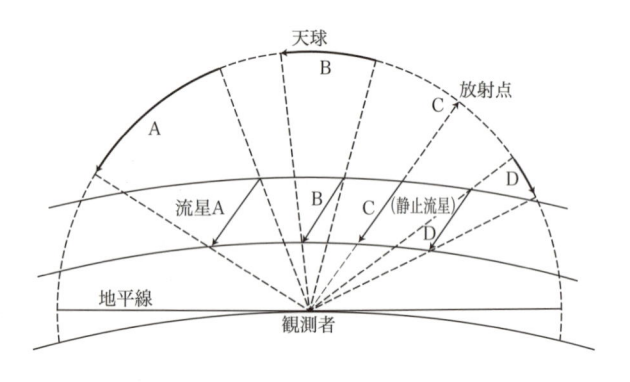

【図87】流星群と放射点

【図88】大火球

【図89】テンペル・タットル彗星（提供：NAOJ）

🎤 ひとこと

　流星が光る道筋は，高度100km程度から50kmといった大気圏内といっていい領域です．私たちは夜空に輝く星たちと同じ空の現象に感じますが，高度300kmから400kmを飛行している国際宇宙ステーションの宇宙飛行士たちが見ると，それは眼下に起こる地球大気の現象と見られます．また，見る場所が数十km離れると，同じ流星を見ていても，東の空に流れて見えたり，西の空に流れて見えたりします．複数の地点で同時に同じ流星をとらえる観測から，太陽の周りをまわっていた星の軌道を計算することができます．たくさんの流星が見られる流星群がどのような軌道を描いているか調べた結果，彗星の軌道と大変近いことがわかり，流星群は彗星起源の物質によるものだとわかったのです．

　流星群の極大時期をはずしたときの観察では，流星はあまり見えませんが，人生や愛について語ったり，宇宙のはての話をしてみたりと，ふだん得難い貴重な時間ともなります．

　放射点をネタに，流星群の現われる仕組みについて，参加者の理解度に合わせながら少しつっこんで説明をすると目を輝かせて聞いてくれます．

☕ COLUMN　FM放送と流れ星、どんな関係があるの？

　「FM流星観測」は流星が飛んだあと地上上層大気，電離層高度にできる密度の高い電離領域によって，本来ならば電離層を通り抜けてしまうような周波数の高い電波も反射するという現象を利用しています．

　100km以上～1000km程度の見通し距離外のFM放送局の電波にFMラジオをチューニングしておき，流星によってできる一時的な（1秒から10秒程度）電離層によって反射される放送の一部分を聞き取る，というのが「FM流星観測」です．

　この方法は，FMラジオによるエコー観測が，流星によってできた密度の高い電離層の反射であることすらあまり知られていなかった1970年代初頭から，アマチュアによって地道な観測研究が続けられ，流星の観測方法として確立されたものです．

　流星の電波観測の最大の特徴は，流星群の活動のピークが昼間であったり，悪天候のために眼視観測が不可能なときに，電波観測では確実にその際立った活動を捉えることができます（これは本書の雨天・曇天時の対応にも非常に有効な手段といえるでしょう）．また野外で眼視観測に耐えられないような方の流星に対する理解を深めて頂くためにも，もっと利用されてよい方法だろうと思っています．

　具体的には，このFM流星観測で放送局を選ぶ場合には，直接波が受信できたり，混信などの影響がないようなFM放送局を選ぶことが条件になります．

　観測機材としてはできるだけデジタル表示チューニングのFMラジオを用意します．なおアンテナはFM用の3エレメント八木アンテナ以上のものを，通常は天頂，または放送局の方向に向けて固定します．準備ができたら後は目的のFM放送局にチューニングしてノイズの間に瞬間的に聞こえる放送をひたすらまちます．エコー（放送内容）が出現したらその時刻，エコーの強度などを記録します．エコーの継続時間はほとんど0.1秒～数秒間で10秒以上続くものはとても珍しいといえます．

　1996年頃からは，アマチュア無線の50MHz帯で試験的にビーコン波が送信され，このビーコンを使った流星観測が行われています．この方法はFM流星観測「FRO:FM radio Observation」に対して，「HRO:Ham radio Observation」と呼ばれ，観測の長時間性，安定性などからこのHROが主流となってきています．

　現在は，福井工業高等専門学校から流星観測用ビーコン波が発射されています．

＊流星観測用ビーコン電波の諸元
呼び出し符合　　JA9YBD
出力　　　　　50w
周波数　　　　53.75000MHz

CHAPTER 5.6.2
★★★★☆☆

人工衛星が見える!?

人工衛星が夜空に見えるということを知らない人も多いようです．肉眼でも観察しやすい人工衛星は年々増え300～400ともいわれ，夜空に見える対象として，決して特別な存在ではなくなってきました．大勢が同時に，かつ10分あれば観察できるので，オプション的な取り組みとして観望会に華を添える上でも有効です．

時　期	人工衛星は日没後90分以内の夕空，日出前90分以内の明け方の空でよく見えます．
必要な用具	夜空の人工衛星を指し示すことができる，強力な懐中電灯．
準　備	インターネットあるいは人工衛星軌道計算ソフトウェアを使って，事前に観察可能な人工衛星の一覧や，目的の人工衛星が観察できる時刻や方向を入手しておきます．

進め方

① 人工衛星が見える時刻の10分前には集合して，観察できる体制に入ります．

② 参加者の目を夜空に慣らしながら，指導者は空のどのあたりを人工衛星が通過していくか解説します．

③ 人工衛星が見える時刻の3分前になったら，人工衛星を見つけるために参加者の意識を夜空に集中させます．

④ 通常の星とは違う移動する光点を見つけたら，指導者は人工衛星かどうかを確認し，懐中電灯で参加者に指し示します．一度見つけられた人工衛星は簡単に目で追えるので，全員が確認できたら懐中電灯を消します．通常，人工衛星は数分（4～5分）かけて夜空を横切っていきます．

⑤ 余裕があれば，人工衛星が星ぼしの間を通過した正確な位置や時間，変光・点滅・閃光の有無など，見え方の特徴も記録しましょう．

【図90】国際宇宙ステーションが移動した光跡
短時間露出の合成画像のため点像になっていますが，実際に点滅はしません．

解説

　人工衛星は，地上では夜空が暗く星が見えており，地上数百 km の高さの人工衛星には太陽光が当たっている条件で観察できます．したがって人工衛星は日没後，日出前の1時間半前後に観察することが好ましいといえます．

　また人工衛星は，観察者との距離により，大気減光が変化し（5.3，図50参照），天頂に近いほど明るく見え，地平線近くにあるほど暗くなります．また地球の影に隠れて見えなくなったり，影の中から出てきて見え始めたりすることもあります（5.6，図85参照）．このような現象を確認できれば，人工衛星が地球の周りを回っていることが実感でき，宇宙空間にのびる地球の影も認識することができます．

　星がたくさん見えるような暗い星空の下では，大勢で「人工衛星探し競争」をやると大いに盛り上がります．1時間に10個前後確認でき，意外に見える人工衛星の多さに驚くことでしょう．

　このほか，イリジウム衛星のフレアと呼ばれる現象も独特です．衛星搭載の鏡のようなアンテナが太陽光を反射して，十数秒間，最大−8等級で輝きます．突然，夜空の一角が閃光するそのダイナミックな光景は「夜空のサーチライト」とたとえられるほどです．観察場所が限定され10km移動すると明るさも変わるため，正確な観察場所の緯度経度を用いた局地予報が必要です．

【図91】イリジウム衛星のフレア

［市街地でも観察できる明るい人工衛星］

　市街地での観望会では，1等星をしのぐ明るさで観察できる人工衛星を定め，見える時刻に合わせた運営を行うのもおすすめです．

　国際宇宙ステーション（ISS）は金星並み（−4等級）の明るさに達するため，大都会の夜空でも余裕で見つけることができます．日本人宇宙飛行士が搭乗するタイミングで観察できれば，参加者の感動もひとしおでしょう．

［人工衛星の観察予報の入手方法］

　人工衛星がいつ，どのように見えるかという観察予報はインターネットのホームページで公開されているほか，人工衛星軌道計算ソフトを使って自分で計算することもできます．しかし，こうした予報は誤差を含んでおり，1か月で数分程度のずれが生じます．観望会を行う前には，必ず最新の予報を入手してください．

【人工衛星の観察予報が入手できるサイト】
- 国際宇宙ステーション「きぼう」を見よう（JAXA）　http://kibo.tksc.jaxa.jp　近日見ることができる日本国内向けの観測予報を提供．
- heavens-above（DLR/GSOC 英語）　http://www.heavens-above.com　肉眼観察しやすい人工衛星の予報や，観察星図なども入手可能．

CHAPTER 5.7

彗星 概説

彗星は，ほうき星ともよばれます．誰でも長い尾をたなびかせた姿を一度夜空で眺めたら，その神秘さをきっと一生忘れられないことでしょう．1年の間に数十個もの彗星を観察することができますが，そのほとんどが望遠鏡を使っても見えにくい暗い彗星です．肉眼で尾を確認できるほどの大彗星は，10年に1～2個ぐらいでしょう．

提供：倉敷科学センター

彗星の正体

17世紀，アイザック・ニュートンやその友人エドモンド・ハレーは，彗星の軌道を詳しく調べ，彗星が太陽系内の天体であることを明らかにしました．有名なハレー彗星は，遠日点が海王星の外側にまでのびる細長いだ円軌道をおよそ75年の周期で公転しています．他の太陽系天体が，太陽の赤道面にそってほとんどおなじ平面上を同じ向きに公転しているのに対し，彗星はあらゆる方向からやってきます．これは太陽系のはて（1～10万天文単位ぐらい）に，太陽系を球殻状にとりまいているオールトの雲とよばれる彗星物質の集まりがあるためだと考えられています．

彗星本体（核）は，直径10km程度のH_2Oを主成分とする凍った物質のかたまりに，ちり（固体微粒子）が含まれたものと考えられ，「汚れた雪玉」と形容されています．望遠鏡で核を見ることはまず不可能です．太陽に近づくと核表面の氷が溶け出し，ガスとちりが雲のように核を覆いコマを形成します．コマの大きさは直径10万kmくらいにもなります．さらに電離してイオンになったガスが，太陽風に流されて太陽の反対方向にイオンの尾（プラズマの尾）を作ります．また，ちりは太陽の光圧と太陽の重力の作用によってやや広がったちりの尾（ダストの尾）となります．このように彗星には2種類の尾があります．5.6で述べたように，彗星の軌道のなかを地球が

【図92】ハレー彗星と探査機ジオットが撮影したハレー彗星の核
（右図提供：Halley Multicolor Camera Team, Giotto Project, ESA）

通過すると流星群が出現する場合があります．

コメットハンター

　彗星には発見した人の名前がつけられます．彗星を見つけることはたいへん夢のある天体観察ですね．池谷・関彗星や百武彗星のように日本人の名前のついた彗星もたくさんあります．彗星の発見を目標に毎晩のように観察している人々をコメットハンターと呼びます．彗星を発見することは簡単なことではありません．5000時間も探して見つからないこともあります．しかし，彗星はいつ現れるか予想がつきませんから，他の目的で天体観察をしているときや，撮影した天体写真から，偶然，彗星が見つかることもあります．

彗星観察のポイント

・彗星は淡くぼーっとした天体ですから，なるべく空の暗い所で月明りをさけて観察しましょう．

・彗星を探すには，天文雑誌などから彗星の位置予報を入手しておく必要があります．発見されたばかりの彗星では，位置や明るさの予報が正確でない場合が多いので，なるべく最新の情報を利用してください．インターネットなどを利用すると新しい情報が手に入りますが，近くの天文関連施設に問い合わせてもよいでしょう．

・望遠鏡で観察するときは，星雲や銀河の観察同様，暗いところに目をよく慣らしてから，少し目をそらしてわき目で見るようにすると見えやすくなります．暗い彗星ではあまり倍率を上げないようにします．

・一般に彗星といえば尾をたなびかせた姿を想像しますが，眼視ではほとんど尾がわからない彗星のほうが多いのです．暗めの彗星の観望会では事前にその日の彗星の見え具合について説明し，参加者が過度の期待を持たないようにしたほうがよいでしょう．

・肉眼でもわかるような明るい彗星の場合は，望遠鏡より双眼鏡で観察したほうが，尾が見やすく，全体のようすがわかり好都合です．

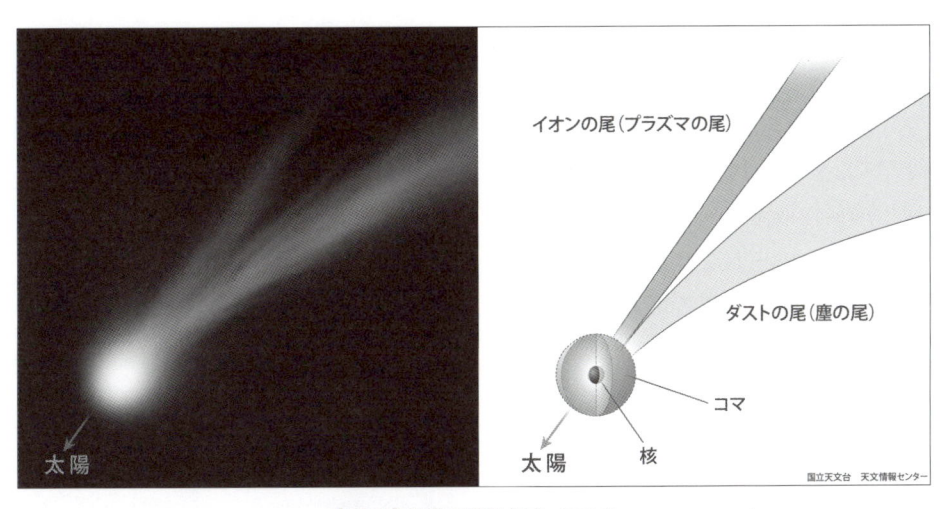

【図93】彗星の構造（提供：NAOJ）

CHAPTER 5.7.1
★★★★☆☆

きみもコメットハンター

肉眼で見えるぐらい，明るい彗星を観望会で見てもらうときには，すぐに望遠鏡をのぞいてもらうのではなく，まず，彗星を肉眼で探すゲームから始めましょう．目を慣らすのによいですし，望遠鏡をのぞいて，思ったより淡いことにガッカリする参加者もいなくなります．簡単に彗星発見の楽しさも味わえます．

必要な用具　指導者：その日の彗星の位置を書き込んだ大まかな星図，サーチライト式懐中電灯
参加者：その日の彗星の位置を書き込んでない大まかな星図，小型懐中電灯（赤色），筆記用具

進め方

(1) 肉眼で

① 参加者には，あらかじめ彗星の見える方向や見え方などは詳しく説明しないようにします．彗星のいる星座名と彗星の明るさくらいにとどめておきましょう．

② 観望会のはじめに星図，小型懐中電灯，筆記用具を配り，「さあ，彗星はどこでしょう．見つけられた人から望遠鏡で見られることにしましょう．見つけられた人は星図に記入してから合図してください」などといい，配られた星図に対応する大まかな星の並び，星座の形などをサーチライト式懐中電灯で示します．あとは参加者に肉眼で彗星を探させます．

③ 彗星の明るさや参加者のレベルに応じて，星図を利用しないで参加者に直接指で指し示させる方法もあります．また，見つけた人には双眼鏡で確認させてもよいでしょう．

彗星が西の低空にあり，短時間しか観望できない場合は，ゲームを早めに切り上げて全員が望遠鏡で観望できるように注意しましょう．

(2) 双眼鏡や望遠鏡で

双眼鏡や望遠鏡が十分あり，彗星も長く観望できるような好条件の観望会では，参加者に双眼鏡や望遠鏡で探してもらうのもよいと思います．このとき，シャルル・メシエが彗星と見間違えそうな星雲・星団をピックアップし，メシエカタログという有名な星雲・星団・銀河のカタログを制作したことを説明しましょう．

(3) 曇ったとき

せっかくの彗星の観望会が曇ってしまったときは，淡い彗星の写った写真から彗星を探しだすゲームをしてみましょう．

【図94】電波望遠鏡とパンスターズ彗星（提供：NAOJ）

CHAPTER 5.7.2
★★★★☆☆

尾はどっち？

彗星は淡い天体です．比較的明るい彗星を望遠鏡で見ても，じっくり観察しないと尾があるのが確認できない場合が多いのです．淡い天体を見慣れた指導者には見えても，初心者には見えないことは，星雲や銀河の観察でもよくあることです．参加者の観察力を高めるため，また，彗星の尾は太陽の反対方向に伸びることなどを理解してもらうために行います．

進め方

①彗星を双眼鏡や望遠鏡で見てもらう前に，「彗星の尾の方向はどっちだ？」と質問します．
②参加者が全員見終わったところで答えをいいましょう．望遠鏡での観察のときは上下左右が逆になることも教えて，太陽の方向の逆側に尾が伸びていることを説明しましょう．
③尾が明るい彗星の場合は，見えているのがプラズマの尾なのかダストの尾なのか当ててもらうのもよいでしょう．肉眼では正確な色の区別は難しいですが，明るいプラズマの尾は，青っぽい色で太陽の反対方向に伸びています．一方，見えているのがダストの尾なら，白っぽくて扇型にひろがっていたり，アンチテイルといって，見かけ上太陽の方向に尾が見えていることもあります．

【図95】ヘールボップ彗星（提供：NAOJ）

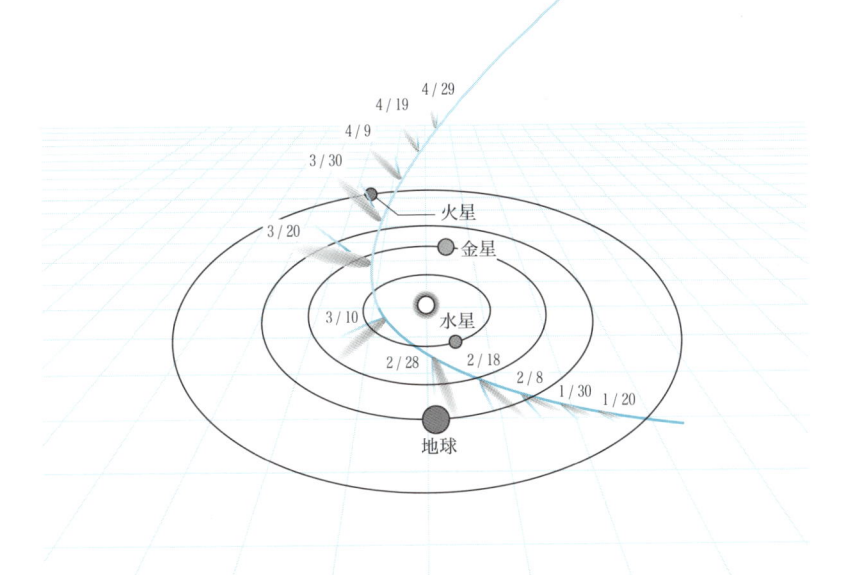

【図96】パンスターズ彗星と地球との位置関係
惑星は2013年3月10日の位置

CHAPTER 5.7.3
★★★★☆

彗星を追っかけよう

彗星は他の太陽系内の天体と同様にケプラーの法則にしたがって運動していますので，太陽に近づくほど速く動くことになります．また，地球に近づいた彗星ほど地球から見ると速く運動して見えます．観望会では，参加者に2回望遠鏡で観察してもらうことで彗星の運動の速さに気づいてもらいましょう．

必要な用具	サーチライト式懐中電灯，望遠鏡または双眼鏡，彗星の位置の書き込まれた星図
参加者	スケッチ用紙または彗星の位置の書き込まれていない星図，筆記用具，小型懐中電灯
準 備	天文雑誌などに発表されている彗星の位置推算表から，彗星の1日あたりの移動量を調べましょう．観察する彗星のその日の位置と運動の方向を調べ，指導者用の星図に書き込んでおきます．

進め方

（1）彗星の動きを観察する

彗星の観察可能な時間（高度が低くなり見えにくくなるまでの時間）を考慮し，観望会全体の半分の時間で一通り参加者全員に観察してもらえるように，進行には注意を払います．また，参加者には観察した時刻を記録するよう指示しておきましょう．

彗星の動きが速いときは，望遠鏡の倍率はなるべく低めにしておきます．できれば指導者は，観察日の前日か前前日くらいに彗星の動く量を確認し，適切な倍率を調べておくとよいでしょう．

［すばやくおこなうには］

参加者一人当りの観察時間が多くとれない場合は，あらかじめ，望遠鏡の視野内の星を記入してあるスケッチ用紙，または彗星周辺の星図を参加者に渡しておきます．この場合は，前もって室内などで観察の仕方，星図と実際の視野との関係などを説明しておいたほうがスムーズに進行できます．スケッチはせず，彗星の位置に×印をつけてもらいます．時間をおいて観察してもらい移動を確認します．

［じっくり観察できるときには］

彗星が衝に近く比較的長い時間観察できるときや，参加者が少人数の時など時間的に余裕のある観望会では，参加者一人一人に望遠鏡でのぞいたようすをスケッチさせるとよいでしょう．スケッチは，はじめに視野中の恒星の位置を書き込み，つぎに彗星の大まかな構造を記録させます．

参加者全員が一通りスケッチできたら，もう一度望遠鏡をのぞいてもらい，スケッチ用

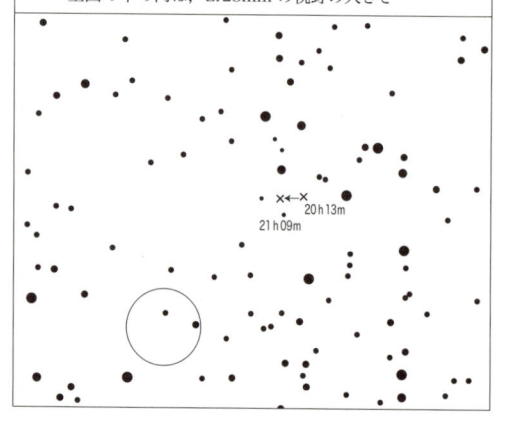

【図97】記録用紙の例

紙に移動した彗星の位置を書き込んでもらいます．2回目は位置のみで詳しいスケッチは必要ありません．

(2) 参加者への質問の例

観察のやり方，彗星の見え具合，参加者のレベルなどに合わせて次のような質問をします．

a)「彗星はどちらの方向へ動いていましたか？」

参加者が望遠鏡や双眼鏡の視野中での東西南北を理解しているか，彗星の動きを確認できたかどうかがわかります．参加者が初心者の場合は，観察の前または観察中に東西南北を教えておきましょう．

b)「明日の晩，今ぐらいの時刻には，彗星はどこにいるでしょう？」

観察の間で動いた量と方向から考えてもらいます．全員の観察が終わった後でしたら，参加者にサーチライト式懐中電灯で実際の方向を指し示させてもよいですし，肉眼で見える彗星であれば，あえて正解は言わないで「明日の晩，探してごらん」でもよいでしょう．

できれば，彗星と地球の軌道図（5.7.2，図96）または簡単な軌道模型を用意して，その日の太陽と地球と彗星の位置関係を示しながら説明すると，彗星の運動を理解するのに効果があります．

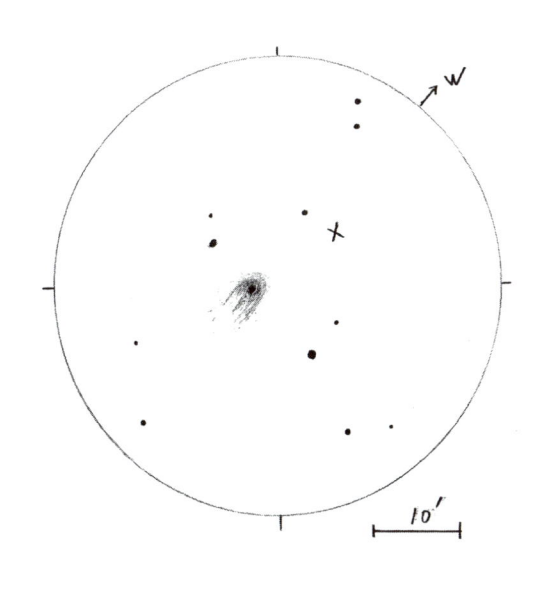

【図98】彗星の移動のスケッチ例

🎤 ひとこと

観望会の最中は，指導者もときどき彗星を観察するようにし，尾の形や方向が変化しているときは参加者に注意をうながすようにします．特に明るい彗星では，プラズマの尾の構造や方向が，1時間ぐらいでも変化しているようすを確認できる場合もあります．一方，ダストの尾は短時間では変化しません．

CHAPTER 5.8

星の明るさと色 概説

私たちが見上げる夜空には，さまざまな星たちが輝いています．都会で見る星空はすっかり寂しくなってしまったものの，空の暗い山の中などでは，約3000個の星たちを肉眼で見ることができます．そしてこれらの星のほとんど全てが，太陽と同じように自ら輝いている，恒星と呼ばれる星たちです．ここでは恒星の性質について，ごく簡単に解説します．

▍星の明るさ

星の明るさは，「等級」によってランクづけされています．私たちが空の暗いところで肉眼でやっと見つけられる明るさの星が6等級で，その星は6等星ということになります．そして約2.5倍明るくなるごとに5等級，4等級となっていき，1等級の星すなわち1等星は，6等星のちょうど100倍の明るさになります．さらに1等星よりも明るい星は，0等級，−1等級，−2等級……となっていきます．ところで100ワットの電球も，遠くに離してしまうと手元の豆電球よりも暗く見えます．どちらの電球が本当に明るいかは，同じ距離に電球を置いて初めてわかります．星も同様です．星の場合には，その距離を32.6光年（およそ309兆km）と決めてあり，この距離に星があることを仮定したときの明るさを「絶対等級」といいます．

▍星の色

注意して星を見ると，赤，黄，白，青白，というように，星によってまちまちな色で輝いていることに気づきます．これら星の色は，星の表面温度によります．すなわち星の表面温度のバロメーターであるといえます．

大ざっぱにいって，赤い星の表面温度は約3000℃，黄色い星は約6000℃，青白い星は数万℃になっています．さらにより詳しくは，星からの光を，プリズムなどを通してスペクトルにして，その特徴から星をいくつかの型に分類することができます．温度の高い方から順番に，O，B，A，F，G，K，Mの各型に分類されており，大まかにいって星の色とは次のように対応します．

O，B型：青白　　A型：白
F，G型：黄　　　K型：橙　　　M型：赤

実際には，見る人それぞれの主観によって色の感じ方にばらつきがあります．

▍重星，連星

星の中には2つ以上の星が寄り添いあって見えるものがあります．これを「重星」と呼びます．2つの星が寄り添っている場合は二重星，3つの星の場合には三重星となるわけです．二重星のうち，明るい方の星を「主星」，

暗い方の星を「伴星」と呼んでいます．

　それではこれらの星たちが，本当にお互いに接近しあっているかというと，必ずしもそうではありません．距離が全く違うのに，たまたま同じ方向に見えているだけの場合があります．一方，月と地球の関係のように，お互いに引力をおよぼしあって接近し，回りあっているものもあります．接近して連なっているこれらの星たちは「連星」と呼ばれています．たとえば北斗七星の柄の端から2つ目の星のミザールは，肉眼で見ることができる重星であると同時に，主星はさらに別の星を従えた連星になっていることで有名です．夜空に見られる星たちのうちのおよそ半分が，このような連星系を形成していることが明らかになっています．

変光星

　変光星とは，文字どおり明るさが変化する星のことで，主なものに2種類があります．1つは食変光星です．連星の中で地球から見て相手の星を隠してしまい，星が隠されるたびに変光を起こすものです．ペルセウス座のアルゴルが有名です．もう1つは脈動変光星です．これは星自身が収縮膨張して，大きさが変わることによって変光を起こすものです．なかでもケフェウス座δ型変光星（セファイド）は，変光の周期と絶対等級との間に関係があることが知られており，これを利用してその星までの距離を求めることができます．

　ここでは，星のこれらの性質に触れることができるよう，いくつかの楽しみ方について紹介することにします．

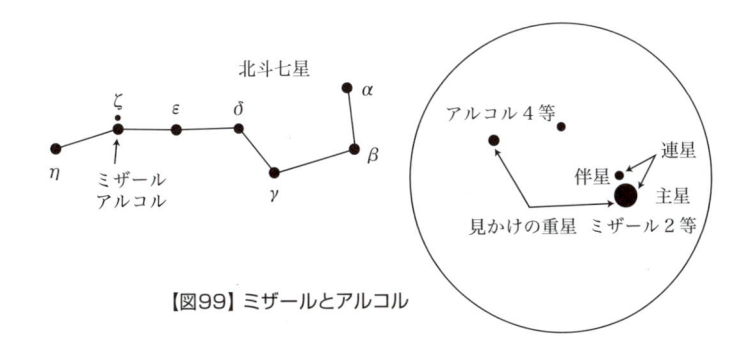

【図99】ミザールとアルコル

COLUMN　緑色の星

　星には緑色のものは見あたりません．それはなぜでしょうか．

　光の色は，赤，緑，青の3つの色を適当に加減して混ぜることで，かなりの色を再現することができます．これらを色の3原色と呼びます．これら3つの色の光が同じ強さで混じり合うと，光は白色光となります．ところで星はいろいろな波長の光を放射しています．温度の高い星は，放射される光の中でも青が卓越し，赤，緑は弱くなっています．このために青白っぽく見えます．また，温度の低い星の光では赤が卓越し，緑，青は弱くなっています．このために赤っぽく見えます．

　それでは中間の温度の星はどうかというと，確かに緑が最も強い星もあるのですが，実は赤や青の光はそれほど弱くなっておらず，緑の7〜8割程度の強さで放射されています．このために緑の光が特に目だつというわけにはいかず，むしろ3つの光がほどほどに混じりあっているため，結局は白色の星に見えてしまうのです．

　なお重星の中には緑色に見えるものもありますが，これは本来の星の色と，近接した相手の星の色とが組み合わされて起こる目の錯覚によるものです．

CHAPTER 5.8.1
★★★★☆☆

1等星の色

普段なにげなく見ていた星たちも，よく注意して眺めると，赤っぽかったり青っぽかったりそれぞれの色で輝いていることがわかります．ここでは明るい1等星の色を確かめることで，星たちにはどんな色があるかを自分の目を通して発見していきます．

必要な用具　星図，色鉛筆，懐中電灯．星図は図に示すようなものを作り，これを各人に配布します．色鉛筆は12色程度のものを用意し，できればこれも各人に配布できることが理想的です．双眼鏡や望遠鏡があると，さらに星の色が確かめやすくなります．

準備　それぞれの1等星の色を自分で確かめながら，ぬり絵の要領で星図上の1等星を塗りつぶしていきます．まずはその星図を準備するところから始まります．
① 指導する人は，その日に見られる星の中から1等星を選び出します．色の異なる2つ以上の星を選びます．このとき低い空にみられる星は，大気による減光で赤っぽく見えてしまうことがあるのでなるべく選ばないようにします．
② 選んだ1等星を含んだ星座をそれぞれ図のように星図にしていきます．ここまでを夜までに準備しておきます．

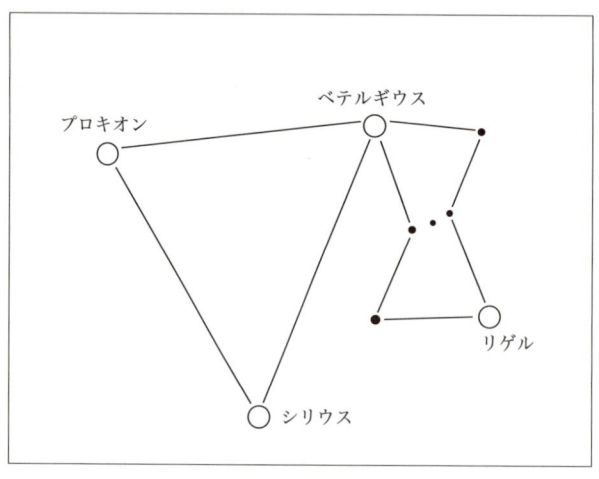

【図100】色塗り用の星図

👉 進め方

実際に見る星の色は，たとえば信号灯のような明瞭さで赤，青，黄のように色づいては見えません．オレンジ色っぽいとか，黄色っぽいというふうに，なんとなく色づいて見える程度が普通です．そのため正確に色をつかむことは容易ではありませんが，あまり色の正確さにはこだわらずに，自由に色が塗れるようにしましょう．ここで大切なことは，注意して星を見ることを通して，星にはいくつかの色があることを自分で気づくことにあるからです．空の状態によって色がわかりづらいときには，集光力のある双眼鏡や望遠鏡を積極的に活用して下さい．この場合ピントをわざとぼかして見ると，色がわかりやすくなります．
① 星図を1組ずつ各人に配布したら，実際の夜空を見ながら，どこにそれらの1等星があるのかを確かめてもらいます．

② 星の場所がわかったら，星図の中で1等星を示している○印の中を，自分で見えたとおりの色を色鉛筆で塗りつぶしてもらいます．このとき指導する人は，あらかじめそれぞれの星の色についての情報を知らせないようにします．

③ 全員が完成したら，指導する人は星の色と星の表面温度とに関係があることを解説するとさらに理解が深まります．

ひとこと

それぞれの季節で見ることができる1等星を以下に紹介します．中でも冬に見られる1等星はカラフルで，色の対比を見るには最も適した季節であるといえます．

(注) ここでは0等星以上もまとめて1等星と呼んでいます．

【表10】それぞれの季節で見られる1等星

季節	1等星名
春	スピカ(おとめ, 青白)　レグルス(しし, 青白) ポルックス(ふたご, 橙)　アークトゥルス(うしかい, 橙)
夏	アークトゥルス(うしかい, 橙)　アンタレス(さそり, 赤) アルタイル(わし, 白)　ベガ(こと, 白)　デネブ(はくちょう, 白)
秋	フォーマルハウト(みなみのうお, 白)　アルタイル(わし, 白) ベガ(こと, 白)　デネブ(はくちょう, 白)
冬	リゲル(オリオン, 青白)　シリウス(おおいぬ, 白)　カペラ(ぎょしゃ, 黄) ベテルギウス(オリオン, 赤)　プロキオン(こいぬ, 黄) アルデバラン(おうし, 橙)　ポルックス(ふたご, 橙)

COLUMN　星空案内人資格認定制度「星のソムリエ」

豊富な知識と経験からおいしいワインを選んでくれるソムリエのように，星空や宇宙の楽しみ方を教えてくれるのが「星空案内人®(星のソムリエ®)」です．星空案内人®の資格認定制度は山形大学教授でNPO法人小さな天文学者の会の柴田晋平さんが中心となって2003年に始まった制度です．現在では，全国20か所以上でこの資格認定のための養成講座が開かれています．2013年7月現在で300名を超える星のソムリエさんと1500名を超える準ソムリエさんが全国で活躍していますので，観望会を開く際，人手が足りない際や望遠鏡が不足しているときは問い合わせてみるとよいでしょう．また，ご自身で資格認定を受けたい場合も下記までお問い合わせください．

問い合わせ先など： https://sites.google.com/site/hoshizoraannaishikakunintei/
星空案内人テキスト：柴田晋平ほか著『星空案内人になろう！』技術評論社, 1580円＋税

CHAPTER 5.8.2
★★★★☆☆

二重星を見よう

二重星を望遠鏡で見ると，それぞれの星の色が対照的で美しく見えるものや，2つが接近しているため，2つの星が分離できずにだるまのように見えるものなどさまざまです．ここでは，2つの星の色の違いに注目しながら，星には色があることを見つけましょう．

事前準備 二重星は，はくちょう座のアルビレオのように見つけやすいものもあれば，星図を頼りにしないと見つからないものもあります．また，二重星によっては高倍率を必要とするものが多いので，見やすい倍率を確かめておきます．大気の揺らぎによって見えにくかったり，星の色が淡いものなので指導者はあらかじめ星図などで確かめ観察しておくことが望まれます．

進め方

①二重星の観察に直接入るのではなく，肉眼で見える明るい星を見ながら，星の集まっているところや色の違いを見分けることから行いましょう．たとえば，二重星を観察する場合，望遠鏡をのぞく前に，春から夏であれば肉眼でおおぐま座ζ星のミザール（解説参照）を見て，アルコルが見分けられるか試してみましょう．子どもたちは，2つに見えただけでも大喜びすることでしょう．また，秋から冬は，すばる（プレアデス星団，M45）やオリオン座の小三ッ星などは細かい星が多いので，星を数えるなどして参加者の関心を引きましょう．すばるの見え方については，図101を参考にしてください．このように，星が何個見えるかなどゲーム的なものを取り入れると，子どもたちは興味をもちます．

②簡単な星座説明の後，二重星を双眼鏡や望遠鏡で観察します．その多くが非常に接近していますので，望遠鏡が必要です．

③星を探しやすくするため，低倍率から対象の星を入れましょう．低倍率では，1つの星にしか見えないことがありますが，倍率を上げるにしたがって星が2つに見えてきます．

④特に明るいものについては，ピントを少しずらすと色がわかりやすいものもあります．
色の違いは，星の表面の温度の違いから生じます．

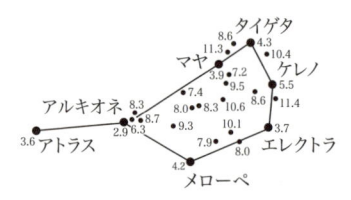

【図101】すばる（プレアデス星団）
図中の数字は等級を表す．

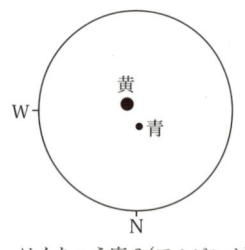

はくちょう座β（アルビレオ）
8cm 50倍

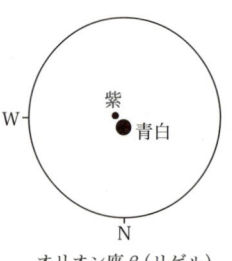

オリオン座β（リゲル）
10cm 150倍

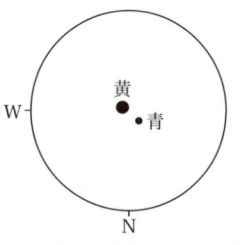

アンドロメダ座γ（アルマク）
8cm 100倍

【図102】望遠鏡での二重星

解説

2つの星がどのくらい接近しているかを示すのに，何秒角（″）という単位を使います．2つの星が5″以下の場合，100倍以上の倍率がないと分離して見えません．このように2つの星が接近しているほど倍率を上げなくてはなりませんが，それだけではありません．たとえばこぐま座α星の北極星は，18″離れて美しい緑色の星がそばにありますが，9等星と暗い星なので口径10cm以上の望遠鏡でないと見られません．また，オリオン座β星のリゲルは，9″離れたところにうす紫の7等星があるのですが，リゲルの光が明るいため小口径の望遠鏡では見えにくくなります．このように，2つの星の明るさが大きく違う場合は，小口径望遠鏡では見えにくくなります．

しかし，二重星は，星雲などと違って恒星ですから，多少光害のある都市部でもよく見えます．気流の落ち着いた晩に，倍率を変えながら見え方を記録しましょう．

【表11】代表的な重星

月	星名	光度	角距離	備考
1	オリオン座β	0.3 - 6.8等	9.″5	青白 - 紫 リゲル
	オリオン座ζ	2.1 - 4.2等	2.″4	青 - 青白
	オリオン座σ	3.9等	11″,13″	伴星6.5，7.2等の三重連星
	ふたごαA - B	1.9 - 2.9等	3.″3	六重連星の中の3星2.9，9.5等
3	しし座γ	2.6 - 3.8等	4.″3	黄 - 桃 連星
4	りょうけん座α	2.9 - 5.4等	19.″7	薄黄 - 薄紫 特に美しい
	こぐま座α	2.0 - 9.0等	18.″0	黄 - 緑 北極星
	おおぐま座ζ	22 - 4.0等	12′	肉眼的重星 ミザール・アルコル
	おおぐま座ζ	2.4 - 4.0等	14.″5	白 - 白 ミザール
5	からす座δ	3.1 - 8.5等	24.″2	黄 - 青
	かみのけ座24番星	5.2 - 6.7等	20.″3	黄色 - 濃青 特に美しい
	うしかい座ε	2.9 - 5.0等	2.″9	黄 - 淡青 特に美しい
7	こと座β	3.4 - 7.8等	46.″6	主星は食変光星 3.4 - 4.3等
	ヘルクレス座α	3~4 - 5.4等	4.″6	桃 - 青 主星は変光星
	さそり座β	2.9 - 5.2等	14.″0	薄黄 - 青白
8	はくちょう座β	3.2 - 5.1等	34.″2	黄 - 青 特に美しい アルビレオ
	いるか座γ	4.0 - 5.0等	10.″1	黄 - 青 特に美しい
9	カシオペヤ座η	3.5 - 7.5等	11.″7	黄 - 青 連星
	ケフェウス座δ	4.0 - 7.5等	41.″0	黄 - 青 特に美しい
	ケフェウス座β	3.3 - 8.0等	13.″7	白 - 青
10	アンドロメダ座γ	2.0 - 5.0等	11.″7	黄 - 青 特に美しい
11	くじら座γ	3.7 - 6.4等	3.″0	黄 - 青
	さんかく座ι	5.4 - 7.0等	4.″0	金 - 薄青 特に美しい

注1：観察に適した月を示しましたが，実際には前後1～2か月は観察が可能です．
注2：恒星の光度と角距離は測定年により違いがあります．

CHAPTER 5.8.3

★★★★☆

変光星アルゴルを観察しよう

「恒星の明るさが変わる」ということがはっきりしたのは，17世紀のくじら座のミラ，18世紀のペルセウス座のアルゴルの発見後で，それほど古くはありません．このような明るさが変化する星のことを「変光星」といいます（5.8参照）．現在では，数万個の変光星が登録されていますが，変光星の存在は知っていても，実際に明るさの変化を確認したことがある人は少ないようです．ここでは食変光星の中でも特に観察しやすい「ペルセウス座のアルゴル」（周期2.87日，変光範囲2.1 - 3.4等）を紹介します．その観察を通して，決して静的ではない恒星の世界を認識できるでしょう．

時　期	アルゴルは極小前後3時間が観察に適しています．極小時刻を調べて観望会を設定します．
必要な用具	参加者に配る星図入りの記録用紙．
準　備	アルゴルのまわりの明るさが近い星（比較星とする）を調べ，図104のように星図の中に矢印をつけてわかりやすくしておきます．事前に（極小期でなくてもよい）アルゴルや比較星を実際に星空で確認しておきます．

進め方

食変光星アルゴルと比較星の明るさを比べ，その変化のようすを調べましょう．

① 星図入りの記録用紙を参加者に配ります．
② 指導者の説明で，変光星を含む星座をたどっていきます．
③ 変光星と比較星を確認します．
④ 参加者が星を間違えていないか確認します．
⑤ 30分から1時間おきに変光星と比較星の明るさを比べ，記録用紙に記入します．

人間の目は経験を積めば詳細な明るさまで見極めることが可能（0.1等級前後）ですが，慣れるまではなかなか上手に比較することができません．人によってはまったく逆の結果を出すこともあるほどです．じっくり星を観察してもらい，仲間どうしで情報を交換しながら観察眼を養っていくことが大切です．

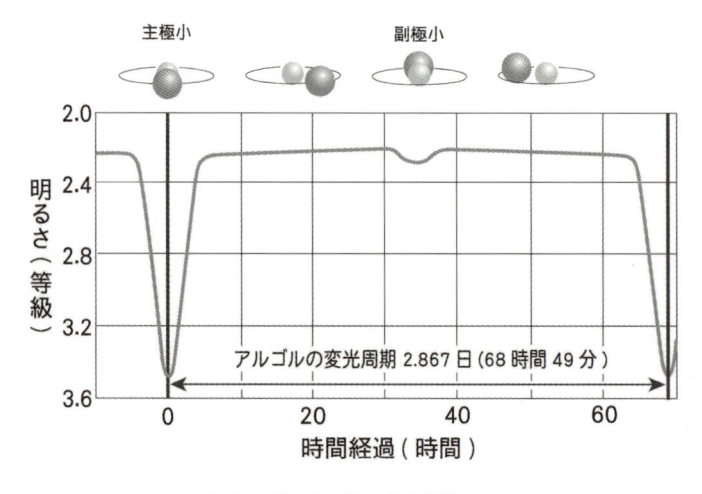

【図103】アルゴルの光度曲線と2星の回転

食変光星「ペルセウス座のアルゴル」を観察しよう

アルゴルは2.87日ごとに明るさが暗くなる変光星です．矢印の星（比較星）と比べてアルゴルの明るさはどのように変化するのでしょうか．

■ 観察日時　　　　　年　　　月　　　日　　　時　　　分

・矢印の星と比べてアルゴルは

　　明るい　　少し明るい　　ほぼ同じ明るさ　　少し暗い　　暗い　　見えない

■ 観察日時　　　　　年　　　月　　　日　　　時　　　分

・矢印の星と比べてアルゴルは

　　明るい　　少し明るい　　ほぼ同じ明るさ　　少し暗い　　暗い　　見えない

■ 観察日時　　　　　年　　　月　　　日　　　時　　　分

・矢印の星と比べてアルゴルは

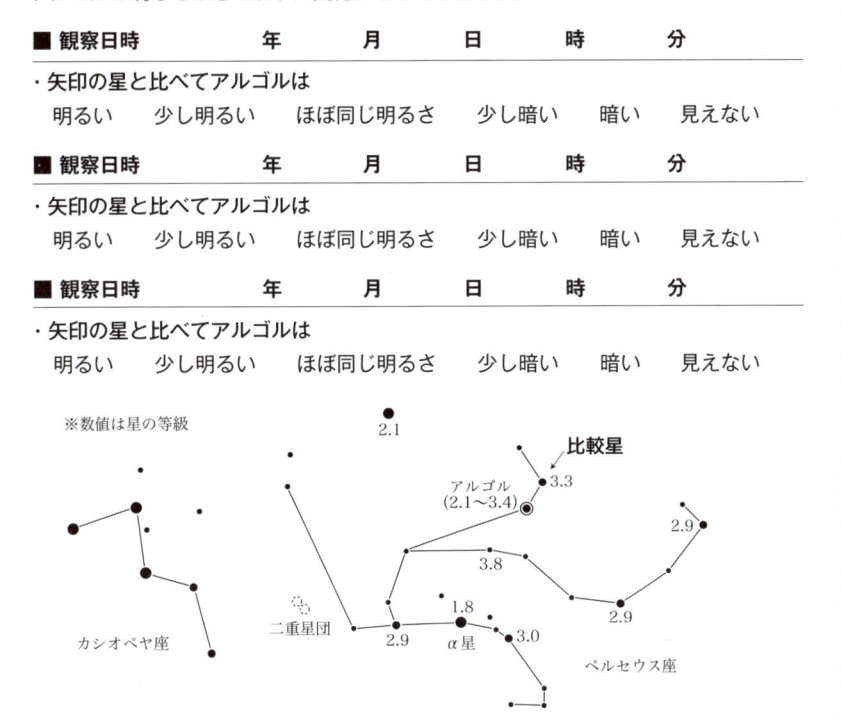

　　明るい　　少し明るい　　ほぼ同じ明るさ　　少し暗い　　暗い　　見えない

【図104】アルゴル観察用記録用紙

【表12】日本で観察しやすいアルゴルの減光（主極小）時刻

(JST)	h	(JST)	h	(JST)	h	(JST)	h	(JST)	h	(JST)	h
2013/09/30	22.6	2014/11/17	20.1	2016/01/21	22.7	2017/10/30	23.2	2018/12/14	24.0	2020/10/15	23.1
2013/10/23	21.1	2014/12/07	21.8	2016/02/13	21.3	2017/11/02	20.0	2018/12/17	20.8	2020/11/07	21.6
2013/11/12	22.8	2014/12/27	23.6	2016/10/28	22.7	2017/11/22	21.7	2019/01/06	22.5	2020/11/27	23.3
2013/11/15	19.6	2014/12/30	20.4	2016/11/20	21.2	2017/12/12	23.4	2019/01/29	21.1	2020/11/30	20.1
2013/12/05	21.3	2015/01/19	22.2	2016/12/10	22.9	2017/12/15	20.3	2019/10/14	22.6	2020/12/20	21.9
2013/12/25	23.1	2015/02/11	20.7	2016/12/13	19.7	2018/01/04	22.0	2019/11/06	21.1	2021/01/09	23.6
2013/12/28	19.9	2015/10/04	23.6	2017/01/02	21.5	2018/01/27	20.6	2019/11/26	22.8	2021/01/12	20.4
2014/01/17	21.6	2015/10/27	22.1	2017/01/22	23.2	2018/09/19	23.5	2019/11/29	19.6	2021/02/01	22.2
2014/02/09	20.2	2015/11/16	23.8	2017/01/25	20.0	2018/10/12	22.0	2019/12/19	21.3	2021/02/24	20.8
2014/10/02	23.1	2015/11/19	20.7	2017/02/14	21.8	2018/11/01	23.7	2020/01/08	23.1	2021/10/17	23.6
2014/10/25	21.6	2015/12/09	22.4	2017/09/17	23.0	2018/11/04	20.5	2020/01/11	19.9	2021/11/09	22.1
2014/11/14	23.3	2016/01/01	20.9	2017/10/10	21.5	2018/11/24	22.2	2020/01/31	21.6	2021/11/29	23.8

※日の入りから夜半までに観察しやすい条件のみ示しています．

ひとこと

食変光星アルゴル以外にも，肉眼で観測できる変光星として脈動変光星「くじら座のミラ」があります．こちらは330日の周期で3等前後から10等まで大きく明るさが変化します．肉眼で見えていた星が数か月後には見えなくなってしまうので，はじめて見る人には驚きです．その他の変光星は肉眼で見えない暗いものがほとんどで，観察は双眼鏡や望遠鏡のような機材に頼らなければなりません．

さまざまな天体 概説

望遠鏡を夜空に向けると，いろいろな色の恒星やぼうっと見える星雲・星団など，たくさんの発見があります．特に天の川には多くの星とガスがあり，そこでは星の誕生や死のドラマが繰り返されています．ここでは，その主役たちの星雲や星団を中心に解説します．

星雲・星団を見る楽しみ

天体写真集にあるようなすばらしい星雲・星団の姿を見ると，実際に望遠鏡でのぞいてみたいと思います．しかし，望遠鏡を通して見た星雲・星団は，ぼうっと淡い光が見えるだけでがっかりしてしまう人が多いと思います．天体写真の多くは，望遠鏡を使って大変弱い光をフィルムに蓄積して得られたものや特殊なデジタルカメラで撮影されたものです．それに比べ肉眼で見た光は，一瞬しかとらえることができませんから，星雲・星団が淡いものになってしまうわけです．しかし，肉眼で見たものは，はるか遠い宇宙から何千，何万年もかけて地球に届いた光で，自分の目でとらえた，いわば生きた光なのです．

小型望遠鏡で見られる星雲・星団は，全天で百個以上もあります．種類や見え方の違いを比べたりスケッチしたりするといっそう楽しくなります．望遠鏡で見た星雲・星団は，写真とは違って見えます．たとえば，オリオン大星雲をとってみましょう．肉眼でも小三ツ星の中にぼうっと見えますが，双眼鏡では中心に星の集まりがあり，まわりが淡く光って見えます．小型望遠鏡では中心に四角形に集まった星が見えてきます．これがトラペジウムの四重星で，淡く広がった星雲の中に輝く美しい星の集まりで，この星雲から誕生したばかりの星ぼしです．写真ではこれは星雲の中にうもれてしまいます．望遠鏡で観察すると，このトラペジウムも広がった星雲も同時に見ることができます．

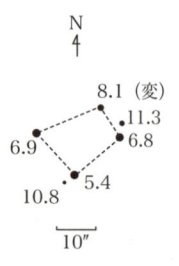

【図105】四重星トラペジウム

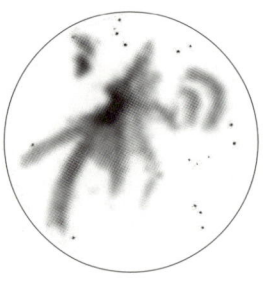

【図106】口径8cmで見たオリオン大星雲．視野約1°

【図107】オリオン大星雲

星雲・星団の種類

　星雲・星団は，星やガス・チリが集まったもので，誕生の仕方や見え方もさまざまです．

[散開星団] 数十個から数百個の星が，比較的ばらばらに集まったものを散開星団といいます．天の川に沿って多く分布していますので，双眼鏡で見渡していくとたくさん見つけることができます．プレアデス星団のように，望遠鏡で見て青白い星の集まりであれば，比較的若い星団です．

[球状星団] 数万個から数百万個の星が球状に集まっている星団です．全体は年齢が100億年程度の年老いた星の集まりで，銀河系の中心付近からハローと呼ばれる銀河面から離れたところまで分布しています．小型望遠鏡で見ても，写真のようには星は分解できません．

[散光星雲] 若い星の集団をともなっていることが多く不規則に光の広がりをもった星雲です．星の光を受け，ガスが発光している発光星雲と星の光を反射している反射星雲とがあります．オリオン大星雲のように肉眼で見えるものもあります．

[暗黒星雲] 銀河系内のガスやチリが特に多い場所は，背景の星をかくすために黒く見えます．このようなところは暗黒星雲と呼ばれ，馬頭星雲などが有名です．

[惑星状星雲] 望遠鏡で観察すると形が円盤状に見える星雲です．太陽程度の質量を持った恒星が最期に赤色巨星となり，その後表面からガスが放出されます．そのガスが高温になった中心星からの紫外線のエネルギーにより輝いている星雲です．中心星はこのあと，白色矮星へと進化します．

[超新星残骸] 重い星は一生を終え，爆発と同時に宇宙空間に多量のガスを放出します．この高温のガスが光輝いて見える星雲です．西暦1054年に爆発が観察された，かに星雲が有名です．

【図108】散開星雲（プレアデス星団）

【図109】惑星状星雲（あれい状星雲）

【図110】球状星団（M13）
（提供：ぐんま天文台）

【図111】超新星残骸（かに星雲）

CHAPTER 5.9.1
★★★★☆

星雲・星団めぐり

星雲・星団を，写真集のような姿を想像して小型望遠鏡で見ると，ぼうっと淡く見えるだけでがっかりしてしまうことがあります．何分も露出し光を蓄えた写真に比べ，肉眼で見えるのは一瞬の光にすぎません．しかし，かすかな光でも自分の目で直接見る何千・何万光年彼方の星雲・星団の姿は，感動があります．ここでは，星雲・星団には，いろいろな形をしたものがあることを見つけましょう．

> 必要な用具　暗く淡い天体なので可能な限り大きな口径の望遠鏡，双眼鏡，双眼鏡用の三脚，星図など．スケッチをする場合に小型懐中電灯（赤色）などがあると便利です．

進め方

(1) 双眼鏡で天の川を下ろう

双眼鏡で星雲・星団めぐりをする前に，星雲や球状星団は「点」で輝いている恒星と違って見えることや天の川に沿って銀河系内の星雲が多いことなどを説明しましょう．その後，三脚に付けた双眼鏡を使って天の川に沿って動かしていきます．その際，視野の中で恒星と違って見えるものがないか注意しながらのぞきます．いて座あたりの天の川の中には，視野にいくつもの星雲・星団が見えます．数えてみてはどうでしょう．また，望遠鏡で確認しましょう．

(2) 望遠鏡で星雲・星団の形の違いを発見しよう

星雲・星団の観察は，直接それらの観察にはいるのではなく，多くの場合，星座の形や対象天体の位置や見え方の説明を事前にしなくてはなりません．星雲や星団の種類や特徴などを簡単に説明してから観察にはいると，参加者も何を見ているのかわかりやすくなります．観察で形の違いを知るには，代表的なものをひとつぐらいずつ見せる程度がよいでしょう．ぼうっと淡い星雲は形や特徴がつかみにくいので，望遠鏡でのぞいているときに，時に解説をしてあげてください．観察した後は，スケッチや写真で特徴をまとめるのもよいでしょう．ただし，写真の美しさにとらわれ，実際に見た印象を消してしまうことのないように，写真の特性などを説明しながら解説しましょう．

(3) 星雲・星団をスケッチしよう

参加者数との関わりがありますが，代表的な天体に数台の望遠鏡を向け，気に入った天体をスケッチします．その場合，あらかじめ見え方やスケッチ方法を説明しておくとよいでしょう．

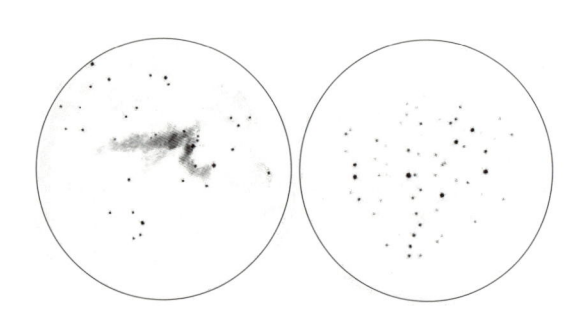

【図112】星雲と星団の違い
（M17オメガ星雲とM45プレアデス星団）

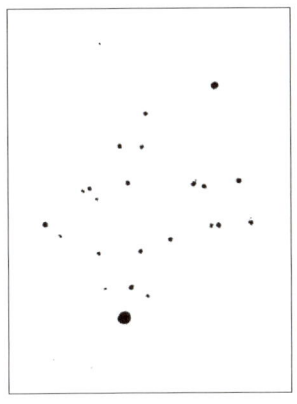

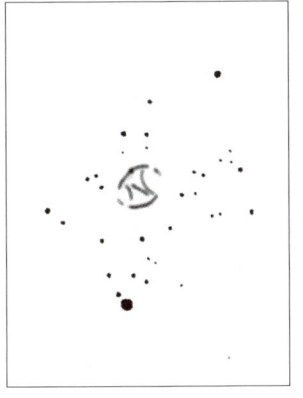

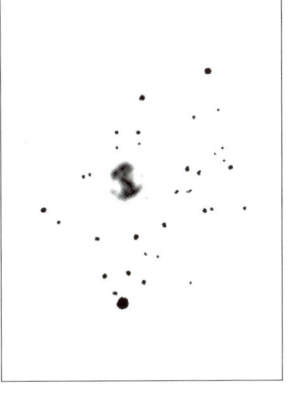

（視野の中で明るい星を記入）　　　（淡い部分を描く）　　　（見えたようにぼかす）

【図113】 星雲のスケッチの仕方（あれい状星雲 口径15cm 40倍）

解説

<星雲・星団の種類による見え方>

[散開星団] すばる（プレアデス星団，M45）やヒヤデス星団のように肉眼でも見える星団は，双眼鏡があれば観察することができます．メシエ天体は，はっきりしているので，口径6cm程度の小型望遠鏡でも十分観察できます．

[球状星団] 小型望遠鏡では，M13などの大型の球状星団の中に星が密集しているようすがわかります．口径20cm以上の大きな望遠鏡では，シーイングのよいときに高倍率をかけるとツブツブに見え，立体的に感じられます．

[散光星雲] オリオン大星雲は，肉眼でぼうっと見え，双眼鏡では淡い光が広がっているようすがわかります．散光星雲は，不規則形で淡く広がっているものが多く，倍率を上げすぎると見づらくなってしまいます．特に光害の多い都市部では見えにくいので，大きな口径の望遠鏡の使用が望まれます．

[惑星状星雲] 倍率をかけると丸く惑星のように面積をもって見えます．大きなこぎつね座のあれい状星雲や明るいうみへび座の木星状星雲などは，小口径望遠鏡でも独特な形がわかります．また，こと座の環状星雲などは，明るいため高倍率で環状に見えます．

[超新星残骸] 約900年前の大爆発のときからガスが広がってできたのが，かに星雲（M1）です．これは明るいので望遠鏡で見ることができます．はくちょう座の網状星雲は，空の条件のよいところで，双眼鏡などで確認することができますが，ほとんどのものは，もともと暗いために望遠鏡ではなかなか見られません．

🎤 ひとこと

　　星雲・星団だけの観察ではなく，その大まかな位置を知るため，星座の形の指導も必要です．また，星雲は，ぼうっと淡く広がりを持ったものが多いため，光害の影響のある都市部での観望会はとても難しいです．
　　都市部での星雲の観望は，オリオン大星雲やこと座の環状星雲などの明るく輝度の高い星雲を選ぶか，星団を中心に行うとよいでしょう．可能な限り光害の影響の少ない所を選ぶか，会場近くの街灯を消してもらうよう配慮しましょう（6.1.2参照）．

星の一生をたどる

夜空に輝く恒星は何十億年という長いタイムスケールで進化しています．いろいろな種類の星や天体を調べると，そのドラマが浮かび上がってきます．ここでは，星雲や星団，恒星などさまざまな天体を実際に観察しながら星の進化をたどる方法について紹介します．①恒星は常に進化しており，その間さまざまに姿を変えていくことを知る，②一見私たちとは関係のない星の進化が，人類など生き物の誕生とも関わりを持っていることを知る，の2点を目標とします．

| 準　備 | 各天体の写真などの資料 |

進め方

(1) 肉眼で星空を眺める

夜空の星はどのように生まれ，どのような一生をたどっていくのだろうか，と問いかけをします．

(2) 星の材料と誕生

天の川が見えれば，その暗黒帯にも注目し，暗黒帯のガスやチリから星が誕生することを説明します．また，散光星雲を望遠鏡で観察するとともに，写真（ばら星雲など）を見せ，散光星雲中の黒いつぶつぶ（グロビュール）が星の卵であることを紹介します．

(3) 生まれたばかりの星

M42のトラペジウム（高倍率にすると見やすい），M45，M7（双眼鏡がよい）など若い星ぼしを観察し，星が群れをなして誕生するようすを見てもらいます．星は一生の大部分を水素の核融合反応でエネルギーを放出します（主系列星）．水素の核融合反応の概略を説明し，星はロウソクの炎などのように酸素との化合により「燃えて」いるのではないことを押さえておきます．

(4) 大人の星

太陽が現在一生（100億年）のうちの半分近くを過ごし，壮年期にあることを説明したあと，他の主系列星の例を観察します．

(5) 年老いた星

太陽が歳をとるにつれて膨張し，表面温度が下がることを説明します．太陽よりずっと

【表13】星の一生をたどる天体の例

星の進化の段階	代表的な天体	
	夏	冬
散光星雲	M8（干潟星雲）いて座	M42（オリオン大星雲）オリオン座
若い星	M7（散開星団）さそり座	M45（プレアデス星団）おうし座
大人の星（主系列星）	アルタイル（わし座 α 星）	リゲル（オリオン座 β 星）
年老いた星	アンタレス（さそり座 α 星）	ベテルギウス（オリオン座 α 星）
最後の段階	M57（環状星雲）こと座	M1（かに星雲）おうし座

重く，すでに年老いた星の例としてベテルギウス，アンタレスを観察し，その大きさなどについての資料を見せます※．

(6) 星の最後

星の進化はその質量によって決まり，とりわけ最後の段階になるとその違いが顕著になることを説明します．実際の観察や写真を活用するとよいでしょう．

(7) 太陽系・地球・人類の誕生

星の一生をまとめた図を見せながら全体のまとめをします．

「太陽も，宇宙の雲の中から生まれてきました．太陽とともに惑星ができ，地球が作られ，人類が誕生しました．私たちは星から生まれた星の子ども．そして，将来私たちが死に，太陽が死に，その死骸から星が生まれます．私たちは，将来星として生まれ変わるのです」．

宇宙への関心を一層深めるために，ぜひ押さえておきたいポイントです．

※ベテルギウス，アンタレスの直径は，それぞれ太陽の690倍，720倍（理科年表　平成25年版による値）．

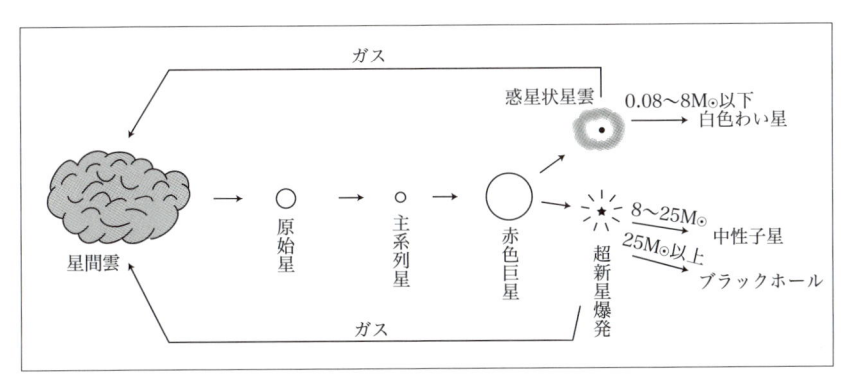

【図114】星の一生のサイクル
恒星の最終段階は，質量によって決まる．残された一部のガスは星間雲にもどり，再び恒星の材料となる．ただし，進化の境界質量8M☉には±1M☉程度，25M☉には±5M☉程度の不確定さがある．

COLUMN　冬の満月は高い

冬の太陽は低いのに，満月は高いということに気づいたことがありますか．実はこれはどちらも同じ原因なのです．地球の自転軸が公転面（黄道面）に対して傾いている（約23°）ために起こることなのです［月の公転面（白道面）は黄道面にほとんど一致している（約5°しか傾いていない）ので，その傾きは無視します］．月は1か月の間にその月齢を変えつつ，南中高度も約30°から約80°まで変わります．太陽が1年かけて行う南中高度の変化を月は1か月で見せてくれます．

南中高度の最も高い月相と時期

月相	時期
上弦	春分
新月	夏至
下弦	秋分
満月	冬至

CHAPTER 5.9.3

★★★★☆☆

天体導入ゲーム　あの天体の名は？

望遠鏡を使って星を見ることに興味をもち始めた人や，赤道儀式の望遠鏡の操作を覚え，観望会で指導する立場になろうという人が対象です．天体の導入法を覚えるために練習をしながら一通りの天体の位置や星図の見方を理解できるようにするものです．中学以上のクラブ活動でも行えます．

参加人数と指導者　望遠鏡1台に3人程度の参加者，指導者は赤道儀が扱え，赤道座標など説明できる知識を持つことが必要です．

必要な用具　天体望遠鏡（目盛環つき赤道儀がよい），双眼鏡，星座早見盤（図115のような赤経時角目盛が書き込まれたもの），野外用星図，星雲星団，二重星の位置表，天体写真集，小型懐中電灯（赤色），天体の位置情報（赤経と赤緯），明るさ，「銀河」「散開星団」などと種類が書込まれたカード．

進め方

① 参加者は望遠鏡を組み立て，赤道儀の極軸をあわせます．うまくできない場合は指導者がアドバイスします．

② 指導者はカードを参加者に配り，参加者は星座早見表などで天体の出ているだいたいの方角の見当をつけて，初，中，上級のそれぞれの方法で望遠鏡を操作し，天体を導入します．

③ 導入が確認されたら天体の名前を探したり，写真などで間違いがないか，写真と見比べて見え方がどのように違うか，よく見て話し合ってみましょう．

　観望会を行う季節によって見られる天体が違ってきますので，季節にあわせてプログラムを作っておく必要があります．望遠鏡操作の基本である，赤道儀の極軸をきちんと合わせられれば目盛環が有効に使えることを体験できます．参加者の知識と経験度にあわせて3通りの方法を使いますが，目盛環のない望遠鏡では星図を頼りにファインダーで入れる練習ができます．

(1) 初級編

① 赤緯環を使い，望遠鏡の赤緯を天体の数値に合わせます．

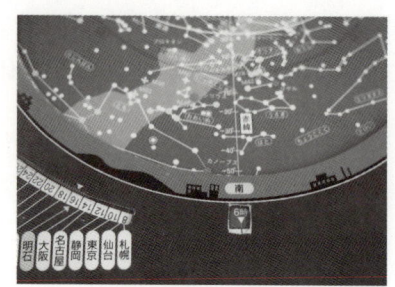

【図115】地方恒星時が読み取れる星座早見盤

② 赤経軸（極軸）をフリーにして天体の近くを振りながらファインダーで天体を導きます．対象天体はファインダーで見つけられる比較的明るい天体に限られます．

(2) 中級編

① 目的の天体の近くで位置がわかる明るい星を，ファインダーを使って入れ，目盛環をその星の赤経に合わせます．赤緯目盛は星の赤緯を指し示すはずです．

② 望遠鏡を目的の天体の赤経赤緯の数値に合わせれば天体が入ります．

(3) 上級編

① 赤道儀の赤経軸を回し，鏡筒が天の子午線を向くようにします（目印がついている赤道儀がよい）．

② 時刻と星座早見盤から地方恒星時を読み取り（図115参照），赤経の目盛を合わせます．

③ 望遠鏡を目的の天体の赤経赤緯の数値に合

わせれば天体が入ります．

応用編として，メシエ天体を次々と見るメシエマラソンや彗星，小惑星，天王星や海王星を見つけることもできるでしょう．また，参加者同志でそれぞれが入れた天体のあてっこゲームなどもできるでしょう．以下に対象にする天体の一例を掲げます．

【表14】対象天体の一例

対象天体			(2000.0) 赤経	赤緯	等級	近い恒星	(2000.0) 赤経	赤緯	等級	級
春										
	M44 散開星団（プレセペ）	かに座	8h40m	+19°59′	3.1等					初
	M3 球状星団	りょうけん座	13h42m	+28°23′	6.4等	αCVn	12h50m	−38°19′	3等	中
	M35 散開星団	ふたご座	6h09m	+24°20′	5.1等	μGem	6h23m	+25°08′	3等	初,中
	M51 銀河	りょうけん座	13h30m	+47°16′	9.6等	ηUMa	13h47m	+49°19′	2等	中,上
	M81,82 銀河	おおぐま座	9h56m	+69°04′	7.7, 9.3等	λDra	11h31m	+69°20′	4等	中,上
	M104 銀河	おとめ座	12h40m	−11°37′	8.3等	αVir	13h25m	−11°10′	1等	上
	M65,66 銀河	しし座	11h19m	+13°05′	9.3, 9.0等	αLeo	10h08m	+11°58′	1等	上
夏										
	二重星 はくちょう座β星	はくちょう座	19h31m	+27°57′	3.1, 4.7等					初
	二重星 こと座ε星	こと座	18h50m	+33°22′	3.5等					初
	M4 球状星団	さそり座	16h24m	−26°32′	5.9等					初
	M8 散光星雲	いて座	18h04m	−24°23′	5.8等					初
	M13 球状星団	ヘルクレス座	16h32m	+36°28′	5.9等	πHer	17h15m	+36°48′	3等	初,中
	M22 球状星団	いて座	18h36m	−23°54′	5.1等	λSgr	18h28m	−0°19′	3等	中,上
	M57 惑星状星雲	こと座	18h54m	+33°02′	9.0等	βLyr	18h50m	+33°21′	3等	中,上
	M27 惑星状星雲	こぎつね座	19h59m	+22°43′	8.1等	βCyg	19h31m	+27°58′	3等	中,上
秋										
	二重星 アンドロメダ座γ星	アンドロメダ座	2h4m	+42°20′	2.3, 4.8等					初
	二重星 おひつじ座γ星	おひつじ座	1h53m	+19°18′	4.8等					初
	M31 アンドロメダ銀河	アンドロメダ座	0h43m	+41°16′	3.5等	γAnd	2h04m	+42°20′	2等	初
	ペルセウス座二重星団	ペルセウス座	2h22m	+57°07′	4.4等	δCas	1h26m	+60°14′	3等	初
	M33 銀河	さんかく座	1h34m	+30°39′	5.7等	αPeg	0h13m	+15°11′	2等	初,中
	M2 球状星団	みずがめ座	21h34m	−0°49′	6.5等	αAqr	22h05m	−0°19′	3等	中,上
	M15 球状星団	ペガスス座	21h30m	+12°10′	6.4等	εPeg	21h44m	+9°52′	2等	中,上
冬										
	M42 オリオン大星雲	オリオン座	5h35m	−5°23′	4.0等					初
	M45 散開星団（すばる）	おうし座	3h47m	+24°07′	1.2等					初
	M35 散開星団	ふたご座	6h09m	+24°20′	5.1等	μGem	6h23m	+25°08′	3等	初,中
	M41 散開星団	おおいぬ座	6h47m	−20°44′	4.5等	αCma	6h45m	−16°43′	−1等	初,中
	M1 超新星残骸（かに星雲）	おうし座	5h35m	+22°01′	8.4等	ζTau	5h38m	+21°09′	3等	中,上

第5章 観望天体ごとの進め方

133

CHAPTER 5.10

銀河系と銀河 概説

私たちが住む天の川銀河，すなわち銀河系の構造を探求するときの難しさは私たちがその中にいるということです．森の中に入って森全体の大きさや形を求めるようなものです．他の銀河に対しては，外からしか調べられないという不都合もあります．銀河系の構造は星や星のもととなるガスの分布を調べることにより解明し，大宇宙の構造は銀河の分布を調べることにより究明します．

提供：NAOJ

銀河系（天の川銀河）

人類の世界観・宇宙観は地球から太陽系へと広がり，さらに太陽と同等の多くの恒星や，星雲・星団の集合体である銀河系へと認識が広がりました．星空を貫いて，雲のように白くボーと帯状に延びている天の川は大昔から注目され，エスキモーでは雪の帯，ブッシュマンでは焚火の残り灰というように，日常的に馴染みのあるものに見立てられたり，エジプトでは空のナイル川，バビロニアでは空のユーフラテス川，中国では銀河というように，天に流れる川とみなされているところも多くあります．

ガリレオ・ガリレイは1609年に自作の望遠鏡を天の川に向け，雲のように見えていたものは無数の星の集まりであることをはじめて確認しました．また，空間にどのように星が分布していれば私たちから天の川のように見えるかについて，トーマス・ライト（1750年）やイマニュエル・カント（1755年）が思索しました．その後，銀河系の構造はウィリアム・ハーシェル（1784年）やハーロー・シャプレー（1918年）をはじめとする天文学者の努力と観測機器の改良により解明されてきました．

現在は図117（a・b）に示されるような銀河系の広がりと構造が得られています．

図117（a）に示されているように，星の密集した円盤の中に太陽系は位置するので，円盤に沿った方向を見れば星はたくさん見え，帯状の天の川として見えます．円盤に垂直な方向を見れば星はまばらに見えます．円盤の中に私たちがいることは天の川が天球上に大円を描いていることでわかります．また，白い雲のように見える天の川をよく観察すると，川の中央付近が黒っぽく抜けているよう

【図116】天の川 (提供：福島英雄)

に見えます．ここはチリの多いところで，星の光が減光されている（ちょうど煙により向うが見えにくくなるように）ためです．夏の天の川をカシオペヤ座からはくちょう座，わし座とたどっていくと，いて座・さそり座のあたりで川幅が広くなります．この方向が銀河系の中心方向で，中心部の膨らみの一端が見られます．

銀河系の円盤には，垂直方向からは図117(b)のように見える渦巻状の腕（渦状腕）があります．腕は2本あるのが典型的ですが，銀河系ははっきりした2本腕ではないようです．円盤を構成する星ぼしの運動はケプラー運動に近く，太陽系惑星のように外側ほど長い周期で銀河中心のまわりを回って（微分回転）います．

銀河

カントが銀河系外のものと推測していた星雲状の天体に口径180cmという大望遠鏡を向けたのはロス卿［ウィリアム・パーソンズ］（1845年）で，それらのうちに渦巻構造をもつものを見つけました．しかし，それが銀河系外の天体で，銀河系と同等の天体（銀河）であると決定づけられたのは，20世紀に入って距離が求められてからです．

銀河には形の不規則なものと，規則的なものがあります．規則的な形の銀河にも構造上かなり異なったものがあります．円盤をもたず楕円状に見える楕円銀河と，円盤が特徴的に目立つ円盤銀河です．円盤銀河の中で渦状腕をもつものを渦巻銀河，渦状腕がないものをレンズ銀河といいます．私たちの銀河系は渦巻銀河で，隣のアンドロメダ銀河も銀河系と同等の渦巻銀河です．アンドロメダ銀河には小さな楕円銀河が付随しています．通常の楕円銀河は銀河系と同等か，それ以上の大きさをもっています．

宇宙ではこのような銀河が群をなし，銀河団を形成しています．さらに，それらが連なって網目状（または泡状）に分布し，少なくとも100億光年のかなたまで続いています．また，銀河・銀河団間の距離が時間とともに広がっていて，宇宙が膨張していることもわかっています．

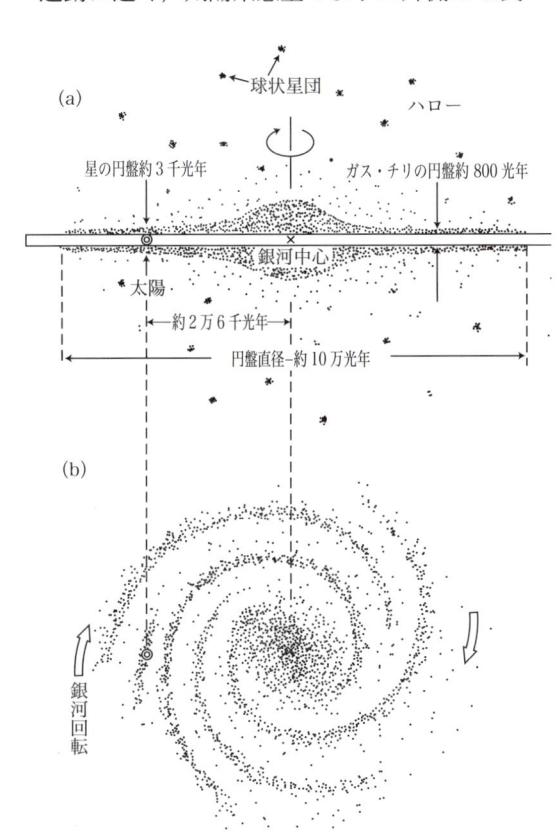

【図117】銀河系の構造

【参考資料】
R. ベレンゼン，R. ハート，D. シーリイ著，高瀬文志郎，岡村定矩訳『銀河の発見』地人書館，1980年．
谷口義明，岡村定矩，祖父江義明編『銀河 I —銀河と宇宙の階層構造』（シリーズ現代の天文学4），日本評論社，2007年．
祖父江義明・有本信雄・家 正則編『銀河II—銀河系』（シリーズ現代の天文学5），日本評論社，2007年．

CHAPTER 5.10.1
★★★★☆☆

天の川のほとり

星空を，少し気をつけて眺めると，星が多くてにぎやかな場所もあれば，星がまばらな寂しい場所もあることに気がつきます．それは私たちが所属している銀河系（天の川銀河）の形が偏平なために，天の川の方向には星が集中し，天の川から離れるにしたがって星の数が減っていくからです．ここでは天の川のそばの星空に見られる星の数と離れた星空に見られる星の数とを数えて比べてみることを通して，私たちがそんな世界の中にいることを確かめてみましょう．

| 必要な用具 | サーチライト式懐中電灯 |

👉 進め方

星空の中で，天の川に近いところと遠いところとの特定の範囲を指定して，それぞれの範囲の中にいくつ星が見られるかを肉眼で数えてみます．これを通して，天の川に近いところとそうでないところとでは，見られる星の数が異なることに気づいていきます．

天の川が見えるような暗い空で行うのが理想的です．あまり空が明るいと，一部の明るい星だけが見えるので，星の数が逆転してしまうことがあります．

① 星を数える空の範囲を星図を見て2か所決めます．1つは星が多く見られるところ，もう1つは少ないところです．このとき，次のことを考慮します．
  ・天の川に近いところと遠いところ
  ・広さが同じくらい
  ・目だちやすい

たとえばこのようなものがあります．
  春の宵：冬の大三角と春の大三角
  夏の宵：春の大三角と夏の大三角
  秋の宵：夏の大三角と秋の四辺形
  冬の宵：秋の四辺形とぎょしゃ座の五角形

② 指導する人は，全員に星を数える範囲を指示して場所をわかってもらいます．

③ 次にその中に見える星の数を一人一人に数えてもらいます．そして2つの場所で見られる星の数が違うことを知ってもらいます．

④ なぜ数が違うのかをまず全員に考えてもらいます．しばらくしたら，銀河系の形と関係があることを解説します．天の川に近いところの方が星が多く見えることに気づいてもらいます．さらに銀河系の構造について説明するとよいでしょう．

⑤ 空の明るさや，星が見える高さによっても見える数が違ってくることも説明します．空気の汚れ具合や街の灯りの影響によっても星の数が違ってきてしまうことを理解してもらいます．

🎙 ひとこと

(1) 見える星の数
例に挙げた範囲では，広さと見える星の数とのおおよその値は表15のとおりです．

【表15】観察範囲の例

対象区域	およその面積(平方度)	5等星までの累計	6等星の数	6等星まで累計
冬の大三角	300	20	73	93
春の大三角	550	18	55	73
夏の大三角	450	53	116	169
秋の四辺形	200	6	29	35
ぎょしゃの五角形	150	14	29	43

(2) こんなことも
- 双眼鏡が使えると，多少空が明るいところでも行えます．
- 写真撮影をして，写真上の星の数を数えるのも1つの方法です．
- 光害問題の理解にも役立ちます．たとえば自宅で見たときに見える星の数と，学校で見たとき，山で見たときとの星の数とを比べてみます．

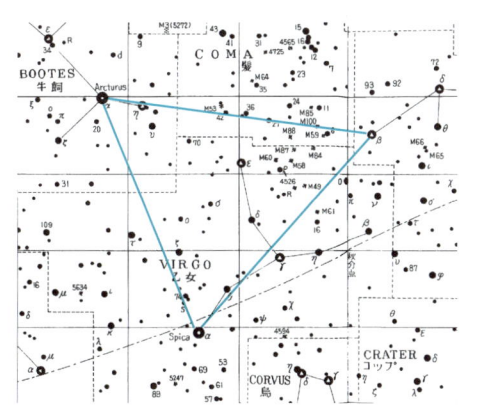

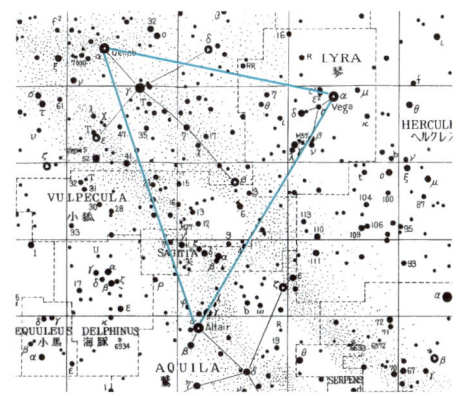

【図118】春の大三角と夏の大三角

COLUMN 一番近い星まで歩こう

たとえば，太陽と地球の距離を3cmとした場合，一番近い星までの距離は810mとなります．グループごとに白い紙テープを配布し，0を太陽とし，3cmの所に地球，28.6cmの所に土星など，目盛りを付けさせましょう．その後一番近い星は810mになることを知らせます．

太陽と地球との距離を30cmにした場合には，惑星間の広がりがよく理解でき，すぐ教室をとびだして行きますが，一番近い星までが8.1kmになります．810mや8.1kmであれば，歩ける距離ですがその数字を提示するまでの過程を大事にして，宇宙の広がりを感じさせましょう．

目盛りを付けたテープを広場に持ち出し，それぞれの距離の所に惑星に見立てた物を並べて，その間を歩いて見るのもよい体験となります．

その過程において，太陽系を出るときに，振り返ると，もう，私たちの太陽は，ひとつのありふれた恒星として，星座の中に光っていることを知らせましょう．

CHAPTER 5.10.2
★★★★☆☆

星と星のあいだ

観望会では，星を見せるのが普通です．しかし，星と星の間が暗いというのもとても大事な観測事実です．なぜ宇宙は暗黒なのか，ということを，望還鏡を使いながら考えてみましょう．星と星の間には何もないわけではなく，目の性能に限界があるので，見かけの等級が6等以上の明るさでないと見えないのです．「見えないこと」と「ないこと」は違うことを知ることはとても大切なことです．

必要な用具 双眼鏡，同じ方向にセットした口径の異なる望遠鏡2台以上，大口径望遠鏡で撮影した写真，懐中電灯（写真を見せるときに使う）．

👉 進め方

①肉眼で夜空を見上げてもらいましょう．望遠鏡をセットした方向を示して，全員でその方向を見てもらうとよいでしょう．つぎの質問をして，自由に意見を出し合ってもらいます．
問「夜暗いのは，星と星の間が暗いからですね．では，どうして暗いのでしょう．考えてみてください．」

②双眼鏡を取り出して，つぎの質問をします．
問「目でみると，星と星の間は何も見えなくて，暗くなっていますね．星と星の間には何もないのでしょうか．あなたはどう思いますか？」

a) 星と星の間には，本当に何もない．
b) 星と星の間には本当はもっとたくさんの星があるが，黒い物質があって見えなくなっている．
c) 星と星の間には本当は暗い星があるが，目の性能が悪いので何も見えない．
d) 星と星の間には本当は星があるが，遠すぎて光が届かない．

参加者全員に選択してもらったあと，意見を出し合ってもらいます．その後，双眼鏡で星と星の間を見てもらいます．肉眼では見えなかった暗い星が見えることを確認してもらいましょう．

③口径の小さい望遠鏡の方へ誘導して，②と同様な質問をします（質問中の目の部分を双

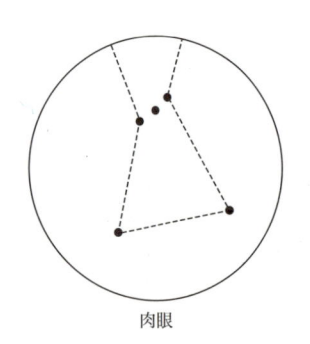

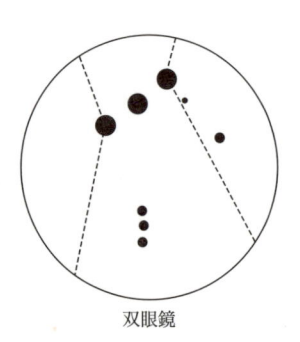

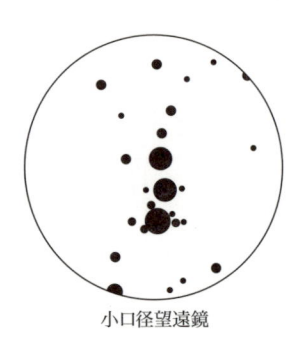

肉眼　　　　　双眼鏡　　　　　小口径望遠鏡

【図119】視野のちがい

眼鏡に変えて全く同じ質問でよいでしょう）．②と同じように意見を出し合ってから，望遠鏡を見てもらいます．双眼鏡より暗い星がみえますが，視野が狭くなってしまうことにも注意をうながします．

④双眼鏡より，暗い星まで見えることを確認して，口径の大きい望遠鏡に移動します．③と同じ手順で質問をし，望遠鏡を見てもらいます．

⑤さらに，暗い星まで見えることを確認して，つぎの質問をします．

問 「では，望遠鏡の口径をどんどん大きくしていったら，いくらでも星が見えるのでしょうか．世界で最も大きな口径の望遠鏡で夜空を見たら，夜空は星で埋めつくされてしまうのでしょうか？あなたはどう思いますか」

意見を出し合ってから，大口径の望遠鏡で写した写真を見てもらいましょう．

⑥最後に次のようなお話をして，終わります．

お話の例

世界で最高の性能の望遠鏡で写真にとることのできる一番暗い星は，見かけの明るさが28等星くらいです．夜空で明るく見える星（1等星）の100億分の1の明るさの星まで調べることができるのです．でも，このような望遠鏡で見ても，夜空が星で埋めつくされることはないのです．実は，天文学者は，『どんなに性能のよい望遠鏡を作っても，夜空は星で埋めつくされることはない』と考えているのです．

星（恒星）は，地球からたいへん遠いところにあります．一番近い恒星で，光のスピード（秒速約30万km）で約4.2年かかります．光が恒星を出発してから4.2年かかるということは，地球でみるその恒星の姿は約4.2年前のものだということになります．同じように，光のスピードで1億年かかるところにある恒星を地球で見ると，1億年前（恐竜がいたころ）の恒星の姿を見ていることになるのです．宇宙はとても広いので，遠くを見るということは，昔の世界を見ることになるわけです．そして，遠くを見れば見るほど，より古い昔の世界が見えることになるのです．

では，望遠鏡をどんどん大きくしていくと，どこまでも遠く，どこまでも昔にさかのぼっていけるのでしょうか．残念ながら，そうではありません．というのは，天文学者の多くが，宇宙は今から約138億年前にできたと考えているからなのです．約138億年前よりも古い宇宙は見ることができません．なぜなら，それより昔は天体がなかったからです．今，天文学者たちは，これまでよりずっと大きくて性能のよい望遠鏡の開発に知恵をしぼっています．性能のよい望遠鏡があれば，宇宙の始まりの姿を見ることができるのではないか，と考えているからです．宇宙の始まりがどのようなものであるかということがわかると，自然の仕組みがどのようにしてできているのか，といったたいへん重要なことがわかるはずなのです．

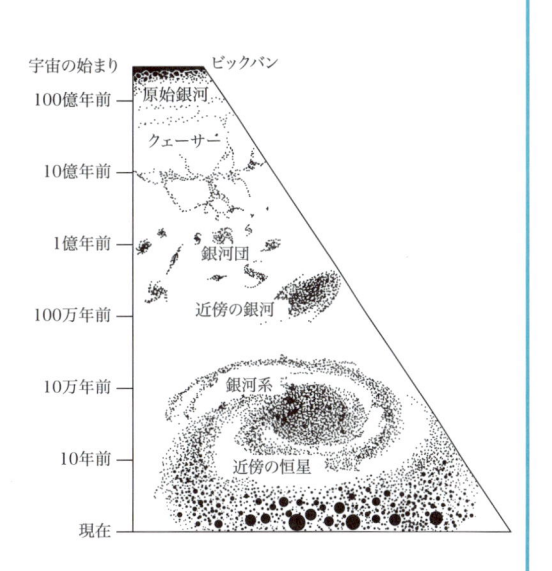

【図120】現在から過去を見通す

CHAPTER 5.10.3 ★★★★☆

宇宙の広がりを感じよう

宇宙の広がりは，日常の生活からは想像を絶するほど壮大なものです．ここではいろいろな距離の天体を見ることを通して，そんな宇宙の広がりを少しでも実感できる機会を持ってもらうことにしましょう．

| 必要な用具 | 天体望遠鏡（銀河が対象天体の1つになりますので，口径は大きければ大きいほどよく，できれば15cm以上は確保したいところです．また，空も暗ければ暗いほどよいことは当然です） |

👉 進め方

距離の異なる代表的な天体を，まずひととおり見てもらい，その後でそれぞれの天体の遠さの順番を考えてもらいます．指導者は，ひととおり考えが出そろったところを見はからって，見てきた天体の距離を伝え，宇宙の広がりについて理解してもらいます．それぞれの天体までの距離は，理科年表などであらかじめ調べておきましょう．なお，銀河が見る対象の1つになりますので，銀河が多く見られる春または秋がこのテーマを行う季節の中心となります．

①次のa）〜e）までの天体を，適当な順序でひととおり見てもらいます．このとき距離に関することは伏せておきます．対象天体のうちa），b）は，必ずしもその日の夜に見られるとは限らないので，省いてもかまいません．特にa）の月は，あまり太ってしまうと月明りで空が白けて淡い銀河が見づらくなってしまうので，月齢としては三日月前後の，せいぜい半月までが観望会開催によいでしょう．

a）月（距離 約38万km）

いうまでもなく，月は私たちにとって最も身近な天体です．

b）惑星（距離 数千万〜数十億km）

その日の夜にみられる惑星を調べておき，地球と同じ太陽系の一員としての惑星を望遠鏡で見てもらいます．表面のようすが少しでもわかる天体，つまり，土星から内側の惑星を選びましょう．

c）恒星（距離 数光年〜数千光年）

銀河系（天の川銀河）を構成する基本単位は恒星です．肉眼で見れば十分です．たとえば星座探しをやりながら，「あの明るい星は1等星のスピカ」，「あのだいだい色の星はアークトゥルス」などというように，見た星を印象づけることでよいでしょう．

d）球状星団（距離 数万光年）

銀河系をつつむように散らばっている天体です．M13のような明るく大きなものでは，口径が15cm以上の望遠鏡で倍率を100倍程度かけて眺めてみると，条件がよければ周囲の星が分解して，星の大集団のイメージがわかるでしょう．

e）銀河（距離 数十万〜百数十億光年）

アンドロメダ銀河など，銀河系の外にある天体です．淡くかすかなものが多いので，残念ながら銀河は日頃天体を見なれていない一般の方々にとって，非常に見づらい天体であるといわざるを得ません．ですから「何かあるな」ということに気がついてもらえれば，まあ目的は達成されたと思ってよ

いでしょう．

②観望のしめくくりとして，たとえば「皆さんが今日ご覧になった天体までの距離は，それぞれどのくらいだと思いますか？　一番近い天体はどれですか？　一番遠い天体はどれですか？」と，それぞれの拡大写真を提示しながら問いかけてみます．しばらく考えてもらった後，それぞれの天体までの距離を知らせます．こうして宇宙の広がりの壮大さを，ほんの少しでも理解してもらいます．

🎤 ひとこと

(1) 対象天体について

銀河系（天の川銀河）の広がりを理解するには，各種の星雲や散開星団もよい対象です．ただし季節的に銀河とは必ずしもかみ合わず，春の場合には銀河が見られる時間帯では地平線上に低くしか見られないものがほとんどなので，ここでは対象天体としてはあげていません．なお表16に見やすい銀河と球状星団とを紹介しておきますので，星図で位置をご確認ください．

【表16】見やすい銀河と球状星団

季　節	銀　河	球状星団
春	M104　M65　M66　M106 M51　M81　M82　M101	M3　M5　M13　M53
秋	M31　M33　NGC253	M2　M15　M30

(2) 銀河の見方，見え方

銀河を見るにあたっては，望遠鏡の倍率は，30～60倍程度がよく使われます．有名なアンドロメダ銀河（M31）は大きいので，むしろ10倍程度の双眼鏡の方が有利です．銀河のようなかすかな天体を見る場合には，その天体を「じっと」見るとかえってよく見えません．むしろ目をその天体からそらして視野のはじっこでとらえたほうが，存在がはっきりします．個々の銀河によって明るさや形態はまちまちですが，おおむね次のとおりです．
- 輪郭のはっきりしないぼんやりした雲状．ふつう中央部が明るい．
- 形は円形，楕円，細長い，などなど．

🫖 COLUMN 国立天文台を利用しよう

日本の天文学研究の中心機関である自然科学研究機構国立天文台には，一般社会への情報サービスの窓口「天文情報センター」があります．気軽にご利用ください．

○質問電話　電話番号 0422-34-3688　　平日9時～17時（土日祝日を除く）
○ホームページ　http://www.nao.ac.jp/
○全国各地にある国立天文台の観測所は原則見学可能です．また，三鷹本部では予約なしで見られる常時一般公開のほか，観望会，団体見学，ガイドツアー，4D2Uドームシアターの公開を事前予約制で実施しています．

CHAPTER 6.1

星空環境 概説

夜の天体観望において直接関係してくる環境問題としては空が明るく，星が見えにくい（光害）ということです．星が見えにくくなる原因を考えてみましょう．そして，満天の星が見えるような環境にするにはどうすればよいかについて言及します．

なぜもっと多くの星が見えないの？

　日食で太陽が隠されると星が見えることでもわかるように，日中でも星は存在するのですが，太陽の光のために空が明るすぎて，かすかな明るさの星は目立たなく，見えません．太陽が沈み，空が暗くなってくると星が見えてきます．

　太陽が山や地平線の向こうに沈んで隠されても，実際には空はすぐには暗くなりません．大気中の原子や分子により太陽光が散乱されて私たちに届くために，しばらくは空は白んでいます（この状態を薄明といいます）．

　時間とともに太陽の散乱光は少なくなり，明るい星から順に見え，やがて暗い星も見えて，星の数が増えてきます．太陽が地平線下18°以上に沈み，太陽の散乱光の影響がなくなるとそれ以上は空は暗くならないので，見える星の数は増えてきません．そのとき肉眼で見える最も暗い星が，もしも3等星ならばそこの夜空は明るいということです．暗い夜空では6等星まで見えるはずです．

何が夜空を明るくしているの？

　太陽が沈んだ後も夜空が明るいのは市街光のせいです．しかし，市街光があってもそれを散乱する大気がなければ光は宇宙空間に飛んで行き，戻ってきません．実際，大気のない月面に行けば，空にはギラギラする太陽が出ていても，太陽以外のところは暗黒の空で，星が見えています．大気があれば，その中の原子や分子により市街光が散乱されて戻ってきて私たちの目に入るので，夜空が明るくなり，星の光を目立たなくするのです．したがって，もっと暗い星まで，たくさんの星が見られるようにするには，市街光を減らすことと，大気中の余分な原子や分子を減らすことです．冬の空が夏より澄んで見えるのは，冬は気温が低く大気中の水蒸気が少ないためです．

市街光を減らすには

　無駄な光は，省エネルギーのためにも減らすことです．夜道の安全など，必要な光はあります．その際にも，光ができるだけ空に向かわないようにすれば光害は少なくなります．

　たとえば，街灯にはカサをつけ，水平より下を照らすようにします．また，壁を照らす

【図121】光害の原因

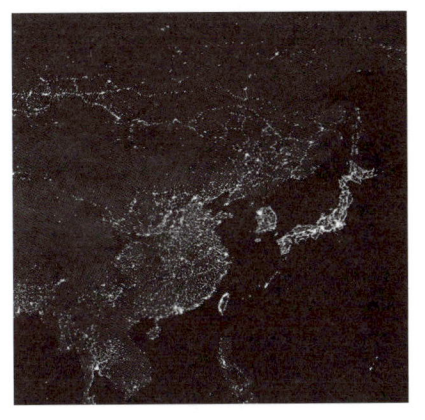

【図122】日本の夜空の明るさ
（提供：Data courtesy Marc Imhoff of NASA GSFC and Christopher Elvidge of NOAA NGDC. Image by Craig Mayhew and Robert Simmon, NASA GSFC.）

とき下からではなく，カサのついた照明で上から照らすようにします．反射効率のいいカサを使えば，100ワットだった電球を60ワットにしても同じ路面（壁面）照度が得られ，光害防止と省エネルギーになります．

この方面の先駆的な好例は，岡山県美星町の光害防止条例で，具体策が細かく規定されています．

余分な散乱光をなくすには

空気が薄く，きれいな山では紺碧の空が見られます．大気汚染されている都会では青みの少ない白っぽい空です．

きれいな空にするには，大気中にもともと存在する窒素や酸素は仕方がありませんが，余分に光を散乱しているチリや窒素酸化物などいわゆる大気汚染物質を減らすことです．環境を保全し，健康を守るためにも汚染源である車の排気ガスや工場排煙を減らすことです．

夜空の明るさと光害

夜空の一定範囲に見える星の数を各地でかぞえることにより，夜空がどのくらい明るいか，すなわち光害の進行具合を調べることができます．環境省が呼びかけの中心となって，全国星空観察（スターウォッチング・ネットワーク）が2011年度まで実施されました．その後もスターウォッチング・ネットワークは，実質的に多くの地方公共団体や関連の団体などの協力を得て，市民参加型の全国活動として続いています．

人工衛星から撮った夜間の日本および隣国の明るさを示す映像（図122）を見ると，世界的にも日本の光害が最悪の状態にあることがわかります．このような光害のせいで（気象条件もありますが），日本のすばる望遠鏡は，国内ではなく，ハワイに設置されました．

人工の美しさを得るのは容易ですが，自然の美しさをとり戻すには協力が必要です．青々とした日中の澄んだ空，星ぼしが満天に輝く美しい夜空を広げたいものです．

【参考資料】「美しい星空を守る美星町光害防止条例」（1989年11月22日制定）．

CHAPTER 6.1.1
★★★★☆

もっとたくさんの星が見られるように 環境問題との関連で

空が明るいとどんなに星が見えにくいかを実感してもらいます．そして，なぜもっと暗い星が見えないかということを考え，大気汚染・光害に気づいてもらうことを目的とします．広く，環境問題ということを考える糸口とすることができればよいでしょう．

対象者	指導者が説明的に進めれば小学生以上，考えさせるのであれば中学生以上です．
必要な用具	星の等級のわかる星図または星表，サーチライト式懐中電灯．
時期・場所	特に制限はありませんが，薄明時に見える明るい惑星や恒星を見せることができる時期および場所が望ましいでしょう．
準備	当日の一番星になる星の等級を星図・星表で調べておきます．さらに，その星から 2.5 等ぐらい暗い星で，見つけやすいものを探しておきます．また，その場所で見える星の限界等級を見当つけておくとよいでしょう．

👉 進め方

日没前，日没から薄明，薄明から薄明消失と，時間を追って星がどのように見えてくるかを，順を追って観察してもらいます．

①日没少し前から太陽と夕焼けの赤さを見てもらい，太陽から離れた方向の空の青さも見てもらいます．そして大気が汚れると夕焼けは赤さを増し，青空は白っぽくなることを話します．実は，大気汚染は星も見づらくしていることをこのあとの観察で知ってもらいましょう．

②太陽が沈むときに注目してもらい，太陽が山やビルに隠されてもすぐには空が暗くならないことを注意します．太陽に見立てた懐中電灯の前に板などを置いて完全にその光を遮ったり，少しもれるようにしたりして，物による反射・散乱に気づかせます．空がまだ明るいのは大気中の原子・分子により，隠された太陽の光が散乱され，こちらに届いていることを説明します．

③日没後の，薄明のときに一番星を探してみましょう．そして，一番星が見えたときの空の明るさを眼に焼きつけてもらいます．また，その一番星が何という星で，何等級かを知らせます．他の星はなぜ見えないのでしょう．空がまだ明るすぎて，もっとかすかな明るさの星は目立たないということを話します．

④さらに，二番星・三番星探しをします．太陽光の影響が弱くなるにつれて，より暗い星がつぎつぎに見えてくることを体験してもらいます．一番星より 2.5 等暗い星が見えたときに注意をうながし，一番星が見えたときの空より，今の空が 1/10 に暗くなったことを知らせます．

⑤薄明がなくなったころ（日没から約 1 時間半後），最も暗い星を見つけましょう．その星が何等級であるか調べ，知らせます．それ以上暗い星が見えてこないことを確認し，肉眼で見える限界の 6 等星が見えるためには，もっと空が暗くなければならないことを話します（どのくらい暗くなければならないかを計算してみます．たとえば，そこでの最も暗い星が 3 等星くらいならばさらに 1/16 に空が暗くなければならないことになります）．

⑥暗い星がこれ以上見えてこないのはなぜでしょう．これ以上空が暗くならないというこ

とは，太陽の影響はもうないということですから，市街光のせいです．

⑦市街光はどのように空を明るくし，観望を邪魔しているのでしょう．空に向かった光が，もしもそのまま宇宙空間に行って戻ってこなければ観望の邪魔にはならないはずです．サーチライト式懐中電灯で空を照らして，その光のすじを見てもらい，空気中の分子やチリにより散乱されて光が戻ってくるためにすじが見えることを説明します．夜に，低い雲が白く見えるのは市街光のせいです．

空を今より暗くするにはどうしたらよいでしょう．それには，空に向かう光の量を減らすことと，空に向かった光の戻ってくる量を減らすこととがあります．

空に向かう光の量を減らすには，1つは必要な明かりだけにし，無駄な明かりを消して市街光の総量を減らすことです（無駄と考えられる光を探してみましょう）．もう1つは，街灯などの光が空に向かわないように工夫（カサなどで）することです．

空に向かった光が戻ってくる量を減らすには，排煙や排気ガスなどの分子やチリを減らし，大気汚染をなくすことです．

以上の観望を通じて，エネルギーの無駄や大気汚染をなくすることについて話し合い，さらに広く環境問題を話題にできるとよいでしょう．

【図123】カサの無い街灯
(提供：ライトダウン甲府バレー実行委員会)

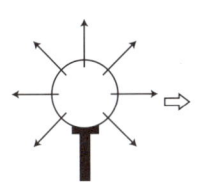

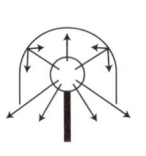

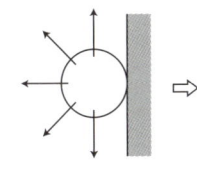

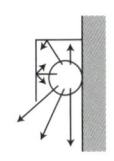

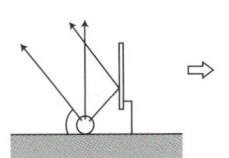

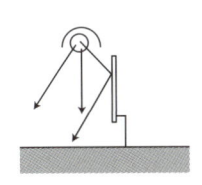

【図124】照明の光が空に向かわない工夫

第6章 困難な天体観望への対策

あなたの地域でライトダウン

CHAPTER 6.1.2

きれいな星空を楽しみたい，と思っても，街は年々明るくなって，空から星が失われています．一時的でも，みんなが一斉に照明を落とせば，街が暗くなり星空を取り戻すことができるのだということを実感できるイベントとして，ライトダウンの呼びかけをしてみましょう．
「ライトダウン甲府バレー」は，1998年以来，毎年1時間，甲府盆地内の明かりを落として，みんなで夜空を見上げようという呼びかけをしている活動です．ここでは，実際にライトダウンをして，多くの人たちが一斉に空を見上げられる機会をつくる方法について，お話しします．

進め方

(1) 仲間づくり・コンセプトづくり

「一斉ライトダウン」を行うのは，とにかく多くの人々の協力が必要です．実施主体になる仲間を集めましょう．最近は，環境省がライトダウンキャンペーンを呼びかけたり，100万人のキャンドルナイトが定着したり，「ライトダウン」という言葉も市民権を得てきていますが，それらの目的はCO_2削減や「ロハス」などいろいろです．自分たちの呼びかけの軸をどこにおくか，というのも，仲間づくりの際の大切なポイントかと思います．ライトダウンの実施には，商業施設の協力が不可欠です．広告灯の多くはタイマーで点灯しており，消灯には手間も費用もかかることが多く，集客数の減少などのリスクも伴います．それでも，消灯に協力してもらえるためには「天の川を取り戻そう」といった，できるだけ多くの人が共感しうるコンセプトをわかりやすい言葉で表現することが必要です．

(2) 消灯の呼びかけ範囲・日時を決める

「地域」と一言でいっても，いろいろな考え方があります．どの程度の領域ならば，"自分たちの街"と思える範囲なのか，どのあたりまで呼びかけるかを決める必要があります．
「キャンドルナイト」「環境省ライトダウン」などは，夏至・冬至周辺で行われています．また，首都圏中心に呼びかけがはじまった「伝統的七夕ライトダウン」や「石垣島全島ライトダウン」は，旧暦の七夕にあわせています．

星を見ることを目的にすると，夏至はなかなか星が見えず，冬至はクリスマス時期でライトダウンもしぶられる…ということがあります．旧暦の七夕は，上弦の月があるので，天の川を見るのには少し不都合ですが，定期的な呼びかけがしやすく，また観望会としてはやりやすいというメリットがあります．ライトダウン甲府バレーは，第1回から4回までは夏に実施していましたが，なかなか晴れずに，秋に移行した経緯があります．実施時間も決めておく必要があります．ライトダウン甲府バレーでは，消灯時間は午後8時から9時と決めていますが，お店の中には，15分だけ協力，というところもあります．

(3) 消灯の呼びかけを行う

上方に漏れる照明として主なものは，グラウンド照明，商業施設の看板，街灯や住宅の明かりがあります．まず，あなたの街を，ライトダウンをしようとする時間に探索し，どの照明がどの程度明るいか，を調査する必要があります．グラウンドは，その運営主体に連絡をし，その当日の貸し出しを停止してもらうのが最善です．商業施設については，コ

ンビニエンスストア，飲食店，ドラッグストア，スーパーマーケット，パチンコ店，車販売会社，ガソリンスタンド，ホテル，など．それぞれの業種で，「協同組合」があります．遊技業協同組合，石油協同組合，旅館組合などです．コンビニエンスストアやファーストフード店については，「フランチャイズ協会」「フードサービス協会」などがあります．こうした団体に依頼をすると，各加盟店に声をかけてくれる場合があります．また，チェーン店については，本社から各店舗に連絡をしてもらうと効率的です．このような枠にはまらないお店や企業は，個別に訪ねていく必要があります．電話でお話をする方法もありますが，最初は，直接顔をあわせて話をしないと，なかなか理解されない場合も多いかと思います．企業として参加するメリットは何か，ということも，提示する必要があり，協力企業の名前が表にでるような工夫も必要です．

(4) PR企画や当日企画を考える

ライトダウンの意味合いについて，多くの人たちに理解をしてもらえるような工夫が必要です．「光害（ひかりがい）」という言葉は，いまだに認知度が低く，光害とは何か，知ってもらうことも必要です．事前のイベントとして，街中での観望会や講演会，プラネタリウムでのPRなどが考えられます．当日は，多くの人たちと一斉に空を見上げられるような企画を行ないます．小高い丘やビルの展望台などの街を見下ろせるような場所にみんなで集まって，ライトダウンのようすを見守るのも，街が変わる瞬間を目の当りにすることができて効果的です．

(5) 夜空の明るさ調査を継続的に

「光害」の実態を知るためにも，あなたの地域での夜空の明るさがどの程度なのか，継続的な観測も重要です．子どもたちも参加しやすいような，星空調査を行うことも，光害への認識を増やすために効果があります．また，スカイクウォリティーメーターなどを用いて，地域の多点で観測を行うのもよいでしょう．

【図125】ライトダウン前日の甲府盆地

【図126】ライトダウン当日の甲府盆地

【参考URL】
◎ライトダウン甲府バレー lightdown-kofu.org　／　◎伝統的七夕ライトダウン 7min.darksky.jp　／　◎南の島の星まつり southern-star.jp

CHAPTER 6.1.3
★★★★☆

都心での天体観望会

都心部の夜空は郊外に比べれば明るく，星を見るための環境としては厳しいものです．しかしながら，多くの人が気軽に参加できるなど，都心での天体観望会は天文学の普及の観点からもメリットも少なくありません．本稿では，都心での天体観望会の特徴を整理し，その長所を活かすような天体観望会のあり方について考えてみましょう．

対象者	ふだん星や宇宙に特別な興味関心を持っているわけではない人
必要な用具	天体望遠鏡（月や惑星など明るい天体を中心に見るので，小さな口径のものでも構わない）
時期・場所	早い時間帯，アクセスのよい場所
準 備	人工衛星の通過時刻などを調べておくとよいでしょう

進め方

(1) 都心での天体観望会の意義

近年では，社会的な天文宇宙への関心の高まりを受け，都心部でも盛んに天体観望会が開催されるようになってきました．特に，従来から開催されている天文ファン向けのものに加え，生まれて初めて望遠鏡をのぞくような初心者を主対象とした天体観望会の開催が盛んです．本稿では，私たちが都心部で開催してきた天体観望会の経験を踏まえ，都心での天体観望会の意義と実施にあたっての基本的な考え方などについて紹介しましょう．

都心部の夜空は，なんといっても明るいのが特徴です．郊外に比べて星もまばらで，一見すると寂しい星空です．したがって，美しい星空の観賞を目的とした天体観望会には，都心部の星空はまったく向きません．しかし，都心部は人々の生活圏であり，そこでの天体観望会の開催は，多くの人に星空に親しむきっかけを提供することにつながります．これは，天文学の"普及"の観点に立てば，非常に重要な特徴です．アクセスのしやすい都心部で実施するからこそ，ふだんはあまり星空に興味を持たない人であっても，参加する気になるのです．そのような初心者が主たる対象であるとしたときに，どのように天体観望会をデザインし，運営していけばよいか，参考となる考え方を挙げてみましょう．

(2) 都心部の夜空の楽しみ方

都心部の夜空は明るく星は見えないと思われがちですが，じっくり探してみれば，意外と多くの星を数えることができます．例えば，東京都心であったとしても，天候に恵まれれば3等星程度であれば十分に見つけることができるでしょう．星座を構成する主要な星の

【図127】観望会のようす
都心部の夜空は明るいため，月や惑星など明るい天体を中心に観望することになる．

大部分は3等星以上ですので，一般的な人々が知っているような星であれば，ほぼ全てを見つけ出すことができます．そのような意味では，星が無数に見える美しい星空に比べて，初心者に優しい星空であると言うこともできるでしょう．都心部の間引きされた夜空で有名な星座や天体の探し方を学んでおけば，郊外へ出かけていったときにも役に立つことでしょう．

そもそも，銀河系におよそ1,000億個ある恒星のうち，肉眼で見ることのできる星はごくわずかです．6等星以上の星の大部分は太陽系から数100光年以内に集中していますので，私たちは広い宇宙のごく一部を見ているに過ぎません．星と星の間のなにもないように見える空間にこそ，宇宙のダイナミックな世界が広がっているのです．そこに想像を広げるのに必要なものは天文学の基本的な知識や考え方への理解であって，必ずしもよく星が見えることではありません．そのような意味では，肉眼で見える星の多少は，"天文学"の普及の観点からはそう大きな問題ではないとも言えます．

都心での天体観望会には，生まれて初めて意識的に夜空を見上げるような参加者も少なくありません．そのような参加者にとって，夜空は新鮮な驚きに満ちています．月や惑星のように天文ファンにとっては見慣れた天体でも，初めて見る人にとっては楽しく感じられます．単なる恒星であっても，天体望遠鏡でのぞいてみるという行為自体が，楽しいのです．人工衛星も多くの人にとって見たことがないもののひとつですし，夜空を横切る飛行機でも，関心を持って眺めればさまざまな発見があるものです．そのような，初めて夜空に向き合う人の気持ちによりそって，天体観望会を設計できるとよいでしょう．

天体観望会という非日常の場が持つ力も，都心部での天体観望会では重要です．みんなで一緒に星を見上げたり，さまざまな人と会話を交わしたりできることは，天体観望会という場が持つ優れた力のひとつです．星空の下では，年齢や性別はもちろん，会社や家庭などでの立場は関係がありません．月を見ればその美しさに感じ入り，流れ星を見ればその迫力に興奮する．そんな場の一体感がもたらす高揚感は，参加者に充実した時間を提供することでしょう．仮に曇りがちな日であっても，雲の切れ間に天体がのぞくのをみんなで待つことも，また楽しい時間なのです．

都心で観望会をするときには，可能であればビルの屋上など，視界が開けているところで開催できればよいでしょう．しかし，そういった場所が用意できなくても，めげることはありません．その場所でしかできないことはなにか，その場所ならではの楽しみ方を積極的に見つけていくほうが，都心のような環境で観望会を企画するときには意味があることだと思います．

以上，都心で天体観望会を実施する際の基本的な考え方について紹介してきました．もちろん，答えはひとつではありませんので，本稿で紹介した以外にもさまざまな工夫がありうるでしょう．都心という，一般的には天体観望会には不向きと思われる環境も，考えようによっては素晴らしい天文学の普及の機会です．ぜひ積極的に天体観望会を企画していただければと思います．

CHAPTER 6.2 ★★★★★☆

雨天・曇天時の対策 概説

　みなさんが主催される観望会や，観望指導などを依頼された場合，その日が近づいてくると当日のお天気がとても気になることでしょう．たぶん大方のみなさんは新聞の天気予報欄を見たり，テレビの天気予報を観たりしますね．ときには気象協会などに電話をされたりすることもあるでしょう．
　しかしながら，このお天気ばかりは，私たちが自然に相手をしてもらっている以上人為的にどうこうする訳にもいきませんし，かといって曇ってしまったので中止ですよ！と簡単に割り切れるものではありません．参加者はたくさん集まってしまった，でも星が見える見込みは全然ない！というようなときでも，主催者や，観望会スタッフとしてはせっかくの参加者が次の観望会への意欲を失わないように，たとえ星が見えなくても星ぼしの輝きに替わるようなプログラムを持っていなければなりません．

▍対策の具体的な例

　今までの観望会の例ではプラネタリウム館であれば，プラネタリウムを使用して星座解説を行うとか，天体写真のスライド上映あるいは市販ビデオなどで急場をしのいでこられた方が多いようです．

　しかし，天体観望会といえば天気に左右されることは自明のことですから，企画段階あるいは観望指導を依頼されたときから，雨天・曇天の場合にどうするかを「観望会の内容」と平行して企画しておくことが望ましいのです．すなわち○月○日の観望会について「星が見える場合」「星が見えない場合」という2つのプログラムをしっかり用意しておくことが，星が見えなくても参加者の期待を裏切らないように観望会を成功させる大切な要素になります．

　たとえば雨天・曇天時の対策のプログラム例として次のようなものが考えられます．

①映画・ビデオなどの上映・パソコンによる星空シミュレーション
②プラネタリウムを使用した星座解説
③講演会（天文教室のような感じで）
④音でふれる天体（FM流星観測・宇宙線を音で聞く・木星の電波を聞くなど）
⑤天体をテーマにしたゲーム
⑥星の童話・星座神話などの輪読会
⑦室内での望遠鏡による観望
⑧望遠鏡の取り扱い講習
⑨星座早見盤を作る・月齢早見盤・照明付きスケッチボードなどの「工作教室」
⑩星座カメラi-CAN・慶応義塾大学インターネット望遠鏡・Skypotの利用

　インターネットが利用できる環境の場所であれば，星座カメラ「i-CAN」が世界8か所に

設置されており，一般でも手続きなしで15分間はビジターとして利用できますし，事前にホームページで手続きを確認して利用の手続きをしておくと，その時間を確保してもらえます．

国内のサイトでは，熊本・南阿蘇ルナ天文台サイトに設置されていますので，観望会開催地が天候不良の場合はアクセスしてみると，「i-CAN」サイトが晴れていれば，星座を見ることができます．

なお「慶應義塾大学インターネット望遠鏡プロジェクト」というプロジェクトが始動しており，この望遠鏡ネットワークは無料で開放されておりますので，望遠鏡初心者の方も含めて積極的に利用を試みて欲しいと担当の先生からのお話があります．また学校の授業などで利用の希望がある場合は，事前にプロジェクトの担当者と打ち合わせて置くことによって，利用の予約も可能だとお聞きしています．

利用はインターネットで「慶應義塾大学インターネット望遠鏡」で検索して頂くと，プロジェクトのHPに繋がります．ここからログインすると操作の練習モードなどもありますので，事前に確認して練習などを試みておくとよいと思います．（図128は同インターネット望遠鏡で撮影した画像です．自分で望遠鏡を操作してこのような画像を撮り，それを手元のパソコンに保存することもできます）．

また，まだ公開されているサイトが少ないのですが，全天候型スカイモニターを設置している施設もあります．インターネットでSkypotと検索すると出てきますが，現状は長野県内に3か所と，鹿児島県，東京都など6か所のスカイモニターの画像を見ることができます．

これは，魚眼レンズで設置サイト付近の上空画像を24時間配信しているものです．運良く流星や，衛星などが見られる場合もありますので，事前に検索して確認しておくのもよいでしょう．

これらは一例として挙げてみましたが，この中でも準備が必要なもの，その場でできるものといろいろです．たとえばこの例の中のどれか，あるいはその組み合わせ，もうひとひねりしたものなど実情に合わせてプログラム化されてはいかがでしょうか．

この本では，観望会の企画側や観望スタッフのみなさんのお天気に対する悩みに少しでも役立てばという目的でこの節を設けました．雨天曇天時の対策としてはこの節で取り上げたものにとどまらず，この本の別の章やコラムのうちで利用できそうなものがあります．雨天・曇天時の観望会はコレというスタイルが決められているわけではありませんから大いに応用を利かせて，参加者の期待を裏切らないような企画を持って観望会にのぞみましょう．

【図128】インターネット望遠鏡で撮影した木星
（撮影：慶應義塾大学インターネット望遠鏡プロジェクト）

CHAPTER 6.2.1
★★★★☆

室内で望遠鏡をのぞいてみよう

雨天曇天時における室内でのプログラムとして，観客が話を聞くだけのものでは子どもたちには飽きられてしまうかもしれません．そのような場合に室内で望遠鏡をのぞいてもらうのは体を動かす作業が入って，変化のあるプログラムになると期待されます．また，望遠鏡をのぞくよい経験になります．なお望遠鏡の見せ方については，P.11の「望遠鏡をのぞいてもらうときには」を参照することを奨めます．

必要な用具 望遠鏡（可能ならば種類や口径の違うもの），惑星の画像やキャラクターの絵など，凸レンズ（百円ショップで買える虫メガネを長短の焦点距離のもの3セットくらい）

事前の準備 [室内の広さの調査]最も長い距離で何m確保できるかをあらかじめ調べておきます（焦点距離890mmの屈折望遠鏡では目標物との間に15m以上必要）．学校の体育館なら距離は十分で，広さも多人数に対応可能です．
[目標物について]望遠鏡で見せる目標物をあらかじめ用意しておきます．目標物をどの距離に置き，どのくらい拡大して見せるかによって，作成するサイズを考えます（例えば200倍の場合，目標物は1cm）．
[望遠鏡について]鏡筒の短い望遠鏡の場合は焦点距離調整用に延長筒が必要かどうかを事前に確認すべきです．
[室内フロアの保護]望遠鏡架台（三脚）の先にフロアを傷つけないために段ボールの切れ端を敷くようにします（10〜20cm四方の板を望遠鏡と一緒に常備しておけば野外で地面が不安定なときにも使用できて便利です）．

当日の準備 [目標物の掲示]目標物は脚立などを使用して，可能なかぎり壁の上の方に貼ります．目標物が低いと望遠鏡の前にいる人の頭で隠されてしまいます．
[望遠鏡を見るのに必要な時間]星空では望遠鏡で天体を見るのに1人あたり約30秒（交替時間含み）と見込みます．室内では一般的にこれより短くて済みますが，丁寧に見方の説明を加えれば30秒くらいになります．雨天曇天時の参加人数を予測するのは難しいですが，全体が見終わる時間は，1台の望遠鏡を見る人数×望遠鏡の台数×30秒です．通常の規模の観望会では少なくとも30分以上必要でしょう．

👉 進め方

時間に余裕があれば，赤道儀（経緯台）の組立て，望遠鏡を載せてバランスとり，目標物の導入などを，説明を加えながら行います．

(1) のぞき方の説明

①接眼部が2つある（1つはミラーで光路を直角に曲げる）フリップミラーシステム（P.11参照）の直角側に長焦点の接眼レンズ（例えば25mm）を入れ，他方に短焦点の接眼レンズ（例えば4mm）を入れます．
②まず短焦点の接眼レンズをのぞいてもらいます．この接眼レンズでは見かけ視野が広くないので，うまく目標物を見つけられない人がいるかもしれません．
③部屋が適当に明るければ，夜に明るい惑星を導入したときのように接眼レンズに明るい点が見えるのを確認してもらいます．その点を見続けながら目をレンズに近づけると視野の中に目標物が見えてくるはずです．うまく見えない人は最後までレンズの明るい点を見続けていないようです（P.11参照）．
④どうしてもうまく見えない人にはフリップミラーを回して，長焦点のほうで見てもらいます．

(2) 望遠鏡による倒立像

目標物として人気キャラクターなどを導入しておけば，接眼レンズをのぞいて目標物が見えたとき，「あっ，○○○だ！逆さまだ〜」との声が上がります．「望遠鏡では上下左右が逆になって見えます」と補足します．

【図129】望遠鏡で見た倒立像

(3) 望遠鏡による像の倒立を理解する実習

並んで待っている人にレンズセットを渡して見てもらいながら説明することもできます（大金要次郎，2011年）．

虫メガネ2個（焦点距離20～30cmと10cm以下のもの）のうち，短焦点のレンズを接眼レンズのように目に近づけて持ち，もう一方の手に持った長焦点のレンズを他方のレンズの前方で近づけたり遠ざけたりすると，遠くのものが近くに拡大して見えるところがあるはずです．やはり見えている目標物は逆さまになっているはずです．

短焦点のレンズを目からはずして，離して持っている長焦点のレンズを見るとわかるように，そのレンズによる像は逆さまになっているはずです．その像を短焦点のレンズで拡大して見ているのが，望遠鏡の原理です．

(4) ゲーム的に目標物を見てもらう場合

キャラクターの絵（サイズは10cmくらい）をあらかじめ壁に逆さまに貼り，「私はだれでしょう」と書いておきます．その横に質問カード（例えば，「好きな食べものは何ですか？」）も逆さまに貼ります．

それをのぞいてもらって，見えたキャラクターと質問の答えを指導者に告げてもらいます（そのときに子どもには何かちょっとした物をプレゼントすると喜ばれます）．「壁に貼ってあるものを見て帰ってください」と告げ，逆さまに貼ってあることを確認して帰っていただきます（飯塚礼子（日食情報センター）ほかの実践）．

🎤 ひとこと

- 可能ならば望遠鏡は，屈折と反射，赤道儀と経緯台，口径の大と小を用意するとよいでしょう．それぞれで目標物を見てもらい，その長所・短所などの特徴について説明を加えます．
- 自由にさわってもよい望遠鏡も用意できるとなおよいでしょう．

【参考資料】2011年天文教育普及研究会年会集録．

CHAPTER 6.2.2
★★★★★☆

望遠鏡を動かしてみよう

「星の見えない観望会」で，もっと参加者が能動的に関われる方法がないものでしょうか？ たとえ星が見えなくても，参加者が積極的にその時間を有効に生かし，関われる…体験できる…としたら，ひょっとしたら自分でも少しやってみようか？ という気持ちを持つ方が出てくるかもしれません．自分の体を動かす・手で触れるという面を大切に考えた「望遠鏡の取扱い講習」について紹介します．

| 準　備 | 資料（望遠鏡の原理・架台の種類・設置の概要について図解したもの），望遠鏡 |

☞ 進め方

①まず全員にプログラムの概略を説明します．このときに講習の一部として実際に望遠鏡の架台を組んでもらったり，鏡筒を持ってもらったり，反射鏡を出してみせたりしますので，足の上などに落としたり，鏡面に触れたりしないように注意しておきましょう．

②参加者を約10名程度のグループに分けます（機材・指導者の数に合わせて分けます）．

③準備しておいた資料と実物によって望遠鏡の基本について説明します．ここで指導者側が注意しなければならないことは，できる限り簡単な言葉で進めることです．たとえば，架台の話をする場合は，鏡筒を子どもたちに持たせて，「これで月や星がのぞけるかな？」というように聞いてみます．すると「ダメだよ～」などと返事をしてくれますので，そこから「…じゃあ何か台がなくちゃね」というような具合で子どもたちを指導者のペースに引き込んでしまうと積極的に話にも参加してくれます．

④反射式について説明する場合，ニュートン反射などを使用します（鏡筒の一部を開放して中の構造が見えるように作ってあるものが望ましい）．鏡筒セルごと取り外せるようなものであれば外してみせます．このとき大型のルーペを何個か用意しておいて友達の顔を見させて，つぎに凹面鏡に自分の顔を映させると「アッ同じだ！」などと騒ぎます．凸レン

【図130】望遠鏡を動かしているようす

ズと，凹面鏡の作用が同じであることを理解してくれます．

⑤つぎに，経緯台，赤道儀の組立，動き方などを説明します．赤道儀の動き方について説明するときは地球の自転と関連づけて説明するとわかりやすいでしょう．

⑥説明が終わりましたらグループごとで実際に赤道儀の組立をしてもらいます．その際，架台などは重いので大人の方に補助してもらうようにしないと，子どもたちだけでは危険ですから指導者は特に注意してください．

⑦組立が終わりましたら，できるだけ遠くの豆電球または，遠くの風景とか天体写真を導入してもらいます．単純なことですが子どもたちも大人も結構喜んで参加してくれます（距離が近いとドローチューブに延長筒をつけないとピントが合いません．体育館とか学校の廊下などだと具合がよい）．導入位置は視野中央，ピントは豆電球のフィラメントが見えるところなどと決めておくとグループごとのゲーム的な要素も加味されてきます．ゲーム化することによって他のグループよりも早くという気分が働くのか，一生懸命やってくれるので割合に短時間でできます．

⑧一連の体験をできれば30分以内，長くとも40分くらいを限度として終わるのがよいでしょう．したがって時間的にはビデオまたはスライドなどを10〜15分，望遠鏡の取扱いを30〜40程度に組み合わせると約一時間の教室とすることができます．

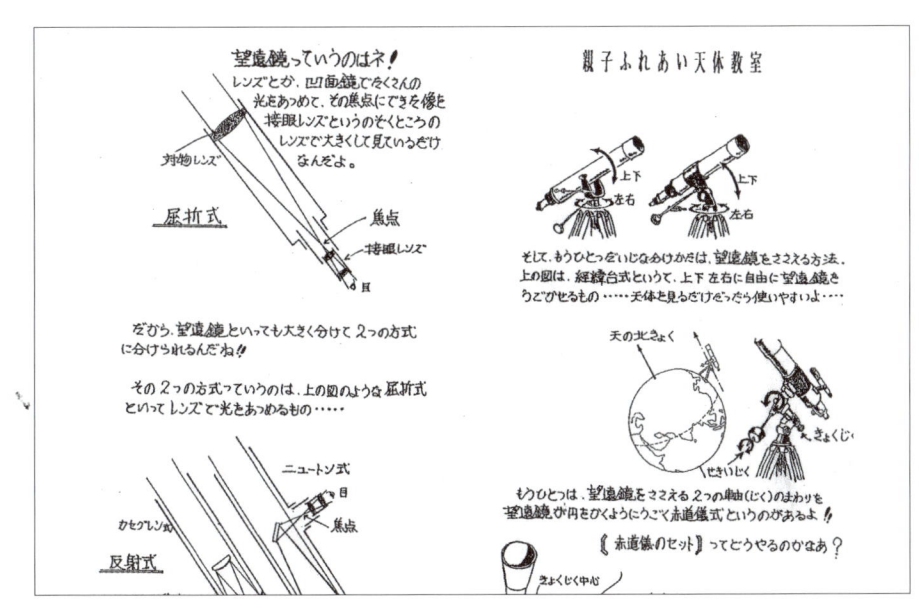

【図131】講習資料例

ひとこと

実際にはこのような講習で簡単に覚えられるものでもなく，自分で鏡筒を持ってみた，赤道儀を動かしてみた，という体で得た程度のことしか子どもたちには残らないと思います．しかし自分で体を動かすこと，触れてみる，よく見る，などの体験が大切だろうと考えています．

CHAPTER 6.2.3

宇宙の広がりを知る　遠くを見れば，昔が見える

夜空を見たときに，一般には天球に天体が貼りついたように感じ，その遠近までは思いめぐらさないようです．3次元的に宇宙の広さを知ってもらうには，そこからの光がどのくらいの時間で来るかを示すのがよいでしょう．ものすごく速い光でさえ，我々に届くのにそんなに長い時間がかかったということで，非常に遠いことを実感するでしょう．そのように遠くからの光を実際に自分の目で受けとめていることが，写真などを見るのとの大きな違いです．

＊6.2.4「Mitakaを使って宇宙旅行」と併用することを奨めます．

| 準　備 | あらかじめ，以下の内容のパワーポイントを作成しておく． |
| 必要な用具 | パソコン，液晶プロジェクター，スクリーン |

👉 進め方

　この話を進めるには，光の速さを感覚的にでも「非常に速い」と知ってもらう必要があります．そのために，まず身近なものの速さから話を始めます．子どもたちが参加できるように，クイズ形式などで問いかけるようにします．以下はその一例です．

(1) 速く動くものは？（動く速さ，伝わる速さ）

①新幹線の速さはどのくらい？（時速300km）

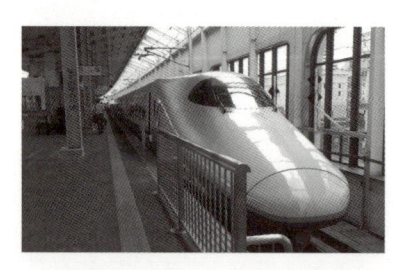

②ジェット機の速さは？（時速1500km）

③音の速さは？（時速1200km＝秒速0.3km）

　音速より速いジェット機の音は，ジェット機の後ろの方から聞こえます．

④地球から飛び出すロケットの速さは？
　（時速4万km＝秒速11km）

　月までの距離は，約38万km．ロケットで月まで行ったら，約10時間かかります．新幹線なら，約53日かかります．

⑤光の速さは，どのくらい？（秒速30万km．ロケットより速い！　想像つきますか？）

　光にも速さがあります．「カミナリは，ピカッと光ってからゴロゴロと音が聞こえますね．光の方が音より速い！」

(2) 遠くを見れば，その昔の姿が見える！

遠くを見ると，その天体からの光が来るのにかかる時間だけ昔の姿を見ることになります．

[太陽系]

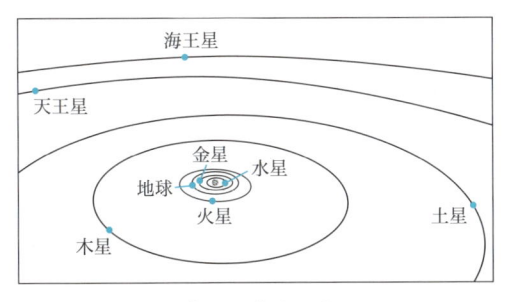

【図132】太陽系

① 月からの光は，何秒くらいで地球に届く？
　a) 0.1秒　b) 1秒　c) 10秒
　⇒答え　b) 1秒
　1秒前の月の姿を今，見ています．

② 太陽からの光は，どのくらいで地球に届く？
　a) 2秒　b) 2分　c) 8分
　⇒答え　c) 8分
　8分前の太陽を今，見ています．

③ 土星の光は，どのくらいで地球に届く？
　a) 10分　b) 80分　c) 2時間
　⇒答え　b) 80分

④ 海王星の光は？
　a) 4時間　b) 8時間　c) 20時間
　⇒答え　a) 4時間

[恒星（太陽のように自ら光っている星）]

夜空に見える星ぼしのほとんどは，恒星です．
⑤ 太陽のとなりの恒星（ケンタウルス座α）の光は？
　a) 100時間　b) 1000時間　c) 4万時間
　⇒答え　c) 4万時間
　4.3年前の光です．

光が1年で進む距離は約9.5兆km＝1光年です．

織姫星（こと座ベガ）からの光は25年前のもの（皆様が生まれる前）．はくちょう座デネブからの光は1400年前（西暦600年頃で，聖徳太子が活躍）です．

[銀河系と銀河]

銀河系（天の川銀河）は、太陽を含む1000億個以上の恒星やガスが円盤状に集合しています．

太陽から銀河系中心まで光で2万6000年です（銀河系の図は，5.10，図117を参照）．

アンドロメダ銀河は銀河系と同等の大きさです．そこからの光は，230万年前のものです（地球では人類が出現したころ）．

【図133】アンドロメダ銀河（提供：NAOJ）

光が100億年かかって届くほどの銀河も見つかっています．100億年前の銀河（誕生初期の銀河）を見ていることになります．

⇒遠くを見れば，昔の宇宙のようすを調べることができます！！

宇宙は，138億年前に誕生したと考えられています．

⇒遠くからの光はかすかなので，たくさんの光を受けるには，大きな望遠鏡が必要です．日本のすばる望遠鏡は口径が8.2mあります．

CHAPTER 6.2.4

Mitakaを使って宇宙旅行

宇宙のなかの時間と空間をシームレスに旅してみたい．そんな思いから国立天文台では4次元デジタル宇宙（4D2U）プロジェクトが始まり，地球をスタートして宇宙の果てまで楽しんでもらおうと宇宙の可視化を行っています．4Dとは縦・横・高さの3D空間に時間軸を加えての4Dのことです．このプロジェクトで開発された「Mitaka」という4次元デジタルビュアーソフトは，国立天文台のウェブサイトより無料でダウンロードできます．Mitakaでは，パソコンを操作する人の意思でスケールを自由に操り，自由自在に宇宙の旅が可能となります．観望会でも，参加者と対話をしながら楽しく宇宙を旅してみましょう．ここでは，親同伴小学生向け観望会（参加者数40人程度）での活用事例をご紹介します．

進め方

せっかくの観望会で曇ってしまったときは，「ステラナビゲータ」のような市販天文ソフトとMitakaとを組み合わせて活用しています．こんなときのために，あらかじめプロジェクターとパソコン（Mitakaの動作環境については，国立天文台サイトで確認しておいて下さい）を用意しておきます．

①まず市販天文ソフトで星空解説です．色々と子どもたち（参加者に）に問いかけながら説明します．例えば「夏の大三角を知っている人は手を挙げて！」と，今空に見えているはずの星座を想像してもらえるよう，子どもたちと言葉のキャッチボールしながら進めます．

②こうして地球から見上げる星の解説が終わったら，今度はMitakaで宇宙に飛び出します（Mitakaでも星空解説はできますが，この点では市販ソフトの方が使いやすいです）．

③Mitakaが他のソフトと違う大きな特徴は，地球から離れて宇宙の果てまで仮想旅行できることです．地球から遠ざかるにつれて，どんどん宇宙の階層構造をなす天体が姿を現します．太陽系や銀河系，銀河団，グレートウォールなどが現れたら，その都度子どもたちに気づいたことを問いかけることができるのです．

④太陽系に出たら，例えば土星に飛行してみます．そして「この惑星の名前は何ですか？」と子どもたちに問いかけると，「土星，どせい！」と元気な声が返ってきます．

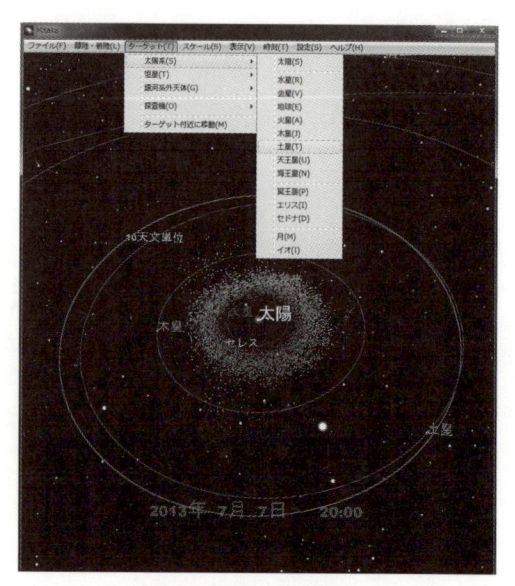

【図134】Mitakaの画面

⑤ また木星に飛ぶとガリレオ衛星の公転のようすも再現できるので，これも「何ですか？」と問いかけます．そして画面上で時間を進ませて，実際に木星の周りを衛星が公転するようすを見せてあげます．

⑥ 太陽系を離れると恒星の世界が広がります．このときは恒星と恒星との間隔がどれだけ離れているかの話題が宇宙の広さを知ってもらう上で有効です．例えば太陽に最も近い恒星でも光で4.22年もかかることなどを知ってもらうとよいでしょう．

⑦ さらに地球から遠ざかると，今度は銀河系（天の川銀河）の姿が現れます．「また何か見えてきましたね．さてこれは何でしょうか」という問いかけから始めて，銀河系とは何かを解説します．

⑧ やがて銀河団やグレートウォールなどが見えてきます．同様に言葉のキャッチボールで進めていきます．そして最後は宇宙の広がりは138億光年もあること，つまり宇宙が生まれたのは138億年前であることを子どもたちに伝えています．

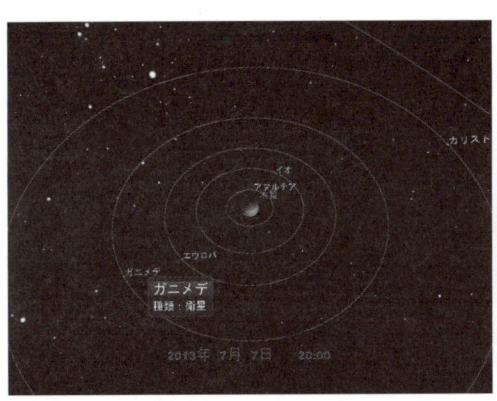

【図135】木星の周辺　　　　　　【図136】銀河系の姿

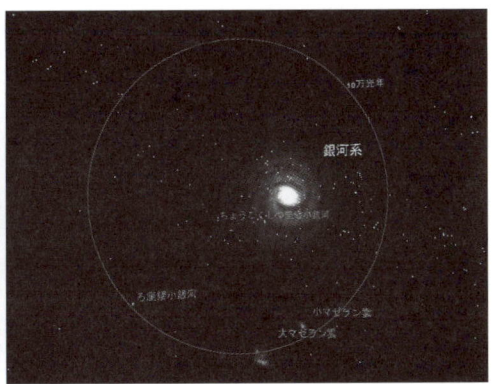

ひとこと

　とにかくこちらから説明する前に問いかけることがコツです．これで子どもたちの関心をぐっと引き付けることができます．また同時に，そのときの宇宙の最新知見や，近々見られる日食や月食，彗星などの天文現象情報を織り交ぜて話すのも，子どもたちの興味を引く上で有効です．Mitakaは保護者の方々には好評で，国立天文台のサイト（下記）からダウンロードできることも紹介しています．

　しかしもっとも大切なのは，上で述べてきた子どもたちとの言葉のキャッチボールです．ソフトはあくまでも道具に過ぎません．極力子どもたちから声が上がるように進めることです．これが波に乗ると，にぎやかに会場が盛り上がります．こうなると飽きることなく子どもたちにも保護者にも話を聞いてもらえるものです．一方通行の解説ではすぐに飽きられてしまうでしょう．言葉を替えて表現すれば「参加型」の解説です．市販の天文ソフトもMitakaも，こういう使い方で初めて本領が発揮されるのではないでしょうか．

　なお，Mitakaはこのように色々な天体の表示や時間変化などができるので，あらかじめどの天体をどのように表示して，何を知ってもらおうかというストーリーを組んでおくことが有効です．操作もスムーズに行うには慣れが必要な一面があるので（例えば地球から他の惑星に飛んでいくことなど），当日その場で慌てないためにも，操作には慣れておきましょう．

【参考資料】
今回紹介したMitakaのほか，4D2Uのコンテンツ群は，無料でダウンロードして観望会などで利用可能です．これらは立体視で見せるとさらに学習効果が高いことがわかっていますので，立体視システム（詳しくは下記サイトをご覧ください）の利用も検討してみてください．
国立天文台4D2Uプロジェクト： http://4d2u.nao.ac.jp/
Mikataダウンロードサイト： http://4d2u.nao.ac.jp/html/program/mitaka/
Mitaka: Copyright©2005 加藤恒彦, 4D2U Project, NAOJ

CHAPTER 6.2.5
★★★★☆

楽しい天文ゲーム

せっかくの観望会なのに曇ってしまった…．そんなとき，参加者ががっかりしているだけに，より楽しく有意義な時間を過ごせるように工夫したいもの．行事の目的や対象者によっては，楽しいゲームを取り入れるのも有効です．

（1）星座カルタ

［作り方］

　トランプ程度の大きさに切った厚紙一枚ずつに，星座の和名・略符・絵などを書き込みます．裏に各星座の諸データを書き込んでおけば，資料としての価値も出てきます．

［遊び方］

　同じものを二組用意し，それぞれ読み札・取り札とします．使い方により，いろいろな遊び方が考えられます．行事の目的や対象者によって選択するとよいでしょう．

a）「星座名」の札を取る

　読み手が読んだ星座名の札を取る，最も基本的な遊び方です．「オリオン」や「ふたご」などはもちろん，「カメレオン」や「とかげ」など，意外なものまで星座になっていることを知ることができます．ゲームが楽しくできるかどうかは，読み手の腕次第．こんな工夫が考えられます．

- 単に星座の名前を読み上げるだけではなく，「次は動物の星座」，「カタカナの星座」などヒントを与えながら読む．
- 有名な天体など，その星座の特徴について解説しながら読む．
- 全員の枚数を最後に合計し88枚になることを確認すると，星座が88個あることをより印象付けられる．

b）「略符」の札を取る

　やや専門的な天文書を読むときや星図を見るとき，変光星・流星観測などの際には星座の略符（オリオン座なら「Ori」，おうし座なら「Tau」など）を知っておくと便利です．これも，カルタをやりながら楽しく覚えられます．

c）「星座絵」の札を取る

　星座の形（星の配列）がどのようになっているか印象付けることができます．

d）坊主めくり

　88枚の札を裏返して重ねておき，順番に一枚ずつめくっていきます．黄道12星座（坊主に相当）が出たら，手持ちの札をすべて失うことにし，最終的に一番多くの札を持っている人が勝ち．

e）その他

　読み札と取り札を混ぜ，すべて裏返しに机の上にばらまいて，トランプの「神経衰弱」と同様に遊んだり，星座の特徴を表した短文を

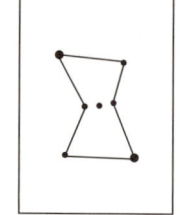

【図137】札の作例

考え，「星座いろはカルタ」を作るなど工夫してみてください．

(2) 天体探しゲーム

社会科の授業で，地図上で地名を探し出すゲームをやったことのある方は多いと思います．これはその天体版です．司会者が指定した天体やクレーターを，星図や月面図上で早く探し出した人が勝ち，というルールです．

[用意するもの]

できるだけ大きく，いろいろな種類の天体が載っている星図，月面図を参加者に配ります．

[遊び方]

a) 星図を使って

例えば，「M104銀河はどこ？」など，銀河に絞って探していくと，銀河が天球上で特定の方向にたくさん見えることに気付かせることができます．また，散光星雲や球状星団などを対象にすれば，その分布から銀河の構造について話を展開することもできます．

星空を撮影した画像をプロジェクターで大画面に投影（プリントを各自に配ってもよい）し，星図と見比べながら，画面上で指定された天体の名前を当てるゲームも考えられます．ミラ型変光星に絞って探すうちに，それらが赤い色をしていることにも気づくでしょう．

b) 月面図を使って

「一番大きなクレーター」「最近できたクレーター」など解説を加えたり，クレーターに名を残した人物の紹介などを織り交ぜると，内容の濃い遊びになります．月面上にはクレーターの多い場所と少ない場所があることや，クレーターの新旧（層序関係）などについて学ぶこともできます．

(3) 星座ビンゴゲーム

大人数で遊ぶのに適したゲームです．普通のビンゴゲームでは，マス目にランダムな数字が書き込まれた用紙を使いますが，ここでは数字の代わりに星座名を用います．

[用意するもの]

マス目のついた用紙．星座名が書き込まれた，パターンが異なる用紙を人数分用意するのは手間がかかるので，空白のマス目のみを印刷した用紙を配布するとよいでしょう．

[遊び方]

マス目は参加者自身に埋めてもらいます．もちろん，同じ星座を二つ以上書いてはいけません．普通のビンゴゲームで数字を指定するのに使うビンゴマシーンの代わりに，星座かるたの札を一枚ずつ読み上げます．

星座の一覧表や星座早見盤などを用意しておき，それを見ながら，書き込んでもらうとよいでしょう．書き込む作業は意外と時間がかかります．小学校低学年を対象とした場合，書き込んでからゲームが終了するまで1時間以内に収めるには，マス目の数は4×4程度でしょうか．

「一等星のある星座のみ」「黄道十二星座のみ」といった制限を加えるなど，一工夫すると楽しみが広がります．

🎤 ひとこと

ここで取り上げたのは，いずれも遊びの要素を前面に出したものです．使い方を間違えると，「ゲームをしに来たわけではないのに…」と参加者に不満を残しかねません．プログラムの設定には十分気を配る必要があります．

CHAPTER 6.3

★★★★☆

宇宙にふれる 概説

天体を見ることだけが，宇宙に親しむ方法ではありません．すべての方々に宇宙に親しんでもらいたい……そこで，天体を楽しむユニバーサルなアイデアを紹介します．

提供：NAOJ

宇宙からのさまざまな情報

はるか昔から天文学とは，宇宙からの光の情報を解析する学問でした．人間の目で感じることができる光とは，電波や赤外線などと共通の性質をもつ電磁波と呼ばれるものの一部分でしかありません．人間の目で感じることのできる電磁波を可視光線と呼びます．図138のように，電磁波は波長の長いものから順に，電波・赤外線・可視光線・紫外線・X線・ガンマ線と区別されます．

また，天体からは電磁波のみではなく，宇宙線と呼ばれる，陽子や電子，ヘリウム原子核のような荷電粒子も飛来しています．地上には，平均すると1㎠あたり毎分1個の割合で宇宙線が降り注いでいます（図139）．

このように，可視光線だけが，宇宙からの情報ではありません．現在の天文学では，電波望遠鏡・赤外線望遠鏡・X線観測衛星・宇宙線望遠鏡など実にさまざまな道具を用いて，宇宙からの情報を解析しようと試みられています．

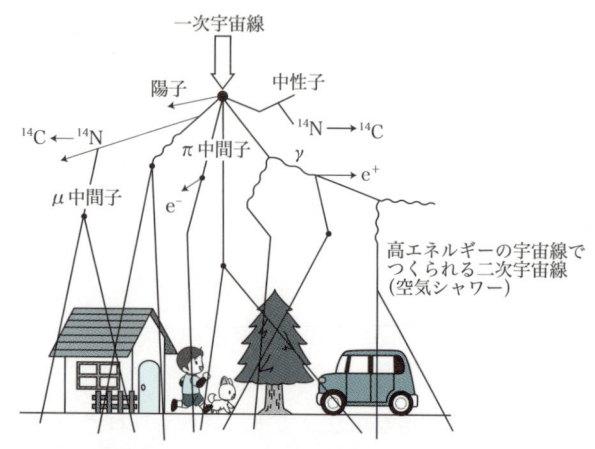

【図138】大気の窓

一次宇宙線の成分（磁気緯度30°N 高度160km）

粒子の種類	一次宇宙線中の%
陽子	79.0
α粒子	20.0
C, N, Oの原子核	0.78
原子番号≥10の原子核	0.22

【図139】宇宙線シャワー

観望会にて

私たちが天体観望をするとき，可視光線以外の情報をまったく無視しているのも考えてみればたいへんもったいない話です．可視光線以外の情報をキャッチする技術は，まだまだ開発がすすんでいませんから，アマチュアには電波観測や赤外線観測が難しいのも事実ですが，比較的簡単にこれらの眼に見えない情報に親しむ方法をこの章では紹介します．

①天体からの電波を音で聞く（6.3.2参照）

家庭用のBSアンテナを少し改良すると，太陽からの電波を受信することができます．電波信号を音に変換することで，目の不自由な方でも太陽からの信号を感じることが可能です．また，電波望遠鏡を持つ天体観測施設（和歌山大学など）に出かけたり，電波望遠鏡を自作することによって，さらに天の川中心からの電波や木星からの電波を受信することもできます．もう少し身近な電波観測としては流星のFM観測を観望会に取り入れることも可能でしょう．

②太陽からの熱を肌で感じる

ひなたでは，体に受ける熱により太陽の方向を知ることができます．望遠鏡や虫めがねを用いると，さらに太陽からのエネルギーの強さを感じてもらえることでしょう（5.4.3参照）．

③ガイガーカウンターで宇宙線を聞く（6.3.3参照）

放射性測定器を使って宇宙からやってくる宇宙線をとらえ音として聞いてみましょう．

④隕石の重さを地球上の石と比較してみる

博物館やミネラルフェアなどで隕石にさわれることがあります．地球上の石と比較することで宇宙からきた隕石を確認してもらいましょう．

⑤点字本やマルチモーダル出版物を活用しよう

活字や音声，点字など複数の媒体方法での出版をマルチモーダル図書と呼びます．宇宙の不思議やおもしろさが点字や音声で伝わるマルチモーダル図書や点字本を観望会用にそろえておくようにしましょう．

ここで紹介したほかにも，ユニバーサルデザインを目指して，字幕入りのプラネタリウム番組や，天文用語の手話開発，観望会で車いすのままのぞける接眼部の工夫（「ワンダーアイ」など）や望遠鏡のピラーが上下するしくみなどもあります．詳しくは，天文教育普及研究会のユニバーサルデザイン・ワーキンググループにお問い合わせください．

【参考資料】
嶺重慎，高橋淳『宇宙と私たち―天文学入門』筑波技術大学，2009年，大人向け．
嶺重慎，高橋淳『宇宙と私たち―天文学入門ジュニア編』読書工房・桜雲会，2011年．
高橋淳，坂井治，嶺重慎『ホシオくん天文台へゆく』（マルチモーダル図書）読書工房・桜雲会，2012年．
天文教育普及研究会（ユニバーサルデザイン・ワーキンググループの活動も紹介）http://tenkyo.net/

CHAPTER 6.3.1
★★★★★☆

「ユニバーサル天体望遠鏡」による観望 すべての望遠鏡をバリアフリーに

2010年秋, 群馬県内の医療機関で窓ガラス越しの天体観察会を実施しました. その際, ベッドから起き上がれない患者さんが, 用意した望遠鏡の接眼部まで目を近づけることができなかったのです. そこで急遽, 小型望遠鏡を通常とは違った形に組み立てて観察してもらいました. 苦しい姿勢でどうにか月面のクレーターを観察できたとき, 患者さんの目が涙で潤んだのです. その後, そのときの光景が幾度となくよみがえりました. 「どうにかして, 楽な姿勢のまま天体観察を楽しんでもらえるようにしたい」 そんな想いから本機の開発を決意しました.

(1) 1号機の考案——市販の望遠鏡を利用

公共施設の大型望遠鏡では, 接眼部を観察者の目の位置にある程度合わせられる光学装置が装備されている場合もあります. しかしそれらはそれぞれの望遠鏡の専用品で, 他の望遠鏡には使えません. またその一方で, 移動可能な組立式の望遠鏡に使用できるようなものは市販されていません. つまり現状では, 専用品を備えた公共施設に足を運ばない限り, 身体障がい者が望遠鏡をのぞいて天体の姿を楽しむことは極めて難しいのです. そこで, 市販の天体望遠鏡に新たな延長鏡筒を追加し, 観察者の目の位置に接眼部を合わせられる方法を考案しました.

(2) 1号機の製作

延長鏡筒内には, 光路長を延長するためのリレーレンズとして市販の小型望遠鏡の対物レンズ (EDアポクロマート) 2個を向い合わせにして組み込んであります. また接眼部の位置や向きを自在に調節できるようにするために, 互いに直交する2箇所の反射系と回転系も必要です. 回転装置を緩めたときのバランス保持のためにカウンターウェイトも取り付けました. 詳細は下記をご覧ください.

http://www.astron.pref.gunma.jp/instruments/telescope_universal.html

本機は, 2インチサイズの接眼部を有した望遠鏡であれば, 望遠鏡本体に改造を施すことなく取り付け可能です. 市販の部品を多用した構造のため, 他施設での新たな製作も可能でしょう.

(3) 廉価版2号機の製作

精度を重視した1号機は総金属製のため,

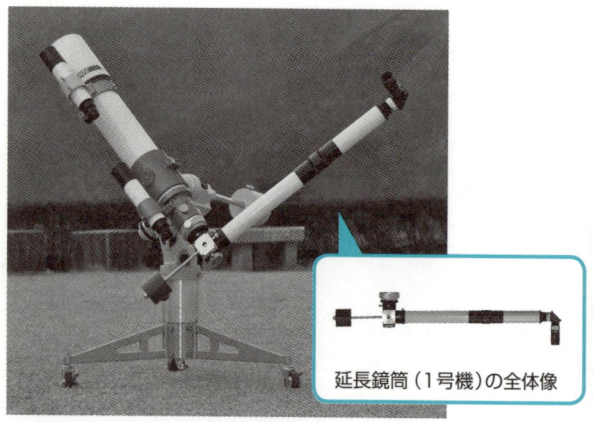

延長鏡筒 (1号機) の全体像

【図140】ユニバーサル天体望遠鏡 (1号機)

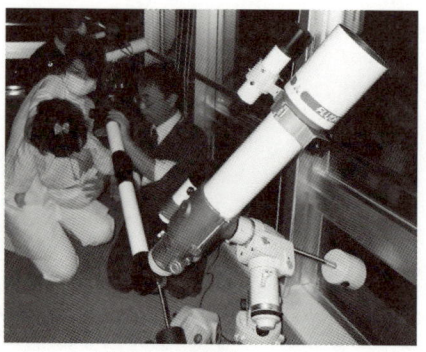

【図141】観察中のようす

2号機の作り方

[材料]『10分で完成！組立天体望遠鏡』（星の手帖社）2セット（1,580円×2），ビクセン製フリップミラー（望遠鏡付属品），1.25インチ天頂ミラー（天頂プリズム），連結用パイプ（長さ10cm，内径48mm）作例はアルミ製（自作），1.25インチオス型スリーブ（自作），1.25インチアイピースアダプター（自作）

[道具] 金切りのこぎり・金工用ヤスリなど
[製作手順]
① 望遠鏡キットの，接眼レンズ部以外の鏡筒を組み立て，1本はそのまま，もう1本はやや短めに切断する．切断の長さは，使用する望遠鏡に合わせて光路図を描き，割り出せばよい．作例では18.5cmに切断．切口はヤスリで整える．
② 対物レンズを向かい合わせにして2本の鏡筒をパイプで連結する（筆者はアルミ製のパイプを旋盤で製作．鏡筒がプラスチック製なので程よい弾力があり，きつめのパイプに押し込むだけで固定できる）．
③ オス型スリーブ，アイピースアダプターを取り付けて完成．

【図142】2号機の部品

　全重量はウェイトを除いた本体のみで1.9kgになりました．見え味も追求したので，光学系に費用がかかりました．そこで，「見え味は多少犠牲にしても」との考えから，廉価版の2号機を製作してみました．基本的な原理は1号機と同じです．

　金属部品は旋盤加工により製作しました．この程度の工作ならば金属加工業者でなくとも工業高校の生徒でも十分可能です．留意したい点は，光学系の光軸合わせです．製作を容易にする目的から，2号機は連結部にネジ切り加工を施していません．そのため，連結部が弱いと光軸がずれ，目標天体の導入や視野の安定に影響が出る可能性があります．

（4）2号機の実証

　安価なアクロマートレンズを使っているので，特に高倍率での観察時は明らかに色収差がわかります．ただし，木星の縞模様や月面クレーターも確認でき，観望程度であればまあまあの見え味です．ある小学校で，実際には2号機を使っていることを伏せて，先生方に木星の観察をしていただきました．本体の縞模様やガリレオ衛星の姿にたいへん喜んでいただけました．観察後に「ユニバーサル天体望遠鏡を取り付けてある」と明かすと，違和感はなく「望遠鏡ってこういうものだと思っていました」との感想でした．初めて望遠鏡をのぞく人にとっては，"普通の望遠鏡"と捉えられたのでしょう．重量が軽く仕上がった（本体のみ490g）ため，鏡筒にしっかり固定できればカウンターウェイトも不要です．使用する素材や構造を更に工夫することで，なお一層の軽量化や操作性の向上も可能でしょう．

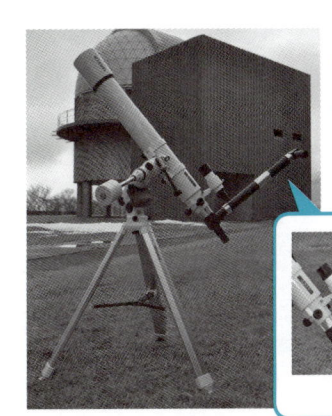

【図143】ビクセン製望遠鏡に取り付けた2号機のようす

2号機

CHAPTER 6.3.2
★★★★☆

BSアンテナで太陽電波を聞く

電波望遠鏡というと何十メートルもある野辺山宇宙電波観測所や，星の町として名乗りを上げている長野県佐久市臼田宇宙空間観測所などのパラボラアンテナを思い浮かべるほうが多いでしょう．しかしここでは，市販で手にはいる通称BSアンテナを利用して，宇宙電波のうちでは桁違いに強力な太陽からの電波を受信して音として聞いてみるという方法を紹介します．もともとこの方法は野辺山太陽電波観測所のグループで実験された方法ですが，音に変えるということで若干のアレンジをしています．音に変えるといっても，これは太陽電波を受けて検波しているだけですから，雑音そのものでザーとかガーとかそんな音しか聞こえません．しかしそれは紛れもなく太陽（周波数帯からいうと正確には彩層上部で発生している）から地球まで届いている電波なのです．

必要な用具

①BSアンテナ（できればオフセットパラボラよりもセンターフィードパラボラのほうが太陽の導入が楽です），衛星放送受信用ブースターアンプ（新しく購入するならば同一メーカーの物のほうが動作電圧の心配がなくてよい），衛星放送帯電流通過型2分配器（全部で5万円くらい）

②検波器（図144）は自作するか，市販品で『世界で一番小さい電波望遠鏡』というマイクロ波検波増幅ユニットと称する装置（図145）が市販されていますので，これを使うと自作のハードルは一気に下げられます．これは，アマチュア無線関係の機材の製作，販売などを手がけているメーカーが，旧通信総合研究の公開講座と連携して開発した商品で，それなりの実績があります．但し，この装置は出力をデジタルテスターで読むようにできていますので，購入の際にメーカーにお願いして，音響出力も取り出せるように改造してもらうと，自分で手を加える必要がなくなりますので，どちらかというと改造依頼をお勧めします．

③直流電源装置．コンバーター・ブースターアンプの電源として使用します．市販のマイクロ波検波増幅ユニットを購入した場合は，そちらに電源がありますので不要です．

④オフセットパラボラの場合は，パラボラの上半分の周辺3か所に1cm角程度の小さなミラーを貼って（図146），その反射光が受信部に当たるようにすると，太陽の導入が一度で決まります．

⑤オーディオアンプとスピーカー（PC用の外部スピーカーユニットがそのまま使えます）

⑥赤道儀，アルミ板（3mm厚以上または同程度の厚さの鉄板）

準　備　BSアンテナ，ブースターアンプ，検波器，オーディオアンプ，スピーカー，電源を次ページの図のように接続します．

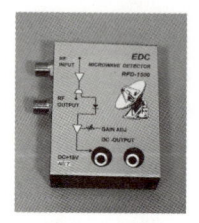

【図144】マイクロ波検波器

【図145】市販の検波増幅ユニット

【図146】小さな鏡を貼ったパラボラアンテナ

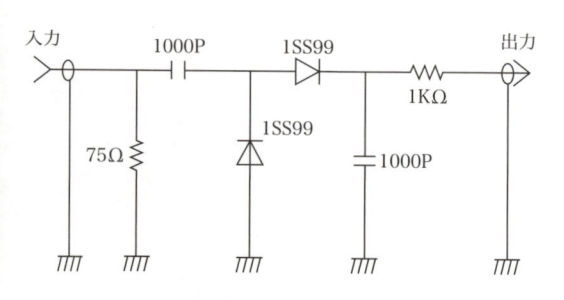

【図147】太陽電波自作検波器の回路図

【図148】赤道儀への取り付け方

👉 進め方

①参加者が多い場合は20人くらいにグループ分けします．実際に音を聞くグループ以外はしばらく待ってもらいますが，その間を利用して太陽電波について説明しておきます．

②ひとつのグループは受信機の場所に案内します．まず空の雑音を確認しますが，空のノイズは連続的なホワイトノイズと呼ばれる音調で聞こえます（ザーという感じの音）．

③次にBSアンテナに太陽を導入します．そうするとそれまでの雑音と音調が変わり，音量も増加しますので太陽電波が受信されたことがわかります（どちらかというとガーという感じの音）．ここで，空のノイズと太陽のノイズの違いをしっかり覚えてもらいます．筆者はまだ受信したことはありませんが，このような受信機でも大きなフレアになると十分検出でき，まるで嵐の中にいるようなノイズであるといわれています．

④赤道儀の赤経クランプを緩めて太陽よりも5分間くらい先にクランプします．このようにして待ち受け受信していると，アンテナに太陽が入ってくると急に音量が増加し音調も変化します．そのまま受信を続けると，太陽がアンテナからはずれるにしたがってもとの空のノイズに戻っていきます．

⑤このように簡単な装置でも，太陽電波が受けられること，確かに太陽から電波が出ていることを知ってもらいます．そして太陽も，ごくあたりまえの恒星であることを考えてみると，他の天体から電波が出ていることの理解にも導くことができます．なお太陽が見える程度の薄曇であれば受信可能ですが，雨が降ってしまうと12GHzの電波の水蒸気による吸収が大きく受信が難しくなります．

【図149】フィールド実験のようす

👉 参考

赤道儀にBSアンテナを取り付けているのですから，その脇に5～6cmの望遠鏡を同架してBSアンテナと望遠鏡の方向を合わせておきます（望遠鏡は手に火傷をしないようにピントを大幅にぼかしておきます）．このようにしておいて，望遠鏡のアイピース側に手のひらを向けて（10～15cmくらい離して）電波の方は受信状態にしておきます．アンテナに太陽が入ってくると，音量の増加・音調の変化が現れ，少し遅れて手のひらに太陽の熱を感じることができます．太陽が光軸からはずれていくと熱も雑音も徐々に消えて元の状態に戻っていきます．

このようにすると目をつむっていても，「アッ，太陽が視野に入ってきたところだな！」とわかりますし，太陽は熱や電波も放射していることがわかるうえに，地球の日周運動まで実感として理解できます．

CHAPTER 6.3.3
★★★★☆

ガイガーカウンターで宇宙線を聞く

最近の天文学では，人間の目に感じない電磁波，荷電粒子などによる情報収集が大変大きな部分を占めています．しかしこれらの観測は大変な費用がかかり，また困難な問題も多く一般にはなじまない，と考えられています．しかし広い意味の放射線すなわち粒子や素粒子で我々の体や宇宙が作られており，周りにもいっぱい存在することはよく知られています．

(1) 自然放射線とは

私たちの身の回りを飛び交う放射線には，自然放射線と呼ばれる微量な放射性物質から放出されるα線（陽子2個と中性子2個からなるヘリウム原子核）やβ線（電子や陽電子）やγ線（光子あるいは電磁波）があります．

同様に空から降り注ぐ放射線があることは1910年頃からゴッケルやヘスが気球に電離箱を載せて観測が行われ，地上4000〜5000m上空では地上の数倍の電離があることがわかってきました．この結果は地球外から放射線が来ているという考え方を大きく支持する結果でありました．それらは現代で考えると地球の外から降り注ぐ粒子が大気原子との衝突によって生成された素粒子たちです．高層でできたいろいろの粒子はすべて安定な基本素粒子に崩壊して，我々の周りに降って来ていることは良く知られています（こうしている今，みなさんのからだも通過しています）．

大気の厚さは水10mに相当するといわれ，この遮蔽を貫いて地上に達する透過力は，それまで知られていたX線やγ線に比べて桁違いに大きいことがわかってきました．このような宇宙線の研究をみても，その観測はすでに100年以上の歴史があることになります．しかしこれを見たり感じたりすることがないのは，ひとえに宇宙線粒子が相互作用をほとんどしないこと，たとえ相互作用したとしてもその影響は大変小さく，私たちには感じることができないためです．

(2) ガイガーカウンター

例えばガイガーカウンターなどのような敏感な粒子線検出器があれば，これを音として聞くことができます．ガイガーカウンターとは，ガイガーミュラー管（GM管）を使用した放射線計測器をいい，ガイガーミュラー計数管，GM計数管とも呼ばれます．この項では，ガイガーカウンターで宇宙線を音として聞く方法について考えてみましょう．

しかし，宇宙線は私たちの身の回りにたくさん飛び交う自然放射線と区別つきません．したがってこの自然放射線を極力避けるような工夫が必要です．

その方法として一番簡単な方法は，ガイガーカウンターの計測部（GM管）がすっぽり入る位の長さ400mmくらい，1〜2mm厚さの鉄パイプなどの片側を塞いだ器具を作るか，鉄工所などにお願いして製作してもらいます．自然放射線遮蔽容器の用意ができましたら，以下に従って実験してみます．

①宇宙線を計測する前に，自然放射のレベルを事前に計ります．つまり自然放射線は計測する場所によって差があり，特異的に自然放射線の強度が強い場所もあるためです（花崗岩の多い場所などでは自然放射線が強くなります）．自然放射線のカウントがどれくらいかの目安を付けておきます．この自然放射線のレベルを測定するのは，宇宙線を測定する

実験と言っても，そのカウントがあまりに多い場合，これは変だぞ！　と気付いてもらうためです．
②この用意ができましたら，製作した遮蔽容器の口の開いた側を上に向け，その中に測定窓を上に向けてGM管をそっくり挿入します．後はガイガーカウンターからガリッという音が出るのを待ちます．経験的には1分間に3回～多い時で5回程度でした．これには一部自然放射線が含まれている可能性もありますが，ほぼ宇宙線の進入と考えても大きな差はないと考えています．それは自然放射線を計った場合と比べてカウント数が1/2～1/3に減ることから上空から来ているものだな，と判断しています．

進め方

①参加者全体に宇宙線を含む自然放射線とガイガーカウンターの概要について説明しておきます．
②始める前に上記①の様に自然放射線のレベルを計測します．
③何台かのガイガーカウンターが用意できるようでしたら，グループごとに，計測部が上記②の様に配置できていることを確認します．
④5分間程度の測定時間を取って，何回聞こえたかについて発表してもらいます．
⑤測定結果には，前述の様にバックグランドの自然放射線も一部含まれていると思われますが，経験的にみるとほぼ宇宙線を検出していると考えられます．
⑥最後に，宇宙線の起源と考えられる，超新星爆発や，太陽活動，直接的な宇宙線源と考えられている宇宙線シャワーなどについて，お話してください．

また参考として，宇宙線による放電を目視と音で聞くことができるような装置があり（スパークチェンバーと呼ばれて，大阪大学で開発されました），私の知る限り十数館の科学館などに導入されています．これは高電圧を掛けた電極が仕組まれて，多くはヘリウムガスが満たされ，電極板の間を宇宙線の飛跡にそって派手な放電と，パチパチ音が出るのを聞いたり，放電を見たりすることができる装置です．仙台市科学館・札幌青少年科学館・はまぎん子ども科学館・大阪市立科学館・名古屋市科学館・神戸市立青少年科学館・福井児童科学館・向井千秋記念子ども科学館，他多くの科学館に導入されています．

ひとこと

ここで例に挙げたガイガーカウンターは，私自身は自作のものを使っていますが，この自作は結構ハードルが高いため，高価ですが市販のものを使用すると，方法論からすれば手軽といえます．もし購入される場合は，αβγ線が測定できることを確認すると同時に，販売店で「宇宙線の計測実験に使いたい」ということをはっきり告げて，宇宙線に感度があるかどうか確認してから購入してください．GM管方式で，測定窓がマイカのものであればほぼ間違いないと思います．中には宇宙線の感度はわからない，もしくはできない物がありますので，もし購入される場合は注意してください．

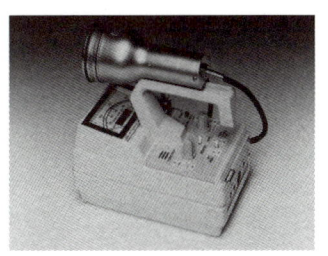

【図150】ガイガーミュラー管式サーベイメーターの一例

【参考文献】柴田徳思『放射線をはかる』（はかるシリーズ）日本規格協会，1992年．

第3部

資料

観望会での解説や，参加者に配布するテキストの作成に参考となる書籍や，雨天曇天時にも活躍するメディアなど，困ったときに役に立つ資料をまとめました．

【第7章】
観望会で役立つ資料

CHAPTER 7.1

参考書, データブック

<天体暦>
* 国立天文台 編『理科年表』丸善出版, 毎年11月頃発行.
  太陽, 月, 惑星の位置, 全国48地点の日の出, 日の入りの時刻など, 一通りの暦情報が掲載されている. その他の天文関係データもずいぶん詳しく, 毎年改訂される理科全般のデータブックとして必須である.
* 天文年鑑編集委員会 編『天文年鑑』誠文堂新光社, 毎年11月頃発行.
  コンパクトで一通りのデータが揃っている. 天体暦情報は理科年表より詳しい.
* 浅田英夫, 石田智『天文手帳』地人書館, 毎年11月頃発行.
* 藤井旭 企画・構成『星空ガイド』誠文堂新光社, 毎年12月頃発行.
  図が多く, 視覚的に一通りの天体現象がわかる. 天体の位置などを表にしたものは掲載されていない.
* Jean Meeus, *Astronomical Tables of the Sun, Moon, and Planets,* Willmann-Bell (USA), 1983.
  月や惑星現象の一覧表. 現象の頻度・重要度に応じて西暦2000年 (星食など) から4000年頃まで (金星の太陽面通過など) の現象が掲載されている. 現在長期間の惑星現象の表として一般に入手できるのはこれだけ.

<星図>
* 中野繁『標準星図2000　第2版』地人書館, 1998年.
  7.5等星まで載っている大判の詳しい星図.
* Wil Tirion et al, *URANOMETRIA 2000.0,* Willmann-Bell (USA)
  9.5等星までの星図. この星図と6等星まで載っている肉眼用の星図があれば, 観望会にはまず困らない. これ以上詳しい星図は写真星図となって, ずっと使いづらくなる.
* 恒星社 編『フラムスチード天球図譜』恒星社厚生閣, 2000年.

<星表>
* Alan Hirshfeld, Roger W. Sinnott, Frangois Ochsenbein, *Sky Catalogue 2000.0 Volume 1, 2,* Cambridge University Press, 1982.

<望遠鏡>
* 吉田正太郎『新版　屈折望遠鏡光学入門』誠文堂新光社, 2005年.
  レンズ光学に限らず, 屈折望遠鏡全般について詳しくわかりやすく述べられている. 望遠鏡発達史の記述も詳しい.
* 吉田正太郎『新版　反射望遠鏡光学入門』誠文堂新光社, 2005年.
  上記図書の反射望遠鏡編. 反射望遠鏡の歴史も詳しい.
* 浅田英夫『誰でも使える天体望遠鏡』地人書館, 2011年.
* 大野裕明『プロセスでわかる天体望遠鏡の使い方』誠文堂新光社, 2011年.
* 縣秀彦, 関口和寛 訳『星空の400年—天体望遠鏡の歴史と宇宙—』丸善, 2009年.
* えびなみつる『よくわかる天体望遠鏡ガイド』誠文堂新光社, 2009年.
  イラスト主体の解説でわかりやすい.

<天体観察>
* 柏原麻実『宙のまにまに　天体観察「超」入門　機材ゼロでも大丈夫！』講談社, 2009年.
  タイトル通りの「超」初心者入門.
* えびなみつる『テーマ別ではじめる天体観察』誠文堂新光社, 2011年
* 広瀬敏夫 編『天体観測の教科書　星食・月食・日食観測編』誠文堂新光社, 2009年.
* 藤井旭『月・太陽・惑星・彗星・流れ星の見かたがわかる本』(藤井旭の天体観測入門) 誠文堂新光社, 2007年.
* 縣秀彦 監修『星の王子さまの天文ノート』河出書房新社, 2013年.

<星と星座>
* H. A. レイ 著, 草下英明 訳『星座を見つけよう』福音館書店, 1969年.
* 渡部潤一, 出雲晶子, 牛山俊男『星と星座』(小学館の図鑑NEO)小学館, 2003年.
* 無藤隆 総監修, 縣秀彦 監修『うちゅう せいざ』フレーベル館, 2005年.
* 村山定男, 藤井旭『ヴィジュアル版　星座への招待』, 河出書房新社, 1998年.
  定番の星座解説本を新装改訂したもの.
* 藤井旭『ヴィジュアル版　星座図鑑』河出書房新社, 2008年.
* 藤井旭『新　四季の星座』主婦の友社, 2011年.
* 藤井旭『新版　全天星座百科』河出書房新社, 2011年.
  各星座についての情報がわかりやすくまとめられている.
* Milton D.Heifetz & Wil Tirion著, 松森靖夫編訳, 岩上洋子, 高橋真里子訳
  『星空散歩ができる本　北半球版』恒星社厚生閣, 2002年.
  星や星座の探し方が, イラストとともにわかりやすく書かれている.
* 縣秀彦『星と星座の見方がわかる本』学研パブリッシング, 2013年.
* 原 恵『新装改訂版　星座の神話』恒星社厚生閣, 1996年.
  星座神話について詳しい.
* 野尻抱影『星の神話・伝説集成(新装版)』恒星社厚生閣, 2000年.

<月>
* 藤井旭『月と暮らす。』誠文堂新光社, 2011年.
* 白尾元理『月のきほん』誠文堂新光社, 2006年.
  イラストが多くて読みやすい入門書.
* 白尾元理『月の地形ウオッチングガイド』誠文堂新光社, 2009年.
  月の見所が満載. この本を片手に月面観察を続けてほしい.

<太陽系と惑星>
* 渡部潤一 他編『太陽系と惑星』(シリーズ現代の天文学9)日本評論社, 2008年.
* ジャイルズ・スパロウ著, 桃井緑美子訳『太陽系惑星　最新画像のすべて』河出書房新社, 2008年.
* 池内了 監修, 渡部好恵 著『太陽系惑星の謎を解く』シーアンドアール研究所, 2009年.
* 宮本英昭, 橘省吾, 平田成, 杉田精司 編『惑星地質学』東京大学出版会, 2008年.
* 安達誠『天体観測の教科書　惑星観測編』誠文堂新光社, 2009年.
* 広瀬敏夫 編, 相馬充 監修『天体観測の教科書　星食・月食・日食観測編』誠文堂新光社, 2009年.
* 室井恭子, 水谷有宏『惑星のきほん』誠文堂新光社, 2008年.

<太陽>
* 柴田一成『太陽 大異変──スーパーフレアが地球を襲う日』朝日新聞出版, 2013年.
* 柴田一成『最新画像で見る 太陽』ナノオプトニクスエナジー出版局, 2011年.
* 桜井隆 他編『太陽』(シリーズ現代の天文学10)日本評論社, 2009年.
* NHKサイエンスZERO編『太陽活動の謎』(NHKサイエンスZERO)NHK出版, 2011年.
* 常田佐久『太陽に何が起きているか』文春新書, 2013年.
* 日江井榮次郎『太陽は23歳!?　皆既日食と太陽の科学』(岩波科学ライブラリー)岩波書店, 2009年.
* 『徹底図解 太陽のすべて──輝きのメカニズムから, 地球環境への影響まで』(ニュートンムック Newton別冊)
  ニュートンプレス, 2011年.
* 天文ガイド 編『天体観測の教科書　太陽観測編』誠文堂新光社, 2009年.
* 山﨑耕造『トコトンやさしい 太陽の本』(今日からモノ知りシリーズ)日刊工業新聞社, 2007年
* 大越治, 塩田和生『日食のすべて』誠文堂新光社, 2012年.

CHAPTER 7.1
★★★★★

<小惑星・隕石>
* 藤井旭『隕石の見かた調べかたがわかる本』(藤井旭の天体観測入門)誠文堂新光社, 2010年.
* 松井孝典『新版　再現！巨大隕石衝突』岩波書店, 2009年.
* 日本スペースガード協会『大隕石衝突の現実』ニュートンプレス, 2013年.
* 高橋典嗣, 吉川真 監修『スペースガード探偵団』アプリコット出版, 2010年.
* 高橋典嗣 監修『隕石と宇宙の謎』宝島社, 2013年.
* リチャード・ノートン, 江口あとか 訳『隕石コレクター』築地書館, 2007年.

<流星>
* マーチン・ビーチ 著, 長谷川一郎・十三塾 訳『天体観測の教科書　流星観測編』誠文堂新光社, 2009年.
* 星空さんぽ編集部『今夜, 流れ星を見るために』誠文堂新光社, 2013年.
* 長沢工『流星と流星群―流星とは何がどうして光るのか』地人書館, 1997年.
  流星について, いろいろな角度からわかりやすく書かれている.
* 藤井旭『流れ星・隕石』(科学のアルバム)あかね書房, 2005年.

<彗星>
* 鈴木文二, 秋澤宏樹, 菅原賢『彗星の科学―知る・撮る・探る』恒星社厚生閣, 2013年.
* 縣秀彦『彗星探検』二見書房, 2013年

<恒星>
* C・ロバート・オデール, 土井ひとみ 訳, 土井隆雄 監修『オリオン星雲』恒星社厚生閣, 2011年.
* 福井康雄 他編『星間物質と星形成』(シリーズ現代の天文学6)日本評論社, 2008年.
* 野本憲一 他編『恒星』(シリーズ現代の天文学7)日本評論社, 2009年.
* 中嶋浩一『天文学入門　星とは何か』丸善出版, 2009年.
  恒星の構造や一生について解説し, 天文学の研究の方法や考え方にも触れる.
* 小山勝二 他編『ブラックホールと高エネルギー現象』(シリーズ現代の天文学8)日本評論社, 2007年.
* 青木和光『星から宇宙へ』新日本出版社, 2010年.
  恒星について詳しくなりたい人の1冊目に薦めたい本.
* 駒井仁南子『星のきほん』誠文堂新光社, 2007年.

<変光星>
* 日本変光星研究会 編『天体観測の教科書　変光星観測編』誠文堂新光社, 2009年.
* 岡崎彰『奇妙な42の星たち―宇宙の秘密教えます』誠文堂新光社, 1994年.

<銀河>
* 谷口義明 他編『銀河I　銀河と宇宙の階層構造』(シリーズ現代の天文学4)日本評論社, 2007年.
* 祖父江義明 他編『銀河II　銀河系』(シリーズ現代の天文学5)日本評論社, 2007年.

<宇宙>
* 佐藤勝彦『インフレーション宇宙論』講談社ブルーバックス, 2010年.
* 沼澤茂美, 脇屋奈々代『宇宙ウォッチング』新星出版社, 2012年.
* 家 正則 他編『宇宙の観測I　光・赤外天文学』(シリーズ現代の天文学15)日本評論社, 2007年.
* 中井直正 他編『宇宙の観測II　電波天文学』(シリーズ現代の天文学16)日本評論社, 2009年.
* 井上一 他編『宇宙の観測III　高エネルギー天文学』(シリーズ現代の天文学17)日本評論社, 2008年.
* 土居守, 松原隆彦『宇宙のダークエネルギー』光文社新書, 2011年.
* 佐藤勝彦『宇宙は無数にあるのか』集英社新書, 2013年.

* 佐藤勝彦『宇宙137億年の歴史』角川選書, 2010年.
* 佐藤勝彦, 二間瀬敏史 編『宇宙論I 宇宙のはじまり 第二版』(シリーズ現代の天文学2)日本評論社, 2012年.
* 二間瀬敏史 他編『宇宙論II 宇宙の進化』(シリーズ現代の天文学3)日本評論社, 2007年.
* 佐藤勝彦『宇宙論入門』岩波新書, 2008年.
* 岡村定矩『銀河系と銀河宇宙』東京大学出版会, 1999年.
* 縣秀彦 監修『3D宇宙大図鑑』東京書籍, 2012年.
* 加藤万里子『100億年を翔ける宇宙（新版）―ビッグバンから生命の誕生まで―』恒星社厚生閣, 1998年.
* 高橋典嗣, 二間瀬敏史, 吉田直紀 監修『入門 宇宙論』洋泉社, 2013年.
* 福井康雄 監修『宇宙100の謎』角川ソフィア文庫, 2011年.
* 荒木俊馬『復刻版 大宇宙の旅』恒星社厚生閣, 2006年.

<その他>
* 山崎良雄, 榊原保志 編『学力向上につながる理科の題材・地学編』東京法令出版, 2006年.
  科学と社会との結びつき（ホリスティック）の視点による学習意欲の喚起と学力向上につながる題材として，天文分野から12のテーマが掲載されている．
* 半田利弘『基礎からわかる天文学』誠文堂新光社, 2011年.
  地球・気象・宇宙のおもしろさを小中学生に作業を通して体験できる授業実践が集められている．
* 岡村定矩 他編『人類の住む宇宙』(シリーズ現代の天文学1)日本評論社, 2007年.
* 観山正見 他編『天体物理学の基礎I』(シリーズ現代の天文学11)日本評論社, 2009年.
* 観山正見 他編『天体物理学の基礎II』(シリーズ現代の天文学12)日本評論社, 2008年.
* 福島登志夫 他編『天体の位置と運動』(シリーズ現代の天文学13)日本評論社, 2009年.
* 富阪幸治 他編『シミュレーション天文学』(シリーズ現代の天文学14)日本評論社, 2007年.
* 渡部潤一, 渡部好恵, ネイチャー・プロ編集室『知識ゼロからの宇宙入門』幻冬舎, 2010年.
* 福江純 編『天文マニア養成マニュアル』恒星社厚生閣, 2010年.
* 横尾武夫 編『マンガ 手作りの宇宙―身近な材料で"宇宙"を工作する―』裳華房, 2000年.
  曇天時の課題に使える．

<辞典・事典>
* 小田 稔 監訳『宇宙・天文大辞典』丸善出版, 1987年.
* 沼澤茂美, 脇屋奈々代『星座の事典』ナツメ社, 2012年.
* 谷口義明 監修『新 天文学事典』講談社ブルーバックス, 2013年.
* 天文学大事典編集委員会 編『天文学大事典』地人書館, 2007年.
* 岡村定矩 他編『天文学辞典』(シリーズ現代の天文学別巻)日本評論社, 2012年.
  天文ファンだけでなく広い範囲の読者を対象にして作られている．
* 磯部琇三 他編『天文の事典 普及版』朝倉書店, 2012年.
* 出雲晶子『星の文化史事典』白水社, 2012年.

<雑誌>
* 『月刊 天文ガイド』誠文堂新光社.
* 『月刊 星ナビ』アストロアーツ.

CHAPTER 7.2

パソコンソフト，Webサイト

　ここでは観望会の計画立案，当日の解説用，曇天対策として役立つソフト・Webサイトの一部を紹介します．観望会での上映やテキストへの印刷などについては，各ソフトやWebサイトの使用条件を確認の上，利用してください．

＜パソコンソフト＞

* ステラナビゲータ：(株)アストロアーツ
　天文好きの人で知らない人はいないという代表的な天文ソフトです．任意の場所・時刻での星空が表示でき，毎日の日出没の時刻や各種天体の位置などのデータも簡単に調べることができます．これ一つあれば観望会の計画立案にほぼ間に合います．OSはWindowsのみへの対応です．

* AstroGuide 星空年鑑：(株)アストロアーツ
　毎年発行される同名の雑誌に付属している映像・PCソフトです．その年の天文現象のシミュレーション映像やPCソフトなどが収められています．ステラナビゲータ，エクリプスナビゲータ（日月食のシミュレーションソフト）などの体験版も収録されています．

* Mitaka(みたか)
　国立天文台の4次元デジタル宇宙プロジェクト（4D2Uプロジェクト）が開発した天文シミュレーションソフトです．地球から飛び出して宇宙を飛び回りながら，宇宙の大規模構造までをシミュレートすることができます．実際の観測データに基づいているところが大きな特徴です．自前の解説を加えれば曇天時の番組として重宝します．4D2Uプロジェクトのダウンロードサイト(http://4d2u.nao.ac.jp/t/var/download/)から無料で入手することができます．

＜Webサイト（天文関係）＞

* http://www.tenkyo.net/
　天文教育普及研究会のサイトです．機関誌「天文教育」がアップされていて，観望会開催の事例報告や天文教材の紹介など観望会で役立つ情報が入手できます．

* http://www.nao.ac.jp/
　国立天文台のホームページです．以下，特に役立つページを個別に紹介します．

* http://www.nao.ac.jp/astro/gallery/
　国立天文台の天体画像のページです．観望会などの教育利用であれば，ダウンロードして上映することができます．すばる望遠鏡で撮影された画像へもここから入れます．曇天時の天文工作として使える望遠鏡や月球儀のペーパークラフトの型紙は，http://www.nao.ac.jp/outreach/paper-craft/ から入手できます．

* http://4d2u.nao.ac.jp/
　国立天文台4次元デジタル宇宙プロジェクトのサイトです．ここから同プロジェクトが開発したMitakaなどのパソコンソフトのほか，各種の映像ソフトもダウンロードできます．これらの映像ソフトは圧巻で，一度は観望会で上映されることをお勧めします．

* http://eco.mtk.nao.ac.jp/koyomi/
　国立天文台の暦計算室のサイトです．世界各地での毎日の日出没や薄明時刻をはじめ，日月食の予報，暦象年表（毎日の惑星位置などが記載された天体暦）などが入手できる便利なサイトです．

* http://www.nao.ac.jp/study/uchuzu2013/
　国立天文台の「宇宙図」のサイトです．「宇宙図」がダウンロードできます．

* http://jda.jaxa.jp/
　JAXA（宇宙航空研究開発機構）のデジタルアーカイブスのサイトです．JAXA関連の天体観測画像・映像をダウンロードして利用することができます．

* http://www.kids.isas.jaxa.jp/
　JAXA/ISAS（JAXA宇宙科学研究所）の子ども向けのサイトです．宇宙・天文に関する実験や工作のページもあります．

* http://www.kahaku.go.jp/exhibitions/vm/resource/tenmon/space/index.html
　国立科学博物館による「宇宙の質問箱」のページです．宇宙についての疑問を，Q＆A方式で多くの図を使いわかりやすく解説しています．

* http://www.spaceguard.or.jp/
　日本スペースガード協会のホームページです．地球に接近する小惑星の情報や，美星スペースガードセンターで撮影された天体画像，教育イベントなどの情報が掲載されます．

* http://www.universe-s.com/index_j.html
　天文・宇宙・航空 広報連絡会が制作・運用している宇宙情報の総合リンクサイト「ユニバース」です．リンク先が利用目的別に整理されているので便利です．

* http://www.hucc.hokudai.ac.jp/~x10553/
　日食・月食・星食情報データベースのサイトです．世界各地の日月食の状況を過去・未来について調べることができるので，とても便利です．

* http://www.nasa.gov/home/index.html
　言わずと知れたNASA（アメリカ航空宇宙局）のサイトです．天体画像・映像をはじめ観望会で利用できる情報が満載です．あまりにも情報量が多すぎて迷い込んでしまうのが難点です．

* http://ssd.jpl.nasa.gov/sbdb.cgi
　NASA/JPL（NASAジェット推進研究所）の太陽系小天体の検索ページです．小惑星や彗星の軌道要素，位置推算，軌道図などが得られます．彗星の観望会で役立ちます．

* http://paonavi.com/
　アストロアーツによる，全国プラネタリウム＆公開天文台情報「PAO Navi」のページです．プラネタリウム・科学館・公開天文台などの検索と，最新イベントのチェックができます．

* http://www.astroarts.co.jp/news/index-j.shtml
　アストロアーツの天文ニュースのページです．国内外の宇宙開発機関や天文台からの最新ニュースを紹介しています．

* http://www.nhk.or.jp/rika/10min1/
　NHKデジタル教材　10minBOX ～ 野外観察的分野のページです．中学・高校向けの番組で，天体の動きなどの説明があります．

* http://www.geocities.jp/toshimi_taki/
　滝 敏美氏のホームページです．滝星図(6.5等)は，A3サイズで印刷して無料で利用できます．

＜Webサイト（天気予報）＞

* http://www.jma.go.jp/jma/index.html
　気象庁のサイトです．観望会予定日・時間の天気を調べます．

* http://weathernews.jp/
　ウェザーニュースのサイトです．気象庁の天気予報よりも地域区分が細かくなっています．

* http://season.tenki.jp/season/indexes/starry_sky/
　日本気象協会の星空指数のページです．全国各地でどの程度星空が見えそうか（夜間にどの程度晴れそうか）を指数で表示します．

CHAPTER 7.3

天体望遠鏡メーカーリスト

主な天体望遠鏡メーカー

タカハシ (株式会社高橋製作所)	高性能な小型望遠鏡で世界的に有名なメーカー．フローライト高性能屈折望遠鏡や，特殊な光学系の写真専用鏡など高い技術力で特徴的な製品を出している ADDRESS 〒174-0061　東京都板橋区大原町41-7 TEL　03-3966-9491(代)　URL　http://www.takahashijapan.com/
ビクセン (株式会社ビクセン)	初心者向けの望遠鏡から特殊な光学系を採用したバイザック，日食グラスなどユニークな製品も多く，初心者からマニアまで愛好者が多い． ADDRESS 〒359-0021　埼玉県所沢市東所沢5-17-3 TEL　04-2944-4000(代)　FAX　04-2944-4045　URL　http://www.vixen.co.jp/at/index.htm
ケンコー (株式会社ケンコー・トキナー)	入門用の小型の屈折望遠鏡や写真用赤道儀スカイメモなど． ADDRESS 〒000-0000　東京都新宿区西落合3-9-19 TEL　03-5982-1060　URL　http://www.kenko-tokina.co.jp/optics/tele_scope/
ボーグ (株式会社トミーテック)	小型の屈折望遠鏡と天体写真撮影用のさまざまなパーツなどを製品化している． ADDRESS 〒124-0012　東京都葛飾区立石3-19-3 TEL　03-3696-6185　URL　http://www.tomytec.co.jp/borg/products
ミザール (株式会社ミザールテック)	入門向けの天体望遠鏡を扱っている．天体望遠鏡コーナーでは製品紹介の他に観察の仕方や天文現象なども紹介． ADDRESS 〒171-0051　東京都豊島区長崎3-19-14 TEL　03-3974-3760　URL：http://www.mizar.co.jp/tele-top.htm

主な天体望遠鏡販売店

桐光商会	ADDRESS 〒062-0933　札幌市豊平区平岸3条6丁目1-7 TEL　011-823-6604(代)　FAX　011-823-6624 URL　－
コンピューターシステムテレスコープ	ADDRESS 〒361-0023　埼玉県行田市長野1-34-1 TEL　0485-53-3420　FAX　－ URL　http://www.tvg.ne.jp/cst/
スターターゲイズ	ADDRESS 〒350-1213　埼玉県日高市高萩1567-48 TEL　042-978-5965　FAX　042-978-5984 URL　http://www.stargaze.co.jp/
三ツ星	ADDRESS 〒262-0046　千葉県千葉市花見川区花見川4-4-505 TEL　043-250-7619　FAX　043-250-7619 URL　http://www.astro-mitsuboshi.com/
協栄産業　東京店	ADDRESS 〒101-0041　東京都千代田区神田須田町1-5　村山ビル1F TEL　03-3526-3366　FAX　03-3526-3090 URL　http://www.kyoei-tokyo.jp/
コプティック星座館	ADDRESS 〒160-0022　東京都新宿区新宿6-23-2 TEL　03-6823-5570　FAX　03-3352-3567 URL　http://www.koptic.co.jp/index_temp.html
アストロショップ・スカイバード	ADDRESS 〒185-0023　東京都国分寺市西元町3-8-5 TEL　0423-27-3805　FAX　0423-27-5400 URL　http://www2u.biglobe.ne.jp/~sky-bird/

スターベース東京	ADDRESS	〒110-0006 東京都台東区秋葉原5-8　秋葉原富士ビル1F		
	TEL	03-3255-5535	FAX	03-3255-5538
	URL	http://www.mmjp.or.jp/takahashi-sb/data/shop.htm		
株式会社笠井トレーディング	ADDRESS	〒153-0051　東京都目黒区上目黒5-19-33		
	TEL	03-5724-5791	FAX	03-5724-5792
	URL	http://www.kasai-trading.jp/		
アストロアーツオンラインショップ 株式会社アストロアーツ　営業部　直販係	ADDRESS	〒151-0063　東京都渋谷区富ヶ谷2-41-12　富ヶ谷小川ビル1F		
	TEL	03-5790-0873	FAX	03-5790-0877
	URL	http://www.astroarts.co.jp/shop/index-j.shtml		
スペースゲイト	ADDRESS	〒191-0034　東京都日野市落川140-87		
	TEL	042-599-8420	FAX	042-599-8421
	URL	http://www.spacegate.jp/		
株式会社スターショップ	ADDRESS	〒101-0061　東京都千代田区三崎町2-7-6　浅見ビル1F		
	TEL	03-3234-1033	FAX	03-3234-1220
	URL	http://www.starshop.co.jp/		
ネイチャースペースアラジン	ADDRESS	〒418-0061　静岡県富士宮市北町21-5		
	TEL	0544-23-6868	FAX	0544-27-3901
	URL	http://www.wbs.ne.jp/bt/aladdin/		
株式会社コスモス	ADDRESS	〒392-0024　長野県諏訪市小和田25-4		
	TEL	0266-58-7432	FAX	0266-58-3567
	URL	http://www.lcv.ne.jp/~cosmosak/		
スターベース名古屋	ADDRESS	〒464-0850 愛知県名古屋市千種区今池3-24-12		
	TEL	052-735-7522	FAX	052-735-7523
	URL	http://www.mmjp.or.jp/takahashi-sb/data/shop.htm		
国際光器	ADDRESS	〒615-8215 京都府京都市西京区上桂大野町7-7		
	TEL	075-394-2625	FAX	075-394-2612
	URL	http://www.kkohki.com/		
テレスコープセンター　アイベル	ADDRESS	〒514-0801　三重県津市船頭町津興3412　マスダビル2F		
	TEL	059-228-4119	FAX	059-228-4199
	URL	http://www.eyebell.com/		
協栄産業　大阪店	ADDRESS	〒530-0012　大阪府大阪市北区芝田2-9-18　アースクビル1F		
	TEL	06-6375-9701	FAX	06-6375-9703
	URL	http://www.kyoei-osaka.jp/		
オルビィス株式会社 望遠鏡販売部　テレスコハウス	ADDRESS	〒542-0066　大阪府大阪市中央区瓦屋町2-16-12		
	TEL	06-6762-1538	FAX	06-6761-8691
	URL	http://www.orbys.co.jp/		
株式会社すばる光電子	ADDRESS	〒243-0307　神奈川県愛甲郡愛川町半原3108-2		
	TEL	046-281-4682	FAX	046-381-3960
	URL	http://www.mmjp.or.jp/subaru/index~astro.html		
オプティック アイ・ポイント	ADDRESS	〒814-0032　福岡市早良区小田部1-12-17		
	TEL	092-843-9446	FAX	092-843-4978
	URL	-		
天文ハウスTOMITA	ADDRESS	〒816-0912　福岡県大野城市御笠川2-1-12		
	TEL	092-558-9523	FAX	092-558-9524
	URL	http://www.y-tomita.co.jp/		

CHAPTER 7.4

関連施設（プラネタリウム，公開天文台，宿泊施設）

全国のプラネタリウム・公開天文台・科学館などの情報をお知らせしているPAOナビ（http://paonavi.com/）から，お近くの施設での観望会，展示，プラネタリウム，イベントなどの情報が見られます．

施 設 名	所在地	TEL（連絡先）	天文台	プラネ	備 考
旭川市科学館「サイパル」	北海道旭川市	0166-31-3186	65cm反射	○	
帯広市児童会館	北海道帯広市	0155-24-2434	20cm屈折	○	
北網圏北見文化センター	北海道北見市	0157-23-6700	20cm屈折	○	
釧路市こども遊学館	北海道釧路市	0154-32-0122		○	
札幌市天文台	北海道札幌市	011-511-9624	20cm屈折		
しょさんべつ天文台	北海道初山別村	0164-67-2539	65cm反射		
苫小牧市科学センター	北海道苫小牧市	0144-33-9158	15cm屈折	○	
なよろ市天文台 きたすばる	北海道名寄市	01654-2-3956	160cm反射	○	
室蘭市青少年科学館	北海道室蘭市	0143-22-1058		○	
りくべつ宇宙地球科学館・銀河の森天文台	北海道陸別町	0156-27-8100	115cm反射	○	
青森市中央市民センター	青森県青森市	017-734-0163		○	
十和田市民文化センター視聴覚センター	青森県十和田市	0176-22-5200	30cm反射	○	
八戸市視聴覚センター 児童科学館	青森県八戸市	0178-45-8131	15cm屈折	○	
きらら室根山天文台	岩手県一関市	0191-64-3700	50cm反射		
一戸町観光天文台	岩手県一戸町	0195-33-1211	50cm反射	○	
奥州宇宙遊学館	岩手県奥州市	0197-24-2020			
小岩井農場まきば園まきばの天文館	岩手県雫石町	019-692-4321	20cm屈折		
盛岡市子ども科学館	岩手県盛岡市	019-634-1171		○	
大崎生涯学習センター「パレットおおさき」	宮城県大崎市	0229-91-8611	30cm反射	○	
仙台市天文台	宮城県仙台市	022-391-1300	130cm反射	○	
能代市子ども館	秋田県能代市	0185-52-1277		○	
由利本荘市スターハウス「コスモワールド」	秋田県由利本荘市	0184-53-2008	60cm反射		
酒田市眺海の森天体観測館コスモス童夢	山形県酒田市	0234-61-4012	50cm反射		
鶴岡市視聴覚センター	山形県鶴岡市	0235-25-1050		○	
南陽市民天文台	山形県南陽市	0238-43-3615	31cm反射		TEL.大国様方
やまがた天文台	山形県山形市	023-628-4050	15cm屈折		
郡山市ふれあい科学館「スペースパーク」	福島県郡山市	024-936-0201		○	
浜野和天文台	福島県郡山市	0243-44-4810	40cm反射		
鹿角平天文台	福島県鮫川村	0247-49-3115	35cm反射		TEL.鮫川村役場
星の村天文台	福島県田村市	0247-78-3638	65cm反射		
福島市子どもの夢を育む施設「こむこむ」	福島県福島市	024-524-3131	15cm屈折	○	
福島市浄土平天文台	福島県福島市	0242-64-2108	40cm反射		
国立科学博物館筑波実験植物園	茨城県つくば市	029-851-5159	50cm反射		
つくばエキスポセンター	茨城県つくば市	029-858-1100		○	
さしま郷土館ミューズ	茨城県坂東市	0280-88-8700	20cm屈折		
日立シビックセンター科学館	茨城県日立市	0294-24-7731		○	
花立山天文台「美スター」	茨城県常陸大宮市	0295-58-2277	82cm反射		TEL.花立自然公園管理事務所
栃木県子ども総合科学館	栃木県宇都宮市	028-659-5555	75cm反射	○	
大田原市ふれあいの丘天文館	栃木県大田原市	0287-28-3254	65cm反射		
鹿沼市民文化センター	栃木県鹿沼市	0289-65-5581	20cm屈折	○	
星ふる学校「くまの木」	栃木県塩谷町	0287-45-0061	35cm反射		
益子町天体観測施設スペース250	栃木県益子町	0285-72-8845	25cm屈折		観光商工課

施設名	所在地	TEL(連絡先)	天文台	プラネ	備考
伊勢崎市児童センター	群馬県伊勢崎市	0270-23-6463	15cm屈折	○	
太田市こども館	群馬県太田市	0276-57-8010	30cm反射		
高崎市少年科学館	群馬県高崎市	027-321-0323		○	
県立ぐんま天文台	群馬県高山村	0279-70-5300	150cm反射		
向井千秋記念子ども科学館	群馬県館林市	0276-75-1515	20cm屈折	○	
上尾市自然学習館・上尾天文台	埼玉県上尾市	048-780-1030	40cm反射		
入間市児童センター	埼玉県入間市	04-2963-9611	15cm屈折	○	
川口市立科学館	埼玉県川口市	048-262-8431	60cm反射	○	
熊谷市立文化センター・プラネタリウム館	埼玉県熊谷市	048-525-4554	40cm反射	○	
鴻巣市立鴻巣児童センター	埼玉県鴻巣市	048-541-0442	15cm屈折	○	
越谷市立児童館コスモス	埼玉県越谷市	048-978-1515	40cm反射	○	
さいたま市宇宙劇場	埼玉県さいたま市	048-647-0011		○	
さいたま市青少年宇宙科学館	埼玉県さいたま市	048-881-1515	20cm屈折	○	
狭山市立中央児童館	埼玉県狭山市	04-2953-0208	15cm屈折	○	
堂平天文台「星と緑の創造センター」	埼玉県ときがわ町	0493-67-0130	91cm反射		
吉川市児童館ワンダーランド	埼玉県吉川市	048-981-6811	15cm屈折	○	
千葉市科学館	千葉県千葉市	043-308-0511		○	
船橋市総合教育センター プラネタリウム館	千葉県船橋市	047-422-7732	20cm屈折	○	
松戸市民会館 プラネタリウム	千葉県松戸市	047-368-1237		○	
足立区こども科学館	東京都足立区	03-5242-8161		○	
板橋区立教育科学館	東京都板橋区	03-3559-6561		○	
葛飾区郷土と天文の博物館	東京都葛飾区	03-3838-1101	25cm屈折	○	
品川区立五反田文化センター	東京都品川区	03-3492-2451		○	
コスモプラネタリウム渋谷	東京都渋谷区	03-3464-2131		○	
杉並区立科学館	東京都杉並区	03-3396-4391	15cm屈折	○	
コニカミノルタプラネタリウム"天空"	東京都墨田区	03-5610-3043		○	
世田谷区立教育センター	東京都世田谷区	03-3429-0780		○	
国立科学博物館　上野本館	東京都台東区	03-5777-8600	60cm反射		
コニカミノルタプラネタリウム"満天"	東京都豊島区	03-3989-3546		○	
なかのZERO プラネタリウム	東京都中野区	03-5340-5045		○	
ベネッセ・スター・ドーム	東京都多摩市	042-356-0814		○	
多摩六都科学館	東京都西東京市	042-469-6100		○	
羽村市中央児童館	東京都羽村市	042-554-4552	35cm反射	○	
東大和市立郷土博物館	東京都東大和市	042-567-4800		○	
府中市郷土の森博物館	東京都府中市	042-368-7921		○	
国立天文台 三鷹	東京都三鷹市	0422-34-3688	50cm反射		
厚木市子ども科学館	神奈川県厚木市	046-221-4152		○	
伊勢原市立子ども科学館	神奈川県伊勢原市	0463-92-3600	20cm屈折	○	
かわさき宙と緑の科学館	神奈川県川崎市	044-922-4731	30cm反射	○	
多摩天体観測所	神奈川県川崎市	044-933-1730	20cm屈折		
カナコー天文台	神奈川県相模原市	042-746-1221	35cm反射		
相模原市立博物館	神奈川県相模原市	042-750-8030	40cm反射	○	
平塚市博物館	神奈川県平塚市	0463-33-5111		○	
湘南台文化センターこども館	神奈川県藤沢市	0466-45-1500		○	
はまぎん こども宇宙科学館	神奈川県横浜市	045-832-1166		○	
柏崎市立博物館	新潟県柏崎市	0257-22-0567		○	
上越清里 星のふるさと館	新潟県上越市	025-528-7227	65cm反射	○	

CHAPTER 7.4

施　設　名	所在地	TEL(連絡先)	天文台	プラネ	備　考
胎内自然天文館	新潟県胎内市	0254-48-0150	60cm反射		
新潟県立自然科学館	新潟県新潟市	025-283-3331	60cm反射	○	
黒部市吉田科学館	富山県黒部市	0765-57-0610		○	
富山市科学博物館附属 富山市天文台	富山県富山市	076-434-9098	100cm反射		
いしかわ子ども交流センター 小松館	石川県小松市	0761-43-1075	20cm屈折		
石川県柳田星の観察館「満天星」	石川県能登町	0768-76-0101	60cm反射	○	
福井県自然保護センター	福井県大野市	0779-67-1655	80cm反射	○	
福井県児童科学館	福井県坂井市	0776-51-8000		○	
山梨県立科学館	山梨県甲府市	055-254-8151	20cm屈折	○	
羽村市自然休暇村	山梨県北杜市	0551-48-4017	50cm反射		
上田創造館	長野県上田市	0268-23-1111	20cm屈折	○	
星と緑のロマン館・小川天文台	長野県小川村	026-269-3789	60cm反射	○	
うすだスタードーム	長野県佐久市	0267-82-0200	60cm反射		
長野市立博物館	長野県長野市	026-284-9011	40cm反射	○	
八ケ岳自然文化園 自然観察科学館	長野県原村	0266-74-2681		○	
西美濃プラネタリウム・西美濃天文台	岐阜県揖斐川町	0585-52-2611	60cm反射	○	
各務原市少年自然の家	岐阜県各務原市	058-370-5280	15cm屈折		
岐阜市科学館	岐阜県岐阜市	058-272-1333	50cm反射	○	
財団法人 岐阜天文台	岐阜県岐阜市	058-279-1353	25cm屈折		
多治見市三の倉市民の里「地球村」	岐阜県多治見市	0572-24-3212	15cm屈折		
ハートピア安八	岐阜県安八町	0584-63-1515	70cm反射	○	
磐田市立豊田図書館天体観測室	静岡県磐田市	0538-36-1711	20cm屈折		
(公財)国際文化交友会 月光天文台	静岡県函南町	055-979-1428	50cm反射	○	
浜松市天文台	静岡県浜松市	053-425-9158	20cm屈折		
ディスカバリーパーク焼津天文科学館	静岡県焼津市	054-625-0800	80cm反射	○	
小牧中部公民館プラネタリウム	愛知県小牧市	0568-75-1861		○	
とよた科学体験館	愛知県豊田市	0565-37-3007		○	
名古屋市科学館	愛知県名古屋市	052-201-4486	80cm反射	○	
半田空の科学館	愛知県半田市	0569-23-7175	30cm反射	○	
スターフォーレスト御園	愛知県東栄町	0536-76-0687	60cm反射	○	
尾鷲市立天文科学館	三重県尾鷲市	0597-23-0525	81cm反射		
鈴鹿市文化会館プラネタリウム	三重県鈴鹿市	059-382-8111		○	
松阪市天文台	三重県松阪市	0598-26-2132	45cm反射		
四日市市立博物館	三重県四日市市	059-355-2703		○	
大津市科学館	滋賀県大津市	077-522-1907	20cm屈折	○	
ダイニックアストロパーク天究館	滋賀県多賀町	0749-48-1820	60cm反射		
綾部市天文館パオ	京都府綾部市	0773-42-8080	95cm反射		
京都府立丹波自然運動公園	京都府京丹波町	0771-82-0300	50cm反射		
京都産業大学 神山天文台	京都府京都市	075-705-3001	130cm反射		
京都市青少年科学センター	京都府京都市	075-642-1601	25cm屈折	○	
NPO法人 花山星空ネットワーク	京都府京都市	075-581-1461			
向日市天文館	京都府向日市	075-935-3800	40cm反射	○	
五月山児童文化センター	大阪府池田市	072-752-6301		○	
大阪市立科学館	大阪府大阪市	06-6444-5656	50cm反射	○	
善兵衛ランド	大阪府貝塚市	072-447-2020	60cm反射		
堺市教育文化センター ソフィア・堺	大阪府堺市	072-270-8110	60cm反射	○	
ちはや星と自然のミュージアム	大阪府千早赤阪村	0721-74-0056	40cm反射		

施設名	所在地	TEL(連絡先)	天文台	プラネ	備考
すばるホール	大阪府富田林市	0721-25-0222		○	
大阪府立総合青少年野外活動センター	大阪府能勢町	072-734-0500	42cm反射		
羽曳野市立生活文化情報センター	大阪府羽曳野市	072-950-5500	40cm反射		
ドリーム21	大阪府東大阪市	072-962-0211		○	
枚方市野外活動センター	大阪府枚方市	072-858-0300	60cm反射		
明石市立天文科学館	兵庫県明石市	078-919-5000	40cm反射	○	
伊丹市立こども文化科学館	兵庫県伊丹市	072-784-1222		○	
猪名川天文台	兵庫県猪名川町	072-769-0770	50cm反射	○	
加古川市立少年自然の家	兵庫県加古川市	079-432-5177	40cm反射		
香美町立香住天文館	兵庫県香美町	0796-36-3764	15cm屈折		TEL.中央公民館
神戸市立青少年科学館	兵庫県神戸市	078-302-5177	25cm屈折	○	
兵庫県立大学西はりま天文台	兵庫県佐用町	0790-82-3886	200cm反射		
にしわき経緯度地球科学館「テラ・ドーム」	兵庫県西脇市	0795-23-2772	81cm反射	○	
姫路科学館「アトムの館」	兵庫県姫路市	079-267-3001		○	
姫路市宿泊型児童館「星の子館」	兵庫県姫路市	079-267-3050	90cm反射		
休暇村南淡路天文台	兵庫県南あわじ市	0799-52-0291	40cm反射		
天文館バルーンようか	兵庫県養父市	079-663-2021	40cm反射		TEL.養父市立全天候運動場
大塔コスミックパーク星のくに	奈良県五條市	0747-35-0321	45cm反射	○	
紀美野町 みさと天文台	和歌山県紀美野町	073-498-0305	105cm反射		
かわべ天文公園	和歌山県日高川町	0738-53-1120	100cm反射	○	
和歌山市立こども科学館	和歌山県和歌山市	073-432-0002		○	
鳥取市さじアストロパーク	鳥取県鳥取市	0858-89-1011	103cm反射	○	
米子市児童文化センター	鳥取県米子市	0859-34-5455	15cm屈折	○	
出雲科学館	島根県出雲市	0853-25-1500		○	
島根県立三瓶自然館サヒメル	島根県大田市	0854-86-0500	60cm反射	○	
日原天文台	島根県津和野町	0856-74-1646	75cm反射		
松江市天文台	島根県松江市	0852-55-5288	15cm屈折		TEL.教育委員会生涯学習課
赤磐市竜天天文台公園	岡山県赤磐市	086-958-2321	40cm反射		
岡山天文博物館	岡山県浅口市	0865-44-2465	15cm屈折	○	
美星天文台	岡山県井原市	0866-87-4222	101cm反射		
岡山市立犬島自然の家	岡山県岡山市	086-947-9001	40cm反射		
倉敷科学センター	岡山県倉敷市	086-454-0300	50cm反射	○	
財団法人 倉敷天文台	岡山県倉敷市	086-422-0001	32cm反射		TEL.倉敷天文台事務局
美咲町立さつき天文台	岡山県美咲町	0868-66-3086	50cm反射		TEL.教育委員会
呉市かまがり天体観測館	広島県呉市	0823-66-1166	42cm反射		
広島市こども文化科学館	広島県広島市	082-222-5346		○	
府中市こどもの国	広島県府中市	0847-41-4145	20cm屈折		
三原市宇根山天文台	広島県三原市	0847-32-7145	60cm反射		
宇部市勤労青少年会館	山口県宇部市	0836-31-5515	20cm屈折	○	
萩博物館	山口県萩市	0838-25-6447	40cm反射		
防府市青少年科学館 ソラール	山口県防府市	0835-26-5050			
国立山口徳地青少年自然の家	山口県山口市	0835-56-0111	51cm反射		
山口県立山口博物館	山口県山口市	083-922-0294	20cm屈折		
阿南市科学センター	徳島県阿南市	0884-42-1600	113cm反射	○	
あすたむらんど徳島	徳島県板野町	088-672-7111		○	
鉢伏ふれあい公園 星空観測室	香川県善通寺市	0877-56-5355	25cm反射		
香川県立五色台少年自然センター	香川県高松市	087-881-4428	62cm反射		

CHAPTER 7.4

施　設　名	所在地	TEL（連絡先）	天文台	プラネ	備　考
久万高原天体観測館	愛媛県久万高原町	0892-41-0110	60cm反射	○	
西条市こどもの国	愛媛県西条市	0897-56-8115	20cm屈折	○	
愛媛県総合科学博物館	愛媛県新居浜市	0897-40-4100	20cm屈折	○	
松山市総合コミュニティセンター	愛媛県松山市	089-943-8228		○	
梶ヶ森天文台	高知県大豊町	0887-74-0256	60cm反射		
芸西天文学習館	高知県芸西村	088-824-5451	70cm反射		TEL.財団法人高知県文教協会
四万十天体観測施設「四万十天文台」	高知県四万十市	0880-52-2225	36cm反射		
小郡市生涯学習センター	福岡県小郡市	0942-73-2084	40cm反射		
白水大池公園　星の館	福岡県春日市	092-558-9099	20cm屈折		
北九州市立児童文化科学館	福岡県北九州市	093-671-4566	20cm屈折	○	
久留米市天文台	福岡県久留米市	0942-62-6226	40cm反射		
福岡県立青少年科学館	福岡県久留米市	0942-37-5566	20cm屈折	○	
福岡市立少年科学文化会館	福岡県福岡市	092-771-8861		○	
宗像ユリックスプラネタリウム	福岡県宗像市	0940-37-2394		○	
星の文化館	福岡県八女市	0943-52-3000	65cm反射	○	
唐津市少年科学館	佐賀県唐津市	0955-75-5855	15cm屈折	○	
西与賀コミュニティセンター	佐賀県佐賀市	0952-25-6320	20cm屈折		
佐賀県立宇宙科学館	佐賀県武雄市	0954-20-1666	20cm屈折	○	
コスモス花宇宙館	長崎県諫早市	0957-23-9003	40cm反射		
鬼岳天文台	長崎県五島市	0959-74-5469	60cm反射		TEL.鬼岳四季の里
佐世保市少年科学館	長崎県佐世保市	0956-23-1517	20cm屈折	○	
長崎県民の森「森の天文台」	長崎県長崎市	0959-24-1660	20cm屈折		
長崎市科学館	長崎県長崎市	095-842-0505	70cm反射	○	
ミューイ天文台	熊本県上天草市	0969-63-0466	50cm反射	○	
合志市西合志図書館天文台	熊本県合志市	096-242-5555	40cm反射		
熊本県民天文台	熊本県城南町	0964-28-6060	41cm反射		
南阿蘇ルナ天文台	熊本県南阿蘇村	0967-62-3006	82cm反射	○	
さかもと八竜天文台	熊本県八代市	0965-45-3453	30cm屈折		
清和高原天文台	熊本県山都町	0967-82-3300	50cm反射		
関崎海星館	大分県大分市	097-574-0100	60cm反射		
梅園の里天文台　天球館	大分県国東市	0978-64-6300	65cm反射		
北きりしまコスモドーム	宮崎県小林市	0984-27-2468	60cm反射	○	
中小屋天文台 昴ドーム	宮崎県美郷町	0982-62-6201	60cm反射		TEL.美郷町役場北郷支所
星の燈台　たちばな天文台	宮崎県都城市	0986-62-4936	50cm反射	○	
宮崎科学技術館	宮崎県宮崎市	0985-23-2700		○	
スターランドAIRA	鹿児島県姶良市	0995-68-0688	40cm反射	○	
出水市青年の家	鹿児島県出水市	0996-63-2135	50cm反射		
鹿児島市立科学館	鹿児島県鹿児島市	099-250-8511		○	
輝北天球館	鹿児島県鹿屋市	099-485-1818	65cm反射		
リナシティかのや　情報プラザ	鹿児島県鹿屋市	0994-35-1001		○	
薩摩川内市せんだい宇宙館	鹿児島県薩摩川内市	0996-31-4477	50cm反射		
石垣島天文台	沖縄県石垣市	0980-88-0013	105cm反射		
竹富町波照間島星空観測タワー	沖縄県竹富町	0980-85-8112	20cm屈折		
那覇市牧志駅前ほしぞら公民館	沖縄県那覇市	098-917-3443		○	

CHAPTER 7.5

依頼文書・案内文書

　観望会で講師を頼んだり後援を依頼したりする場合には，電話などでの打合せの後，文書での依頼が必要になります．また，学校での観望会では保護者への連絡文書も必要です．依頼文書，開催要項，案内文書の例をあげておきます．初めてこういった文書を作成する際の参考にしてください．公的機関への依頼文書については様式を定めている場合があります．あらかじめ提出する機関へお尋ねください．

〇〇年〇月〇日

〇〇市教育委員会
　教育長　〇〇〇〇様

〇〇天文同好会
　会長　〇〇〇〇　印

〇〇天文同好会「星空観望会」の後援について（依頼）

当会の活動につきましては平素からご支援をいただき厚くお礼申し上げます．
さて，当会では市民の皆さんに星空に親しんでいただくため，標記の観望会を別添開催要項（案）のとおり開催したいと存じます．
つきましては，この観望会の趣旨にご賛同いただき，貴教育委員会のご後援を賜りますようお願い申し上げます．

連絡先
〇〇〇〇天文同好会
担当者〇〇〇〇〇〇
電話〇〇〇〇〇〇〇

〇〇年〇月〇日

〇〇市立博物館
　館長　〇〇〇〇様

〇〇天文同好会
　会長　〇〇〇〇　印

〇〇天文同好会「星空観望会」への講師の派遣について（依頼）

当会の活動につきましては平素からご支援をいただき厚くお礼申し上げます．
さて，当会では市民の皆さんに星空に親しんでいただくため，星空観望会を別添開催要項（案）のとおり開催したいと存じます．
つきましては，ご多忙のところ恐縮ですが，貴館学芸員〇〇〇〇様を当観望会の講師としてご派遣くださるようお願い申し上げます．
なお，旅費等の必要経費は当方で負担しますことを申し添えます．

連絡先
〇〇〇〇天文同好会
担当者〇〇〇〇〇〇
電話〇〇〇〇〇〇〇

CHAPTER 7.5

○○天文同好会「星空観望会」開催要項(案)

1　趣　旨　　　　土星や夏の天体を観察し,星空に親しみ天文への関心を高める.
2　主　催　　　　○○天文同好会
3　後　援　　　　○○市教育委員会
4　日　時　　　　○○年○月○日(金)　○時から○時まで　(雨天・曇天中止)
5　場　所　　　　○○市民公園○○広場(○○市○○○丁目○-○)
6　対　象　　　　○○市民ほか(小学生～成人,小学生は保護者同伴)
7　参加費　　　　無料
8　申し込み　　　不要(当日自由参加)
9　内　容　　　　(1) 望遠鏡による土星や月などの観察
　　　　　　　　　(2) ○○市立博物館学芸員と○○天文同好会会員による土星や星空についての解説
10　問い合わせ先　○○天文同好会　電話○○○○

夏休みの天体教室開催要項(案)

1　趣　旨　　　　夏休みを利用して星空を観察し,自然に親しむ.
2　主　催　　　　○○天文同好会
3　日　時　　　　○○年○月○日(土)から○月○日(日)まで　1泊2日
4　場　所　　　　国立○○青少年自然の家(○○県○○町○○　電話○○○○)
5　内　容　　　　(1) 夏の星座や星雲・星団,惑星(金星・土星)の観望
　　　　　　　　　(2) スライドやビデオを使った宇宙についての解説
　　　　　　　　　(3) 日時計づくりなどの天文工作や実習
6　指　導　　　　○○○○(○○市立○○小学校教諭)
　　　　　　　　　○○○○(○○市立○○中学校教諭)
　　　　　　　　　○○○○(○○市立博物館学芸員)
　　　　　　　　　その他(○○天文同好会会員)
7　募集人数　　　30名
8　募集対象　　　小学校3年生～中学生,保護者(小学生は原則として保護者同伴)
9　参加費　　　　○○○円(1泊3食)　(参加費は参加受付通知の後,折り返し納入する.)
10　申し込み　　　次の事項を記した電子メールまたは往復葉書で申し込む.
　　　　　　　　　「住所,氏名,性別,学年または年齢,電話番号,メールアドレス」

　　　　　　　　　申し込み先　〒○○　○○市○○○○　○○○○気付○○天文同好会
　　　　　　　　　メールアドレス　○○@○○○
　　　　　　　　　締切　　　○月○日(金)(必着)

11　問い合わせ先
　　　○○天文同好会　電話○○○○
12　その他
　　　(1) 申し込み多数の場合は抽選になります.参加の可否については,メールまたは返信葉書で連絡します.
　　　(2) 参加受付者へは,後日詳細な日程や注意事項等を送付します.

○○年○月○日

保護者様

○○市立○○中学校
校長　○○○○

「皆既月食観察会」開催のお知らせ

　秋の気配が日毎にます今日このごろ,皆様には益々ご健勝のこととお慶び申し上げます.
　さて,3年ぶりに皆既月食が見られることから,この観察会を下記のとおり本校の校庭で行います.趣旨をご理解の上,ご協力くださいますようお知らせします.

記

1　目　的　　(1) 自然科学に対する興味と関心を育成する.
　　　　　　(2) 宇宙に対する理解を深める.
2　日　時　　○○年○月○日(金)　　19:00～20:00
3　場　所　　本校校庭および理科室
4　対　象　　全学年の希望者(ただし,当日安全に帰宅可能な者のみとします.)
5　集　合　　19:00　理科室　(雨天・曇天の場合は中止とします.)
6　観測対象　月食,木星など
7　申込方法　○月○日までに申込用紙に必要事項を記入し,学級担任へ申し込んでください.

------------------------------ キ リ ト リ セ ン ------------------------------

「皆既月食観察会」申し込み書

年　　月　　日

○○中学校長　様

○月○日の「皆既月食観察会」に参加を希望します.

年　　組　　番

氏名

保護者氏名　　　　　　　　　印

住所

電話　　　　　(　　)

CHAPTER 7.6

観望の好期

◆惑星

年	月	水星	金星	火星	木星	土星	天王星
2013	1–12	●E ●W ●E ●W ●E ●W	●E				
2014	1–12	●E ●W ●E ●W ●E ●W	●W				
2015	1–12	●E ●W ●E ●W ●E ●W	●E ●W				
2016	1–12	●E ●W ●E ●W ●E ●W ●E					
2017	1–12	●W ●E ●W ●E ●W ●E ●W	●E ●W				
2018	1–12	●E ●W ●E ●W ●E ●W	●E				
2019	1–12	●E ●W ●E ●W ●E ●W	●W				
2020	1–12	●E ●W ●E ●W ●E ●W	●E ●W				
2021	1–12	●E ●W ●E ●W ●E ●W	●E				
2022	1–12	●E ●W ●E ●W ●E ●W ●E	●W				
2023	1–12	●W ●E ●W ●E ●W ●E ●W	●E ●W				
2024	1–12	●E ●W ●E ●W ●E ●W					

内惑星は，東方最大離隔(E)と西方最大離隔(W)を示している．
外惑星は，午後8時00分に高度が20°以上(東京)になる時期を示している．

2035年までに日本国内で見られる日食と月食

◆日食

年月日	概　要
2016. 3. 9	全国で部分日食が見られる. 太平洋では皆既日食が見られる.
2019. 1. 6	全国で部分日食が見られる.
2019.12.26	日没時に全国で部分日食が見られる. インドネシア付近では金環日食が見られる.
2020. 6.21	夕方に全国で部分日食が見られる. アフリカ東部から中国大陸南部にかけて金環日食が見られる.
2023. 4.20	南西諸島, 九州南部, 四国南部, 紀伊半島南部で部分日食が見られる. インドネシア付近では金環皆既日食が見られる.
2030. 6. 1	夕方に北海道で金環食, 以南では部分日食が見られる.
2031. 5.21	夕方に南西諸島で部分日食が見られる. インド洋では金環日食が見られる.
2032.11. 3	日没時に全国で部分日食が見られる.
2035. 9. 2	新潟から北関東にかけて皆既日食が見られる. 他の地域では全国で部分日食が見られる.

引用文献　Fifty Year Cannon of Solar Eclipse:1986-2035 NASA編, Sky Publishing Corporation, 1987年.

◆月食

年 月 日	種 類	食の最大(日本時間)	年 月 日	種 類	食の最大(日本時間)
2014.4.15	皆既	16h46m	2025. 3.14	皆既	15h59m
2014.10. 8	皆既	19h55m	2025. 9. 8	皆既	03h12m
2015. 4. 4	皆既	21h00m	2026. 3. 3	皆既	20h33m
2017. 8. 8	部分	03h20m	2028. 7. 7	部分	03h19m
2018. 1.31	皆既	22h30m	2029. 1. 1	皆既	01h52m
2018. 7.28	皆既	05h22m	2029.12.21	皆既	07h42m
2019. 7.17	部分	06h31m	2030. 6.16	部分	03h33m
2021. 5.26	皆既	20h19m	2032. 4.26	皆既	00h13m
2021.11.19	部分	18h03m	2032.10.19	皆既	04h02m
2022.11. 8	皆既	19h59m	2033. 4.15	皆既	04h12m
2023.10.29	部分	05h14m	2033.10. 8	皆既	19h55m

注：年月日は食の最大を迎える時刻の日付である.
東京で月食時間帯の一部でも見られるものを記載した. 半影月食は含まない.
引用文献　『理科年表　平成23年版』丸善出版, NASA WEB : http://eclipse.gsfc.nasa.gov/lunar.html

双眼鏡程度で見やすい変光星のリスト

	ミラ型変光星	変光範囲(v)	周期(Day)		短周期型変光星	変光範囲(v)	周期(Day)
R And	アンドロメダ座 R	5.6 - 14.9	409	η Aql	わし座 η	3.5 - 4.4	7.18
R Aql	わし座 R	5.5 - 12.0	284	RT Aur	ぎょしゃ座 RT	5.0 - 5.8	3.73
R Aqr	みずがめ座 R	5.8 - 12.4	387	δ Cep	ケフェウス座 δ	3.5 - 4.4	5.37
T Cep	ケフェウス座 T	5.2 - 11.3	388	Y Sgr	いて座 Y	5.3 - 6.2	5.77
o Cet	くじら座 o (オミクロン)	2.0 - 10.1	332		反規則型変光星など	変光範囲(v)	周期(Day)
χ Cyg	はくちょう座 χ (カイ)	3.3 - 14.2	408	X Cnc	かに座 X	5.6 - 7.5	195
R Hya	うみへび座 R	4.0 - 10.9	389	T Cet	くじら座 T	5.0 - 6.9	159
R Leo	しし座 R	4.4 - 11.3	310	R Lyr	こと座 R	3.9 - 5.0	46
R Lep	うさぎ座 R	5.5 - 11.7	427	R Sct	たて座 R	4.2 - 8.6	147
U Ori	オリオン座 U	4.8 - 13.0	368		食変光星	変光範囲(v)	周期(Day)
RR Sco	さそり座 RR	5.0 - 12.4	281	δ Lib	てんびん座 δ	4.9 - 5.9	2.327
R Ser	へび座 R	5.7 - 14.4	356	β Lyr	こと座 β	3.3 - 4.4	12.914
R Tri	さんかく座 R	5.4 - 12.6	267	β Per	ペルセウス座 β	2.1 - 3.4	2.867
R Vir	おとめ座 R	6.1 - 12.1	146				

CHAPTER 7.7

天体観望会 Q＆A（困ったときに見るページ）

≪機材について≫

Q 観望会を開きたいのですが，機材がありません．どこかで貸し出してくれるところはありませんか？

A 誰でも観望会といえば望遠鏡をすぐに連想してしまいますが，望遠鏡や双眼鏡がなくても観望会は開けます．私たちには自分の目というりっぱな機材があるからです．5章のインデックスを利用されて，肉眼での観望会をまず開いてみたらいかがでしょう．とはいっても，どうしても望遠鏡や双眼鏡が必要な場合がありますよね．そんなときは，7.4の関連施設の一覧でお近くの天文施設を探し，問い合わせてみてください．機材の貸し出しや出張指導をしてくれる施設がなかにはあります．その施設で貸し出しを行っていない場合は，機材を貸してくれるような地元の天文同好会を紹介してもらえるかもしれません．

Q ビデオカメラを使って星を見てもらう方法はありますか？

A たくさんのお客さんがいるのに望遠鏡でのぞけるのは一人ずつ，待ち時間の間に退屈してしまうといったことが観望会ではよくあります．このようなとき，待ち時間の間にビデオカメラで天体をみてもらうのも一つの対策です．レンズが取り外せるタイプのものは直接，望遠鏡に取り付けられて便利です．ただし，一般にビデオカメラは感度が低く，月・惑星または太陽しか見ることができません．暗い天体を見るにはI. I（イメージ・インテンシファイヤー）などが必要となります．また，冷却CCD装置も持っている方は利用してみましょう．観望会でビデオカメラを利用するとき注意してほしいことは，多くの参加者は実際，自分で望遠鏡をのぞくことを目的に参加している点です．食現象の瞬間を見るときなどを除き，あくまでも副次的な利用にとどめましょう．

≪運営にあたって≫

Q 観望会を開きたいので広報を出したいと思います．どんな方法がありますか？

A 観望会開催のための連絡・宣伝活動は，主催する団体ごとに異なりますが，文面については7.5の案内文を参考にされたらいかがでしょう．参加者を広範囲から募集する場合は，天文雑誌に案内を載せるのが有効的です．どの雑誌もほとんど掲載してくれますが，原稿の締め切りがほぼ2か月前ですから早めに送るようにします．地域の住民に対しては，新聞やミニコミ誌のほうが目につきやすく，気軽な感じまたは身近な感じがして宣伝力が大きいようです．また，教育委員会の後援が得られると，教育委員会を通じてマスコミへの連絡が行き届くようです．

Q 観望会のお手伝いをしてくれるボランティアの人たちはいませんか？ どうすれば連絡できますか？ お願いするときに何か注意することはありませんか？

A なるべく自分の身近な親しい人にお願いするようにしましょう．身近にいない場合は，7.4の天文関連施設に問い合わせてみましょう．またP.121のコラムで紹介した「星のソムリエ」に依頼してみてはいかがでしょう．あくまでもボランティアですから依頼を強請したり，運営をまかせっきりにしたりしないようにしましょう．なるべく私的に依頼せず，公的な依頼書でお願いするようにしましょう．

Q 天文台の偉い先生でも，呼べば来てお話など聞かせてもらえるのでしょうか？ また，お礼はどうすればいいのでしょうか？

A 講演会と観望会をドッキングして行うと，雨天・曇天対策としては一番楽な方法ですね．一般的に著名な先生だと参加者がぐっと増えます．観望会の目的・対象天体に合わせて講師の先生を決めましょう．依頼を承諾してくれるコツは，1年ぐらい前から電話などで連絡をとってから依頼状を送ることです．講師謝礼は，主催団体によってさまざまですから，無理をしないほうがよいでしょう．気持ちよく講演できるような環境設定と心遣いのほうが大切です．

≪観望会の最中に≫

Q 観望にくる人のレベルがまちまちで対応に困っています．やさしくすれば知っている人にはつまらないでしょうし，難しい話をすればいやがられそうです．

A 話は参加者の平均的レベルよりも少しやさしくするのがいいでしょう．質問しやすい雰囲気を作り，レベルの高い人には個々に対応します．うまくいけば，ちょっとしたお手伝いをしてもらい，指導することの喜びを感じてもらうことができます．次のフォローとして，レベルの高い，少人数対象の「観察会」や「観測会」を行っているならば，それを紹介し参加してもらいましょう．指導者や機材の数にもよりますが，初級コースと上級コースとを設けるやり方もあるでしょう．この場合，途中でのコース変更も可能にしておきます．

Q 退屈したこどもたちが走り回って困っています．何とかおとなしくしてもらうよい方法はありませんか？

A 観望会の内容によっては親子同伴を義務づけたり，中学生以上と条件づけたりします．こどもが中心の観望会ではなるべく教員などこどもの扱いになれている人に，スタッフに加わってもらいましょう．ところで，なぜ，こどもたちは退屈してしまったのでしょう？　会の内容や実施方法をもう一度検討してみてください．こどもたちは暗いところでは特に気分が高揚し，はしゃぎ回るものです．ただ，怒るのではなく，こどもに合わせたメニューをそろえておきたいものです．

Q こどもたちが望遠鏡に触れてしまうので，すぐに変な方向に向いてしまいます．なんとかなりませんか？

A 望遠鏡1台にスタッフ1人は最低必要なようです．人手が足りないときには，事前に望遠鏡に触れないよう注意しておきます．また，参加者が自由に使える望遠鏡を用意しておくのも手です．P11も参考にしてください．

Q せっかくの観望会が途中で曇ってしまいました．どうしましょう？

A 晴れ間を探して慌てて望遠鏡を動かすと，向けたほうもすぐに曇りだすことが多いですから，慌てて目標天体を変えないようにします．晴れるのを待つ間に，雲間の星の名前当てクイズや天体の説明（写真や資料を持っていると便利です）や望遠鏡の仕組みの説明などを行ったり，参加者からの質問の時間に切り替えます．曇っている間，退屈させない工夫を考えておきましょう．
　まったく晴れそうになかったら，6.2で紹介する曇天対策プログラムに切り替えましょう．

≪その他≫

Q どんな天体が一番人気がありますか？

A 一般的には明るく見やすいもの，変化のあるものが人気者のようです．望遠鏡では月や土星，空の暗いところでは，流れ星と人工衛星そして天の川が人気があります．星座では名前は知っていても見たことがない星座や形の覚えやすいものが人気があります．意外なところでは，明るい1等星を望遠鏡で見せると受けるようです．

Q 私の住むところは市街地のために空が明るく，あまり星が見えません．こんな場所でも観望会はできますか？

A 夜空が明るいことが天体観察で困ったことなのは言うまでもありませんが，だからといって諦めないで，観望会を開いてみましょう．明るい月や惑星はどこでも楽しむことができます．6章を参照ください．美しい星空を眺めることは人間が誕生してからずっと当然の権利だったはずです．6.1にあるように，現在の日本の明るさをみんなに知ってもらうことも観望会の一つの目的となりうるのではないでしょうか．

索引

【ア行】

IAU	44
アイポイント	6
青空の原因	99
秋の四辺形	52, 137
天の川銀河	134
アルゴルの極小	125
暗黒星雲	127
アンチテイル	115
アンドロメダ銀河	135
暗部	89
隕石	56, 163
渦巻銀河	135
宇宙線	162, 168
宇宙膨張	135
Hαフィルター	84
X線	162, 168
FM流星観測	109
えんぺい	79, 97
大潮	67
オールトの雲	112
オリオン大星雲	126

【カ行】

ガイガーカウンター	163, 168
皆既月食	97
皆既日食	96
火球	108
角度の測り方	47
核融合	130
可視光線	162
カッシーニのすきま	71, 81
渦状腕	135
火星の動き	76
学校で扱う天文分野	9
ガリレオ衛星	78
観望会の小道具	8
観望・観察・観測の違い	3
ガンマ線	162
起潮力	67
逆行	77
球状星団	127
極冠	77
極軸	5
ギリシャ神話	44
金環日食	96
銀河	135
銀河系	134
銀河団	135
クェーサー	139
屈折望遠鏡	5, 6, 68
クレーター	56, 58
グロビュール	130
群流星	105
経緯台	5
月食	97, 100
月齢	56
ケプラーの法則	116
減光メガネ	72, 85, 87, 88
原始星	131
公開天文台	180
光球	84
口径	5
講師派遣	19
光条	57
黄道	50
黄道12星座	50, 51
国際天文学連合	44
黒点	85
国立天文台	141
小潮	67
古星図	49
コマ	112
コロナ	84, 96

【サ行】

彩層	84
最大離角	70, 83
サーチライト型懐中電灯	8
散開星団	127
散光星雲	127
散在流星	105
散乱光	142
シーイング	80
潮の満ち干	66
紫外線	162
視差	62
CCD	190
磁場	86
小惑星	70
視直径	70
集光力	5
重星	118
重星の表	123
周縁減光	87
宿泊観望会	16
主系列星	130
主星	118
順行	77
衝	69
生涯学習施設	14
食	79, 97
職場観望会	12
食変光星	119, 124
人工衛星の見分け方	105, 110
彗星	112
すばる（プレアデス星団）	129
ステラナビゲータ	15, 158, 176
スペクトル	92, 118
スマートフォン	17
星雲	126
星間雲	131
星座の撮影	54
星座の由来	44
星座の略符	44, 160
星座早見盤	8
星食	97
静止流星	108
星図アプリ	17
星団	126
赤外線	162
赤色巨星	131
赤道儀	5
接眼レンズ	5, 6
絶対等級	118

双眼鏡	7

【タ行】

大気汚染	143
大気減光	111
大気の窓	162
対空双眼鏡	7
大赤斑	79
タイタン	80
太陽観測の注意点	87
太陽系	68
太陽電池	93
太陽投影板	88
太陽風	85
太陽面通過	97
対流	86
楕円銀河	135
ダストの尾	112, 117
地球照	37, 40
地方恒星時	74
中性子星	131
超新星残骸	127
超新星爆発	131
月の海	56
月の満ち欠け	56, 64
月の模様	56
電磁波	162
天体観望会	2
天体暦	8
天の赤道	50, 51
電波	162
電離層	109
天文クイズ	25, 27
等級	118
透明度	4
土星の環	80

【ナ行】

夏の大三角	52, 53, 137
日周運動	5, 20
二重星	118, 122
日食	96, 98
日食網膜症	102
日時の決め方	4, 13, 14
年周運動	21

【ハ行】

倍率	5, 91
白色わい星	131
白道	131
白斑	86
博物館	21
薄明	142
場所の決め方	4, 13, 14
発光星雲	127
発光ダイオード（LED）	92
春の大曲線	52
春の大三角	52, 137
半暗部	89
半影食	97
反射星雲	127
反射望遠鏡	5, 6, 68
伴星	119
BSアンテナ	163, 166
光害	129, 142, 147
ビッグバン	139
ひとみ径	7
微分回転	85, 135
秤動	61
ピンホール	102
部分月食	97
部分日食	96
冬の大三角	52, 137
プラズマの尾	112, 117
ブラックアウト	32
ブラックホール	131
プリズム	92
フリップミラー	11
分解能	5, 91
ペルセウス座流星群	106
変光星	119
方位磁石	8, 46
方角の調べ方	46
北極星の見つけ方	46

放射点	104
北斗七星	46
星の明るさ	118
星の一生	130
星の色	118
星のソムリエ	121
母彗星	104, 108
ボランティア保険	34

【マ行】

Mitaka	15, 158, 176
脈動変光星	119
メシエカタログ	114
メシエマラソン	133
目盛環	74
モータードライブ	5, 7

【ヤ行】

ユニバーサルデザイン	164
夕日の原因	99
夕焼けの原因	99

【ラ行】

ライトダウン	146
理科教育振興法	14
理科年表	74
粒状斑	86
流星	104, 106
流星群	104
流星群の極大日	106
流星痕	108
レクリエーション保険	16
レファレンスワーク	21
レプリカグレーティング	25, 93
連星	119

【ワ行】

惑星	68
惑星状星雲	127
惑星表	71

| JCOPY | <(社)出版者著作権管理機構 委託出版物> |

本書の無断複写は著作権法上での例外を除き禁じられています．
複写される場合は，そのつど事前に，(社)出版者著作権管理機構
(電話 03-3513-6969, FAX 03-3513-6979, e-mail: info@jcopy.or.jp)
の許諾を得てください．

天体観望ガイドブック

新版 宇宙をみせて

天文教育普及研究会　編
水野孝雄・縣　秀彦　監修

2013年9月1日	初版1刷発行
発行者	片岡　一成
製本・印刷	株式会社シナノ
発行所	株式会社恒星社厚生閣
	〒160-0008 東京都新宿区三栄町8
	TEL：03 (3359) 7371
	FAX：03 (3359) 7375
	http://www.kouseisha.com/

ISBN978-4-7699-1462-4　C0044
(定価はカバーに表示)